全国普通高等学校机械类"十二五"规划系列教材

工程材料及其应用

主　编　庄哲峰　张庐陵
副主编　赵亚忠　王夏冰　罗红旗
参　编　魏　敏　马　静　秦丽元

华中科技大学出版社
中国·武汉

内容简介

本书为全国普通高等学校机械类"十二五"规划系列教材,根据教育部高等学校机械基础课程教学指导分委会2011年制定的《工程材料及机械制造基础》教学基本要求编写。全书分为15章,重点介绍工程材料的组织结构与性能及其影响因素的基本理论和基本规律,钢的热处理与表面改性技术,金属材料、高分子材料、陶瓷材料、复合材料等常用工程材料的成分、组织、性能及其应用,以及机械零件的失效分析、选材及材料的工程应用。

本书以"工程材料应用"为主线,精炼了传统理论知识,强化了材料表面改性技术、非金属材料及材料选择的内容。全书体系体现了机械类及近机类专业人才培养方案整体优化的原则,可作为工科院校机械类及近机类专业教材,也可供相关学科从事机械零件设计、材料加工和装备再制造行业的工程技术人员学习参考。

图书在版编目(CIP)数据

工程材料及其应用/庄哲峰,张庐陵 主编.—武汉:华中科技大学出版社,2013.6(2019.8重印)
ISBN 978-7-5609-9184-9

Ⅰ.①工⋯ Ⅱ.①庄⋯ ②张⋯ Ⅲ.①工程材料-高等学校-教材 Ⅳ.①TB3

中国版本图书馆CIP数据核字(2013)第145024号

工程材料及其应用	庄哲峰 张庐陵 主编

策划编辑:万亚军
责任编辑:吴 晗
封面设计:范翠璇
责任校对:祝 菲
责任监印:徐 露
出版发行:华中科技大学出版社(中国·武汉) 电话:(027)81321913
        武汉市东湖新技术开发区华工科技园 邮编:430223
录　排:华中科技大学惠友文印中心
印　刷:北京虎彩文化传播有限公司
开　本:787mm×1092mm　1/16
印　张:14.5
字　数:380千字
版　次:2019年8月第1版第5次印刷
定　价:39.80元

本书若有印装质量问题,请向出版社营销中心调换
全国免费服务热线:400-6679-118　竭诚为您服务
版权所有　侵权必究

全国普通高等学校机械类"十二五"规划系列教材

编审委员会

顾　问：李培根　华中科技大学
　　　　林萍华　华中科技大学

主　任：吴昌林　华中科技大学

副主任：（按姓氏笔画顺序排列）

　　　　王生武　邓效忠　轧　钢　庄哲峰　杨　萍　杨家军
　　　　吴　波　何岭松　陈　炜　竺志超　高中庸　谢　军

委　员：（排名不分先后）

　　　　许良元　程荣龙　曹建国　郭克希　朱贤华　贾卫平
　　　　丁晓非　张生芳　董　欣　庄哲峰　蔡业彬　许泽银
　　　　许德璋　叶大鹏　李耀刚　耿　铁　邓效忠　宫爱红
　　　　成经平　刘　政　王连弟　张庐陵　张建国　郭润兰
　　　　张永贵　胡世军　汪建新　李　岚　杨术明　杨树川
　　　　李长河　马晓丽　刘小健　汤学华　孙恒五　聂秋根
　　　　赵　坚　马　光　梅顺齐　蔡安江　刘俊卿　龚曙光
　　　　吴凤和　李　忠　罗国富　张　鹏　张禹君　柴保明
　　　　孙　未　何　庆　李　理　孙文磊　李文星　杨咸启

秘　书：俞道凯　万亚军

全国普通高等学校机械类"十二五"规划系列教材

序

  "十二五"时期是全面建设小康社会的关键时期,是深化改革开放、加快转变经济发展方式的攻坚时期,也是贯彻落实《国家中长期教育改革和发展规划纲要(2010—2020年)》的关键五年。教育改革与发展面临着前所未有的机遇和挑战。以加快转变经济发展方式为主线,推进经济结构战略性调整、建立现代产业体系,推进资源节约型、环境友好型社会建设,迫切需要进一步提高劳动者素质,调整人才培养结构,增加应用型、技能型、复合型人才的供给。同时,当今世界处在大发展、大调整、大变革时期,为了迎接日益加剧的全球人才、科技和教育竞争,迫切需要全面提高教育质量,加快拔尖创新人才的培养,提高高等学校的自主创新能力,推动"中国制造"向"中国创造"转变。

  为此,近年来教育部先后印发了《教育部关于实施卓越工程师教育培养计划的若干意见》(教高〔2011〕1号)、《关于"十二五"普通高等教育本科教材建设的若干意见》(教高〔2011〕5号)、《关于"十二五"期间实施"高等学校本科教学质量与教学改革工程"的意见》(教高〔2011〕6号)、《教育部关于全面提高高等教育质量的若干意见》(教高〔2012〕4号)等指导性意见,对全国高校本科教学改革和发展方向提出了明确的要求。在上述大背景下,教育部高等学校机械学科教学指导委员会根据教育部高教司的统一部署,先后起草了《普通高等学校本科专业目录机械类专业教学规范》、《高等学校本科机械基础课程教学基本要求》,加强教学内容和课程体系改革的研究,对高校机械类专业和课程教学进行指导。

  为了贯彻落实教育规划纲要和教育部文件精神,满足各高校高素质应用型高级专门人才培养要求,根据《关于"十二五"普通高等教育本科教材建设的若干意见》文件精神,华中科技大学出版社在教育部高等学校机械学科教学指导委员会的指导下,联合一批机械学科办学实力强的高等学校、部分机械特色专业突出的学校和教学指导委员会委员、国家级教学团队负责人、国家级教学名师组成编委会,邀请来自全国高校机械学科教学一线的教师组织编写全国普通高等学校机械类"十二五"规划系列教材,将为提高高等教育本科教学质量和人才培养质量提供有力保障。

当前,经济社会的发展,对高校的人才培养质量提出了更高的要求。该套教材在编写中,应着力构建满足机械工程师后备人才培养要求的教材体系,以机械工程知识和能力的培养为根本,与企业对机械工程师的能力目标紧密结合,力求满足学科、教学和社会三方面的需求;在结构上和内容上体现思想性、科学性、先进性,把握行业人才要求,突出工程教育特色。同时,注意吸收教学指导委员会教学内容和课程体系改革的研究成果,根据教指委颁布的各课程教学专业规范要求编写,开发教材配套资源(习题、课程设计和实践教材及数字化学习资源),适应新时期教学需要。

教材建设是高校教学中的基础性工作,是一项长期的工作,需要不断吸取人才培养模式和教学改革成果,吸取学科和行业的新知识、新技术、新成果。本套教材的编写出版只是近年来各参与学校教学改革的初步总结,还需要各位专家、同行提出宝贵意见,以进一步修订、完善,不断提高教材质量。

谨为之序。

国家级教学名师
华中科技大学教授、博导
2012 年 8 月

前　言

"工程材料及其应用"是高等院校机械类和近机类专业中一门必修的技术基础课程。课程的主要任务是使学生在机械制造实习的基础上，掌握常用工程材料的种类、成分、组织、性能和改性方法的知识，培养选用材料和工艺分析的初步能力及创新意识，并为学习其他相关课程及今后从事机电设计与制造工作奠定必要的基础。

本教材根据教育部高等学校机械基础课程教学指导分委会 2011 年 7 月修订的《工程材料及机械制造基础》教学基本要求编写，着力于为上述课程任务服务。在编写过程中吸取了国内外同类教材的优点，结合了编者多年的教学成果，力求使教材内容与课程任务相一致，与制造业的发展需求相适应，并着重处理好以下问题。

1. 在教材体系中，以材料的"化学成分/加工工艺—组织结构—性能—应用"为主线，以提高工程材料性能（特别是强韧化）为重点，从工程应用对材料性能要求的角度出发，展开论述和介绍。

2. 在内容处理上精炼传统理论，突出工程应用。基础理论以工程应用为目的，够用为度。其他课程有介绍的材料的性能没有单独设章，而仅在绪论中做必要的铺垫；加强了材料表面工程技术内容，以适应材料高性能化和再制造工程需要；工程材料以剖析金属材料为主，再引申对其他材料的分析，并增加了陶瓷材料和复合材料的分量；加强了机械零件的失效分析、选材及材料的工程应用等内容。

3. 在学习方法上注意引发思考，培养学生分析问题和解决问题的能力。在每章开篇都安排一个熟悉的引例，从现象引出问题，再转入相应内容，引导学生带着问题去思考和学习。

为了方便师生掌握本课程学习内容，编者还编写了《工程材料及应用学习指导书》（华中科技大学出版社出版）作为配套教材，内容包括实验指导、每章内容提要和学习方法指导等。

本书由福建农林大学庄哲峰撰写前言、绪论，并参与第 4、7 章的编写，东北农业大学秦丽元编写第 1、12、13 章；河北科技大学马静编写第 2、3 章；江西农业大学张庐陵编写第 4、11 章；绍兴文理学院王夏冰编写第 5、6、7 章；南阳理工学院赵亚忠编写第 8 章；北京工商大学罗红旗编写第 9、10 章；石河子大学魏敏编写第 14、15 章。庄哲峰、秦丽元为全书编写引例，庄哲峰、张庐陵担任主编，赵亚忠、王夏冰、罗红旗担任副主编，庄哲峰负责全书统稿。

在本书的编写过程中得到福建农林大学的资助和编者们所在院校以及华中科技大学出版社的大力支持，参考并引用了国内外有关教材、科技论著等文献资料的内容和插图，福建农林大学唐翠勇博士、陈向文硕士做了许多具体工作，在此特向有关单位、作者和个人致以诚挚的感谢。

由于本书涉及的内容多、专业面广，限于编者的水平，书中可能还存在一些错误和不足，敬祈专家与读者不吝斧正，以便在下一版进一步完善。

编　者

2013 年 3 月

目 录

绪论 ·· (1)
  0.1 工程材料及其分类 ·· (1)
  0.2 材料的特性 ··· (2)
  0.3 材料在制造工程中的作用 ·· (6)
  0.4 "工程材料及其应用"在机械工程类专业的作用 ····································· (8)

第 1 章 工程材料的组织与性能 ··· (10)
  1.1 材料的结合键 ··· (10)
  1.2 材料晶体结构的概念 ··· (12)
  1.3 金属的晶体结构 ·· (14)
  1.4 高分子材料的结构 ··· (20)
  1.5 陶瓷材料的结构 ·· (22)
  1.6 材料的组织 ·· (24)

第 2 章 金属材料的凝固与相变 ·· (27)
  2.1 金属的结晶 ·· (27)
  2.2 合金的结晶 ·· (31)
  2.3 合金相图的基本类型 ··· (32)
  2.4 相图与合金性能的关系 ·· (38)

第 3 章 铁碳合金相图及碳钢 ··· (40)
  3.1 铁碳合金的相与组织 ··· (40)
  3.2 铁碳合金相图 ··· (42)
  3.3 碳素钢 ··· (51)

第 4 章 成形工艺对金属组织与性能的影响 ··· (54)
  4.1 金属铸造成形的组织与性能 ·· (54)
  4.2 熔化焊金属的结晶与相变 ·· (57)
  4.3 冷塑性变形过程的金属组织与性能 ··· (60)
  4.4 冷塑性变形金属的回复与再结晶 ·· (63)
  4.5 金属热塑性变形的组织与性能 ··· (64)
  4.6 超塑性成形 ·· (66)

第 5 章 钢的热处理原理 ·· (67)
  5.1 钢在加热时的组织转变 ·· (68)
  5.2 钢在冷却时的组织转变 ·· (69)

5.3　过冷奥氏体转变曲线图……………………………………………………………(74)

第6章　钢的整体热处理……………………………………………………………(79)
6.1　钢的退火与正火…………………………………………………………………(79)
6.2　钢的淬火…………………………………………………………………………(82)
6.3　钢的淬透性………………………………………………………………………(84)
6.4　淬火钢的回火……………………………………………………………………(87)
6.5　整体热处理新技术………………………………………………………………(89)

第7章　材料的表面改性处理…………………………………………………………(92)
7.1　表面淬火与表面形变强化………………………………………………………(92)
7.2　表面化学热处理…………………………………………………………………(95)
7.3　离子渗入及注入处理……………………………………………………………(98)
7.4　气相沉积…………………………………………………………………………(100)
7.5　电镀和化学镀……………………………………………………………………(102)
7.6　表面涂覆处理……………………………………………………………………(103)

第8章　合金钢…………………………………………………………………………(107)
8.1　合金钢的分类及编号……………………………………………………………(107)
8.2　合金元素在钢中的分布及作用…………………………………………………(108)
8.3　工程结构用钢……………………………………………………………………(111)
8.4　机器结构用钢……………………………………………………………………(111)
8.5　专用结构钢………………………………………………………………………(117)
8.6　工具钢……………………………………………………………………………(119)
8.7　特殊性能钢………………………………………………………………………(124)

第9章　铸铁……………………………………………………………………………(130)
9.1　铸铁的石墨化……………………………………………………………………(131)
9.2　常用灰口铸铁……………………………………………………………………(133)
9.3　灰口铸铁的热处理………………………………………………………………(137)
9.4　合金铸铁…………………………………………………………………………(139)

第10章　非铁金属材料………………………………………………………………(141)
10.1　铝及其合金……………………………………………………………………(141)
10.2　铜及其合金……………………………………………………………………(144)
10.3　其他非铁金属…………………………………………………………………(147)
10.4　轴承合金………………………………………………………………………(150)
10.5　粉末冶金材料…………………………………………………………………(152)

第11章　高分子材料…………………………………………………………………(154)
11.1　高分子材料概述………………………………………………………………(154)
11.2　高分子材料的力学状态………………………………………………………(157)

11.3 高分子材料的结构变化 …………………………………………………… (159)
11.4 塑料的特性与分类 …………………………………………………… (160)
11.5 常用塑料 …………………………………………………………………… (161)
11.6 橡胶及其应用 …………………………………………………………… (167)

第12章 陶瓷材料 …………………………………………………………… (169)
12.1 陶瓷材料及其分类 …………………………………………………… (169)
12.2 陶瓷材料的制备工艺 ………………………………………………… (171)
12.3 陶瓷材料的性能 ……………………………………………………… (172)
12.4 工程结构陶瓷 ………………………………………………………… (174)
12.5 金属陶瓷 ……………………………………………………………… (177)

第13章 复合材料 …………………………………………………………… (179)
13.1 概述 …………………………………………………………………… (179)
13.2 增强材料与基体材料 ………………………………………………… (183)
13.3 材料复合的基本原则 ………………………………………………… (187)
13.4 复合材料的种类及应用 ……………………………………………… (190)

第14章 材料选择的一般方法 ……………………………………………… (195)
14.1 机械零件的失效分析 ………………………………………………… (195)
14.2 材料选择的基本原则 ………………………………………………… (198)
14.3 材料选择的方法与步骤 ……………………………………………… (202)

第15章 工程材料的选择及应用举例 ……………………………………… (204)
15.1 典型零件选材及工艺分析 …………………………………………… (204)
15.2 机床典型零件的选材及应用 ………………………………………… (209)
15.3 汽车典型零件的选材及应用 ………………………………………… (212)

参考文献 ……………………………………………………………………… (216)

绪　　论

材料是具备可供使用的性质、可以制造有用物品的物质。因此,材料与人类生产和生活有着密切的联系,是人类生存和发展的物质基础,也是人类社会现代文明的重要支柱。任何一项科学技术的进展都需要解决相关的材料问题,材料的重要作用一直受到人们的高度重视。

0.1　工程材料及其分类

工程材料是指具有一定性能,在服役条件下能实现使用性能要求,被用于制造工程结构、装备零部件和元器件的材料。

工程材料的种类繁多,按性能特点,可分为功能材料和结构材料等两类。功能材料是以特殊的物理、化学性能或生物学特性为主要要求,如具有电磁、光、热、声学、生物学等功能和效应及其转换特性的材料。如电池材料、超导材料、储氢材料、传感器材料、信息记录材料等都属于功能材料。结构材料是以力学性能为主要要求,兼备一定的物理、化学性能,用于制造承受载荷、传递动力的零部件和结构件的材料。本书介绍的工程材料主要是结构材料,即用于机械、车辆、建筑、船舶、化工等工程领域中制造工程构件和装备零部件,也包括那些用于制造工具的材料和一些具有特殊性能(如耐蚀、耐高温等)的材料。

按其化学成分组成,工程材料可分为金属材料、高分子材料、陶瓷材料和复合材料等四大类,如图0.1所示。

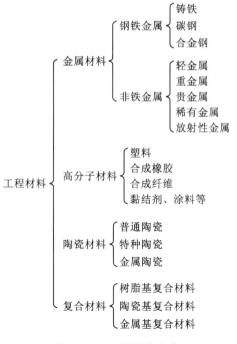

图0.1　工程材料的分类

1. 金属材料

金属材料包括钢铁材料和非铁金属材料,具有良好的导电性、导热性、高强度、高塑性和金属光泽等金属特性,还具有比高分子材料高得多的强度和刚度,比陶瓷材料高得多的塑韧度。因其具有其他种类材料不可替代的独特性质和使用性能,以及成熟的工艺,仍然是目前应用最广泛的工程材料。金属材料的研究一方面采用新技术和新工艺开发具有高性能的新金属材料,如非晶态金属、纳米金属、智能金属和储氢合金等;另一方面不断开发金属与非金属相互渗透的新型复合材料。金属材料虽然走过最辉煌的时代,但其发展仍然方兴未艾。

2. 高分子材料

高分子材料是以高分子化合物为主要组成的材料。按材料来源,高分子材料可分为天然高分子材料和人工合成高分子材料等两类;按特性和用途,可分为塑料、合成橡胶、合成纤维、黏结剂和涂料等几类。被称为现代高分子三大合成材料的塑料、合成橡胶和合成纤维已成为工程建设和人们日常生活中必不可少的重要材料。它们具有相对密度小、可加工性好、耐蚀性强、自润滑性好、绝缘和减振性好,以及成本低等优点,在机械、车辆、电气、化工、交通运输等工程领域中得到广泛应用。其最大缺点是耐热性差,易软化和老化,强度低,尺寸稳定性差等。因此,高分子材料的发展主要聚焦在通过聚合物的改性提高其使用性能、开发环境友好型材料,以及废弃物的高效利用等方面。

3. 陶瓷材料

陶瓷材料是指硅酸盐、金属与非金属的化合物,因其不具备金属的性质,又称无机非金属材料。它的主要结合键是离子键,同时还存在一定成分的共价键。陶瓷材料可分为三大类:一是普通陶瓷,主要原料是硅酸盐矿物,常用于日用瓷器和建筑材料;二是特种陶瓷,主要成分是人工合成化合物,如碳化物、氮化物和氧化物等,用于工程领域的耐高温、耐腐蚀、耐磨损的零件;三是金属陶瓷,即金属粉末和特种陶瓷粉末的烧结材料,主要用于切削刀具、模具和耐热零件等。陶瓷材料因具有高熔点、高硬度、耐磨和耐腐蚀,以及重量轻、弹性模量大等一系列优良特性,而得到越来越广泛的应用,特别在耐磨材料、高温结构材料、磁性材料、介电材料、半导体材料和光学材料等方面占据了重要地位。陶瓷的发展主要围绕解决其易发生脆性破坏、塑性变形能力差、粉体制备和陶瓷加工工艺复杂、成本高等主要弱点展开,以及在新型结构陶瓷、生物陶瓷和其他功能陶瓷材料方面的开发研究。

4. 复合材料

复合材料是指由两种或两种以上不同成分、不同性质的材料组合而成的材料。其性能通常兼有组成材料的各项优点,还可以产生原来单一材料本身所不具备的优良性能,是一类特殊的工程材料,具有广阔的发展前景。复合材料的组成物可分为基体材料和增强材料等两类。基体材料有金属、塑料、橡胶和陶瓷等,增强材料有各种纤维和无机化合物颗粒等。复合材料已经应用到航空航天、武器装备、机械工程、能源工程、海洋工程,乃至民用建筑、交通运输、文体和日常用品等领域。在现代工业中,树脂基复合材料的应用已相对成熟,金属基和陶瓷基复合材料仍处于发展阶段。现代复合材料的新发展主要集中在复合增强理论的研究、复合材料制造工艺的发展,以及高性能低成本的复合材料等研究开发。

0.2 材料的特性

材料的特性包括两方面。一是材料的固有特性,即材料的物理特性和化学特性,如力学性能、热性能、电磁性能、防腐蚀性能等。材料的固有特性是由材料本身的化学成分和组织结构所决定的,是指材料在使用条件下所表现出来的性能,它受使用条件的制约,因此,从实际意义上讲,也是材料的使用性能。二是材料的派生特性,它是由材料的固有特性派生而来的,如材料的加工特性(工艺性能)和经济特性等。

0.2.1 材料的力学性能

材料的力学性能是材料在载荷作用下所表现出来的性能,主要包括强度、塑性、硬度、韧度等。

1. 强度

材料的强度是指在外力作用下,其抵抗塑性变形和破坏的能力。由于外力的作用方式不同,材料的静强度可分为屈服强度、抗拉强度、抗压强度、抗弯强度和抗剪强度。

屈服强度是指材料抵抗外力产生塑性变形前的极限能力,用符号 σ_{eh} 和 σ_{el} (N/mm²) 表示。

抗拉强度是指材料抵抗外力产生断裂前的极限能力,用符号 σ_m (N/mm²) 表示。

拉伸试验可以测定材料的强度。由于工程构件和机器零件工作时不允许发生塑性变形和断裂,因此零件工作时所受应力应低于 σ_{el} 和 σ_m,即多以 σ_{el} 和 σ_m 作为强度设计的依据。因此,屈服强度 σ_{el} 和抗拉强度 σ_m 两个强度指标在选择和评定材料及进行机械零件强度设计时具有重要意义。

2. 硬度

硬度是指材料抵抗局部塑性变形的能力,是衡量材料软硬程度的指标。材料的硬度直接影响着材料的切削加工性、零件的耐磨性和使用寿命。生产中常用压入法测定硬度,即用一定形状的压头,在一定载荷作用下,压入被测材料表面。压入后变形程度越小,则材料的硬度越高。

常用的硬度测定方法有布氏硬度(HB)测试法、洛氏硬度(HR)测试法和维氏硬度(HV)测试法等几种。

3. 塑性

材料的塑性是指在外力作用下其产生塑性变形而不破坏的能力。拉伸试验测得的塑性指标有:断后伸长率(δ)和断面收缩率(ψ)。δ 和 ψ 的值越大,材料的塑性越好。良好的塑性不仅使材料易于实现成形,而且使制成的零件在使用过载时可通过自身的塑性变形,提高其承载能力,不致出现突然破坏。

4. 韧度

材料抵抗冲击载荷作用而不致破坏的极限能力称为冲击韧度(简称韧度)。韧度的常用指标为冲击韧度,用符号 a_k (J/cm²) 表示,a_k 值越大,则表示材料的韧度越高。用于结构和零件制造的材料应具有较高的韧度和较小的脆性。

冲击韧度通常采用摆锤式冲击试验机测定。由于冲击韧度值对材料的组织缺陷很敏感,它能反映材料品质、宏观缺陷和显微组织等方面的变化,因此,冲击试验是生产上用于检验冶炼、热加工、热处理等工艺质量的有效方法。

5. 疲劳强度

材料在规定的重复次数或交变应力作用下不致发生断裂的能力称为材料的疲劳强度或者疲劳极限,用符号 σ_{-1} (N/mm²) 表示。金属材料和复合材料的疲劳强度较高,陶瓷、高分子材料的抗疲劳性能很低。控制材料的内部质量,避免气孔、夹杂等缺陷,改善零件的结构设计、减小应力集中,采取表面强化等方法可以有效提高零件的疲劳强度。

除了上述的强度、硬度、塑性、韧度、疲劳强度等性能外,还有许多很有用的力学性能指标。这些力学性能指标可以通过不同的测试方法来测试和表征,如表0.1所示。这些方法和性能将在"材料力学"课程中深入介绍。

表0.1 常用的性能测试方法与对应的力学性能指标

测试方法	能够测试的性能指标
拉伸试验	弹性模量、屈服强度、抗拉强度、伸长率和断面收缩率等
压缩试验	压缩弹性模量、压缩屈服强度、抗压强度、压缩率等
硬度试验	布氏硬度、洛氏硬度、维氏硬度、显微硬度等
扭转试验	切变模量、扭转屈服强度、抗扭强度等
弯曲试验	弯曲弹性模量、抗弯强度、挠度等
冲击试验	冲击韧度、韧脆转变温度等
疲劳试验	疲劳强度、裂纹扩展速率、疲劳门槛值等
断裂韧性实验	断裂韧度、裂纹张开位移等
磨损试验	磨损量、摩擦因数等

0.2.2 材料的物理性能

材料的物理性能包括密度、熔点、电、磁、光、热等性能。

1. 导电性和绝缘性

导电性是指材料传导电流的能力,通常用电导率来衡量其导电性能的好坏。电绝缘性与导电性相反,通常用电阻率、介电常数和击穿强度来表示。电阻率越大、介电常数越小、击穿强度越高,材料的电绝缘性越好。金属的导电性、导热性好;陶瓷通常是良绝缘体,耐高温性能好;高分子材料密度小,导热性差、耐热性差,也是绝缘体。

2. 磁性

磁性是指材料在磁场被磁化而呈现磁性强弱的能力。根据磁化程度,材料可分为三类。

(1) 铁磁性材料　在外加磁场的作用下,能被强烈磁化的材料,如铁、钴、镍等。

(2) 顺磁性材料　在外加磁场的作用下,只是被微弱磁化的材料,如铬、锰、钼等。

(3) 抗磁性材料　能抵抗或减弱外加磁场磁化作用的材料,如铝、铜、金、银等。

3. 热性能

热性能包括导热性、耐热性、耐火性和热膨胀性等。

导热性是指材料传递热量的能力,通常用导热系数来表示。导热性是选择保温材料和热交换材料的依据之一。金属材料的导热系数大,是热的良导体;高分子材料导热系数小,是热的绝缘体。导热性也是考虑加工工艺和热处理工艺的重要因素,合金钢的导热性比碳素钢的差,锻造和热处理时应采用较缓慢的加热速度升温,否则易产生裂纹;导热性差的材料在切削过程也容易导致切削刀具的温升。

热膨胀性是指材料由于温度变化产生膨胀或者收缩的性能,通常用线胀系数来表示。线胀系数以高分子材料的最大,金属材料的次之,陶瓷材料的最小。在许多工程应用中需要考虑材料的热膨胀性,如:传动轴与滑动轴承之间的配合,发动机活塞与缸套之间的配合,需要考虑二者材料的热膨胀性以保证合理间隙;在制定铸造、焊接、热处理工艺时,需要考虑热膨胀性以减少工件的变形与开裂。

0.2.3 化学性能

材料的化学性能主要是指在常温或高温下抵抗各种介质侵蚀的能力,主要包括耐蚀性、耐候性和抗氧化性等。

耐蚀性是指材料抵抗各种介质侵蚀的能力。

耐候性是指材料在阳光、空气、雨水等自然因素作用下不发生性质变化或破坏的能力。

抗氧化性是指材料在高温或常温下抵抗表面氧化作用的能力。

对于在腐蚀介质中或在高温下工作的构件,应选用化学稳定性高的材料。例如:化工设备、医疗用具等常采用高分子材料、不锈钢来制造;而内燃机和发电设备的部分零件则常选用耐热钢来制造;宇航工业上常采用高温合金、复合材料等来制造其设备。

0.2.4 工艺性能

工艺性能是指是否易于采用热处理工艺改性或者各种成形工艺进行加工的性能,是材料物理、化学和力学性能在加工过程中的综合反映。在机械制造过程中,不同的材料有着各自适宜的加工工艺。

1. 铸造性能

铸造性能是指反映材料采用铸造方法铸成合格铸件的难易程度的性质,通常包括流动性、收缩性、吸气性、偏析倾向、铸造应力和裂纹倾向等。表 0.2 所示的是常用金属材料的铸造性能比较,可见各种材料的铸造性能不一样。

表 0.2 几种常用金属材料的铸造性能比较

材 料	流 动 性	体积收缩性	偏析倾向	其他缺陷
灰铸铁	好	小	小	铸造内应力小
球墨铸铁	稍差	大	小	易出现缩孔和缩松
铸钢	差	大	大	导热性差、易冷裂
铸造黄铜	好	小	较小	易形成集中缩孔
铸造铝合金	较好	小	较大	易吸气、易氧化

2. 压力加工性能

压力加工性能是指反映材料采用压力加工方法加工或成形的难易程度的性质,通常用金属的塑性和形变抗力来衡量。塑性越好、形变抗力越小,材料的压力加工性能越好。压力加工性能好的材料,可以以较小的外力进行较大量的塑性变形而不致断裂。压力加工性能取决于材料的化学成分和显微组织、变形温度、变形速度和应力状态等。例如:纯金属和单相固溶体合金的压力加工性能都比较好;而钢的碳及合金元素的含量越多,其压力加工性能越差;组织中化合物的相对量越大,金属的压力加工性能越差。

3. 焊接性能

焊接性能是指将分离的材料采用一般焊接方法焊成优质焊接头的难易程度。所谓优质有两层含义:一是焊接头产生缺陷(如变形、裂纹、气孔等)的倾向小;二是焊接头的使用可靠性高。金属材料的焊接性能可以用冷裂纹敏感系数(P_C)来评价。

$$P_C=[C]_E+h/600+w(H)/60$$

碳当量浓度$[C]_E=[C]+[Mn]/6+([Cr]+[Mo]+[V])/5+([Ni]+[Cu])/15$,当$[C]_E \leqslant 0.4$时,钢材的焊接性能好,裂纹倾向小,所以工程焊接结构都采用碳的质量分数小于0.25%的低碳钢来制造;当$[C]_E \geqslant 0.4$时,焊缝就有明显的裂纹倾向,碳当量浓度$[C]_E$越大,焊接头的冷裂倾向越大;板厚度h越大,焊缝的冷裂倾向越大;焊缝中氢的质量分数$w(H)$越大,焊接头的冷裂倾向越大(易导致氢脆)。因此,对重要焊接件要进行消氢处理(焊后对焊件加热至200 ℃,保温10~15 h,使氢气从焊缝充分析出)。

4. 切削性能

切削性能是指材料是否易于进行某种切削加工的能力。切削性能主要用切削速度、加工后零件的表面粗糙度和刀具的使用寿命等参数来衡量。材料被切削加工时,若切削速度快、表面粗糙度低、刀具使用寿命长,则材料的切削性能就好。影响材料切削性能的主要因素有材料的化学成分、内部组织、硬度、导热性和形变抗力等。相关内容将在第8章的"易切削钢"讨论。

0.3 材料在制造工程中的作用

0.3.1 材料的历史地位

纵观人类进化史可以清楚地看到,材料的开发、利用和完善贯穿其始终。每一种新材料的出现和应用,都孕育着一项新技术的诞生,甚至导致一个领域的技术革命,并大大加速社会的发展进程,给社会生产和人们生活带来巨大的变化。因此,史学家以制造生产工具所使用的材料种类划分人类生活和社会文明发展的阶段。于是,人类的历史就有了旧石器时代、新石器(陶器)时代、青铜器时代和铁器时代,而今人类又步入了人工合成新材料的时代。

在旧石器时代,人类开始以石头做工具;在新石器时代,人类发明用黏土成形,再用火烧固化制成陶器,标志着人类的智慧已发展到将天然材料改造为人工材料的新时代。中华民族在材料的开发和应用方面对人类社会作出了巨大贡献。在公元前5000多年前的磁山-裴李岗文化时期就用黏土烧制陶器;在公元前1100多年的商周时期又发明了釉陶;东汉(公元25—220)时又发明烧制瓷器,成为世界最早生产瓷器的国家。陶瓷技术不仅成为中国古代文明的重要象征,而且对世界文化产生了极大影响。

人类在寻找石材的过程发现了矿石,在制陶的过程还原了金属铜和锡,创造了炼铜技术,使用铜生产了大量生活器皿和工具,从而进入铜器时代。我国的青铜冶炼技术始于夏代,到商代已达到了世界的顶峰。河南安阳出土的晚商时期的司母戊鼎、湖北江陵出土的越王勾践剑都堪称世界上古青铜器的杰作。春秋战国时期《周礼·考工记》中总结的青铜"六齐"规律揭示了青铜成分、性能和用途之间的关系,是世界上最早的合金化工艺的科学总结。

从使用青铜发展到使用钢铁制造生产工具对社会进步发挥了巨大的推动作用。我国在青铜文化鼎盛的春秋时期开始冶铁,比欧洲开始使用生铁早约2 000年;到了西汉已掌握了用煤作为燃料的炼铁技术,"先炼铁,后炼钢"的两步炼钢技术也比其他国家早1 600年以上,从西汉至明代长达1 500多年的历史过程中,我国钢铁生产技术一直处于世界领先水平。钢铁热处理技术也达到相当高的水平,在战国时期的刀剑金相组织中就出现淬火马氏体组织;明代宋应星所著的《天工开物》是世界上有关金属加工最早的科学技术著作之一,书中对钢铁材料的退火、淬火和渗碳等热处理工艺进行了详细论述。17世纪之后,西欧和俄国在科学革命和产业革命的推动下后来居上,创造了不少新的冶炼技术,使以钢铁为代表的材料生产和应用跨进一个新的阶段,促进了工业革命。反之,工业革命又推动了材料技术的进一步发展。

在18世纪以前,人们对材料内在关系还缺乏本质认识和规律性认识,材料的制造生产基本上停留在工匠、艺人经验的水平上。直到1863年光学显微镜首次应用于材料微观组织的研究领域,建立了"金相学",并在化学、物理和材料力学等学科研究的基础上产生了"金属学",才揭示了金属成分、组织和性能之间的相互关系,奠定了金属材料的理论基础。1912年发现X射线衍射,人们开始了晶体微观结构的研究;1932电子显微镜及后来各种新分析仪器的问世,把研究引入微观世界的更深入的层次,"金属学"更趋完善,大大推动了金属材料的发展。

20世纪20年代,人工合成高分子材料问世并迅速发展;20世纪50年代,通过合成化工原料和特殊制备方法生产一系列特种陶瓷材料,标志着人类正在跨入人工合成材料的时代。由于人工合成材料的资源丰富、密度小、性能优异,用途不断扩展,成为近几十年来的研究热点。金属材料与各种非金属材料相互渗透,相互结合组成一个完整的材料体系。因此,在金属学、高分子科学、陶瓷学等学科的基础上形成了"材料科学"和"材料科学与工程"。

材料科学是研究成分、工艺、组织、性能之间的相互关系及其规律的科学。因为一门应用科学,研究与发展材料的目的在于应用,所以,在"材料科学"问世不久,就提出"材料工程"和"材料科学与工程"的概念。英国《材料科学与工程百科全书》对其定义为:"材料科学与工程是研究有关材料组织、结构、制备工艺流程与材料性能和用途的关系,以及其知识的产生及其应用的学科。"材料的成分组织结构、材料的制备合成及加工工艺、材料的性能及材料的使用行为构成了材料学科与工程的四个研究要素。材料科学与工程都是高新技术发展的关键领域,发挥了先导和基础的作用。因此,世界上发达国家在制定国家科技与产业发展计划时,都将新材料科学与技术列为优先发展的关键技术予以高度重视。

0.3.2 材料在制造业的作用

制造业是工业经济时代国民经济增长的"发动机"。世界上发达国家的经济高速发展进程中,制造业都发挥了核心作用。而制造技术的提高离不开工程材料的发展和成形技术的进步。因此,材料在现代制造业中具有不可替代的重要地位和作用。

优质的机电产品是优良的设计、合理的材料选择和正确的工艺加工三者紧密联系的整体。在产品开发的过程中,设计人员首先进行功能设计和结构设计,确定产品的功能、整机和零部件的形状和尺寸,再针对整机和零部件的特定要求选择最合适的材料成分及组织状态,制定可行的加工工艺,以期制造出质量高、重量轻,既安全可靠、经久耐用又经济实惠的产品和零部件。在这个过程,材料性能是设计、材料、工艺三者之间联系的纽带,并为设计、加工、制造提供各种正确的使用性能指标。材料为产品提供必要的功能,是产品质量的重要保证。

高性能的装备需要先进的工程材料作为物质基础。在各种装备研制过程中,原材料本身的性质是装备中各种零部件使用性能达到其设计要求的基本保证。如各种高强度和超高强度材料的发展,才使发展大型结构件和提高结构和部件的强度级别、减轻设备自重成为可能;比合金材料更高耐热性的特种陶瓷的问世,才有可能制造出比金属发动机更高热效率的陶瓷发动机。据估算燃气涡轮发动机效率与性能的提高,大约50%来自材料的改进;飞机性能的提高,材料贡献所占比例达2/3左右。

大量的事实还证明,在设计与加工过程中,材料及工艺问题往往是制约机电产品的功能、质量和寿命的瓶颈问题。例如，叶片是燃汽轮机的关键部件，其工作温度越高，燃汽轮机的推重比就越大。原来采用高温合金和锻造成形制造。随着发动机工作温度的提高，要求叶片合金的热强性能进一步提高，于是改用单晶合金和熔模精密铸造工艺制作叶片，加上热障涂层的应用，冷却技术的改进，在半个多世纪，航空发动机的涡轮进口温度从20世纪40年代的730 ℃提高到1650 ℃，推重比从大约3提高到10以上。材料制备与成形加工技术的发展是获得高性能、低成本装备的保证，机电产品瓶颈问题的出现和突破，也促使了新材料科技和先进的制造加工技术的进一步发展与深刻变革。总之，材料的开发与先进的机电产品设计制造技术是密切相关的，其发展是相辅相成的。

0.4 "工程材料及其应用"在机械工程类专业的作用

对于任一机电产品，用户期望的是功能优异、操作方便、质量稳定、安全可靠、价格低廉。实现上述期望，除了设计和制造的因素外，在很大程度上取决于所选材料的质量和性能。此外，机电产品和零部件经过长时间的使用运行，由于受力、能量或者环境介质的作用，都将发生磨损、腐蚀或变形，甚至疲劳破坏和断裂失效。因此，机电工程师除了具备优良的设计和制造能力外，还必须具备三方面的知识基础：一是熟悉各种材料的力学性能、加工特性和改性方法，以及各种材料的应用范围，以改善材料性能，合理应用材料；二是熟悉产品设计制造与材料性能的关系，能够根据每个零部件不同的服役条件（如受力、温度、环境介质等）选用何种材料，经过哪些加工工艺制成，在使用状态下是什么显微组织才能保证在规定的寿命期限内正常工作，以合理选择材料和使用材料；三是从材料学的角度，根据零部件承受载荷的类型和外界条件分析其失效形式，以对零部件材料的主要性能指标提出要求，并制订合理的加工工艺。"工程材料及其应用"课程就是为了适应这些要求而设置的。

"工程材料及其应用"是机械类和近机类各专业必修的技术基础课程。课程从工程材料应用的角度出发，阐明工程材料化学成分、组织结构、加工工艺与使用性能之间关系的基本理论，介绍常用工程材料及其应用的基本知识。旨在学生通过学习本课程能正确理解常用工程材料的成分、加工工艺、组织结构与性能之间的关系及其变化规律，具有根据零件使用条件、性能要求和失效形式，进行合理选材及正确制定零件热处理工艺和加工工艺路线的初步能力，并为学习后续相关课程打下基础。

"工程材料及其应用"课程的主要内容如下。

(1) 工程材料的理论基础　讨论材料的结构与性能、金属材料的凝固、成形工艺对金属组织与性能的影响。

(2) 热处理与表面工程技术　讨论钢的整体热处理、表面热处理及表面改性技术。

(3) 常用工程材料　讨论钢铁材料、非铁金属材料、高分子材料、陶瓷材料、复合材料的组成特点及其应用。

(4) 工程材料的选择与应用　讨论机械零部件的失效分析、选材及工程材料的应用。

本课程的理论性强，涉及的概念多，名词术语多，学习过程中要注意材料的成分、工艺、组织、性能是一个不可分割的整体，不仅材料成分的变化会引起其组织性能的变化，对于同一材料，采用不同工艺制造的零部件，其组织性能也可能出现很大的差异。学习中要注重于理解和分析材料性能变化的内在规律，深刻认识影响材料性能的因素及其强化机制，熟悉具有什么成分的材料,通过什么工艺方法加工可以达到工程应用的性能要求。

本课程的实践性和应用性也很强,学习过程中除了掌握材料学基本理论和基本知识之外,还必须重视实践,必须与工程训练或金工实习紧密联系,对机械制造全过程有一定的了解。特别注意联系生产实际,注重分析、理解前后知识的整体构成和综合应用。

第1章 工程材料的组织与性能

【引例】 在日常生活和工业生产中,不同的材料有不同的用途。例如柔软布料可做成衣服,坚硬的陶瓷可制成洁具,导电性好的金属可制成导线。为什么这些材料的性能会出现这么明显的差异呢?这些性能差异会与哪些因素有关呢?比如材料的化学成分、原子排列方式等因素,有什么关系呢?

本章将介绍常见材料的组织结构及其对材料性能的影响,为上述问题提供答案。学习好本章的内容,将为掌握材料内部的成分、组织结构和性能之间关系及其变化规律奠定基础。

1.1 材料的结合键

在外界条件固定时,材料的性能取决于材料内部的构造。这种构造便是组成材料的原子种类和含量,以及它们的排列方式和空间分布。通常将前者称为成分,后者称为组织结构,而我们把这二者统称为结构。物质通常具有三种存在形态:气态、液态和固态,而工程材料在使用状态下的形态通常是固态。在固体状态下,组成物质的质点(原子、分子或离子)之间的相互作用力称为化学键。物质的化学键主要有离子键、共价键和金属键等三类。

1.1.1 离子键

当电负性相差较大的正电性金属原子与负电性非金属原子相互靠近时,前者将失去电子成为正离子,后者将获得电子成为负离子。两种离子靠静电引力而结合在一起形成离子键。如图 1.1(a)所示的为离子键结合的示意图。离子键具有较强的结合力,因此离子晶体的硬度、熔点和沸点高,线胀系数小。离子键中很难产生自由运动的电子,所以离子晶体都是良好的绝缘体,但处于高温熔融状态时,可以借助离子前移呈现导电性。在外力作用下,离子之间将失去电的平衡,而使离子键破坏,宏观上表现为材料断裂,所以离子晶体通常脆性较大。大部分盐类、碱类和金属氧化物以离子键方式结合,例如,氯化钠是典型离子晶体,图 1.1(b)所示的为氯化钠晶体的结构。部分陶瓷材料及钢中一些非金属夹杂物也以离子键方式结合。

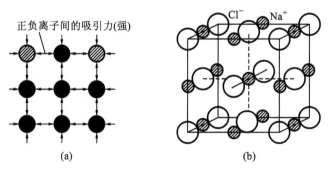

图 1.1 离子键

(a)离子键结合的示意图;(b)离子晶体:氯化钠结构

1.1.2 共价键

当两个相同原子或性质相近的原子接近时,价电子不会转移,原子间借共用电子对所产生的力而结合,这种结合形成共价键。图1.2所示的为共价键结合的示意图。共价键使原子间有很强的吸引力,所以共价晶体硬度高、熔点高、强度大、延展性差。例如,金刚石是自然界中最硬的材料,而且它完全是由碳原子组成的,它的原子结合方式就是共价键结合。同时由于相邻原子所共有的电子不能自由运动,所以,共价晶体导电性很差,具有很好的绝缘性能。一些高分子材料和陶瓷材料也是通过共价键方式结合的。

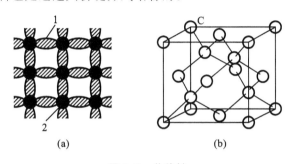

图 1.2 共价键
(a)共价键示意图 (b)共价晶体:金刚石结构
1—共价电子;2—正离子

1.1.3 金属键

金属原子的结构特点是外层电子少,容易失去。当金属原子相互靠近时,其外层的价电子将脱离原子,而成为自由电子,并为整个金属所共有。它们在整个金属内部运动,形成电子气。这种由金属正离子和自由电子之间相互作用而结合的方式称为金属键。金属键的模型有两种。一种认为金属原子全部离子化,另一种认为金属键是中性原子间的共价键及正离子与自由电子间的静电引力的复杂结合,如图1.3所示。金属键无方向性和饱

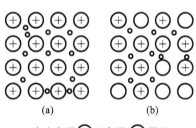

图 1.3 金属键模型

和性,所以金属的晶体结构大多具有高对称性。利用金属键可以粗略解释金属所具有的一般特性:即使金属内部原子面之间产生相对位移,仍旧保持正离子与自由电子之间的结合键,所以金属具有良好的延展性;在一定的电位差下,自由电子可以定向运动,而形成电流,显示出良好的导电性;随着温度的升高,离子本身振幅增大,将阻碍电子流过,使电阻增大,因而金属具有正的电阻温度系数;自由电子运动和正离子的振动使金属比非金属具有更好的导热性;金属中自由电子可以吸收可见光的能量使金属具有不透明性,而所吸收的能量在电子回复到原来状态时将产生辐射,又使金属具有光泽。

1.1.4 分子键

当不易失去或获得电子的原子、分子靠近时,由于各自内部电子不均匀分布产生较弱的静电引力,称为范德瓦尔力。由这种分子力结合起来的键称为分子键或范德瓦尔键,是最弱的一种结合键。分子晶体因其结合键能很低,所以其熔点很低、沸点低、硬度低、易压缩。金属及合

金以这种键结合的不多,而聚合物通常是链内为共价键结合,而链与链之间则是分子键。例如塑料、橡胶等高分子材料中多存在分子键,故它们的硬度比金属低,不具备导电能力。

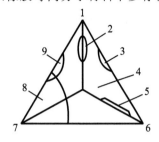

图 1.4 结合键四面体

1—离子键(NaCl);2—硅酸盐陶瓷;3—黏土;
4—共价键(金刚石);5—离分子;6—分子键(Ar);
7—金属键(Ag);8—金属材料;9—半导体

1.1.5 混合键

在工程材料中,原子(离子或分子)间相互作用的性质,有的是单纯一种结合键,更多的是几种键的结合同时存在。

如果把工程材料中的金属键、共价键、离子键、分子键分别作为四面体的顶点,就可以把工程材料的结合键范围看成一个如图 1.4 所示的结合键四面体。从这个结合键四面体可见,金属材料以金属键为主,陶瓷材料以离子键为主,高分子材料则以共价键为主。

1.2 材料晶体结构的概念

1.2.1 晶体与非晶体

固态物质按其原子(或分子)的聚集状态,分为晶体和非晶体两大类。原子(或分子)按一定几何规律作周期性排列而形成的聚集状态,则称为晶体。各种晶体结构可以看成是一些小球按一定的几何方式紧密排列堆积而成的,图 1.5(a)所示的是晶体的原子排列示意图。原子(或分子)为无规则地堆积在一起形成的一种无序的聚集状态,称为非晶体。

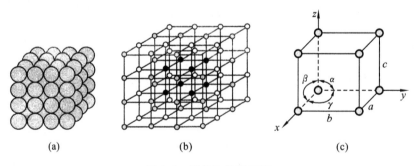

图 1.5 晶体结构示意图

(a)晶体模型;(b)晶格;(c)晶胞及晶格参数

几乎所有的金属、大部分的陶瓷以及一些聚合物在其凝固时都要发生结晶,也就是原子本身沿三维空间重复排列成有序的结构,即所谓的长程有序结构,具有这种结构的材料称为晶体。晶体的特点是,结构有序,各向异性,有固定的熔点。

典型的非晶体材料是玻璃,所以非晶体也称为玻璃体。虽然非晶体结构在整体上是无序的,但其原子之间是靠化学键结合在一起的,所以在小范围内观察仍有一定的规律。非晶体的这种小范围的有规律,称为短程有序。非晶体材料的特点是,结构无序,各向同性,没有固定熔点,热导率(导热系数)和热膨胀性小,塑性形变大,组成成分变化范围大。

晶体和非晶体在不同条件下可互相转化。比如,金属液体在高速冷却条件下可以得到非晶态金属,即所谓的金属玻璃;而玻璃经过适当处理,也可形成晶态玻璃。

1.2.2 晶格与晶胞

晶体中原子(或离子、分子)在空间呈规则排列,组成晶体的物质的质点不同、排列的规则或周期性不同,就可以形成各种各样的晶体结构。假定晶体中的物质质点都是固定的刚球,为便于研究各种晶体内部原子排列的规律及几何形状,把每一个原子假想为一个几何结点,并用直线从其中心连接起来,使之构成空间格架,称为晶格,如图1.5(b)所示。实际上多将构成晶体的实际质点忽略,将它们抽象成纯粹的几何点,相当于质点的平衡中心位置。

晶体中原子排列规律呈明显的周期性变化。因此在晶格中就存在能完全代表晶格特征的最小几何单元,通过它来分析晶体中原子排列的规律,这个最小的几何单元称为晶胞。图1.5(c)所示的是一个简单立方晶格的晶胞示意图。晶胞在空间中重复排列就构成整个晶格。因此,晶胞的结构特征可以反映出晶格和晶体的结构特征。在晶体学中,用于描述晶胞大小与形状的几何参数称为晶格参数。晶格参数包括:晶胞的三个棱边长度分别为 a、b、c,称为晶格常数,其大小通常以mm计;三个棱边夹角分别为 α、β、γ,如图1.5(c)所示。

1.2.3 晶面指数和晶向指数

在晶体中,由一系列原子所组成的平面称为晶面,原子在空间排列的方向称为晶向。晶体的许多性能都与晶体中的特定晶面和晶向密切相关。晶面和晶向的区分,采用晶面和晶向指数来标定。晶面指数的一般形式为(uvw),晶向指数的一般形式为[hkl],如图1.6所示。

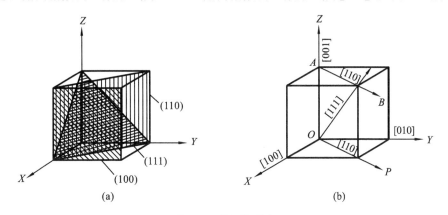

图 1.6 晶面与晶向
(a)立方晶格中的晶面;(b)立方晶格中的晶向

以图1.6(a)所示的一晶面为例,晶面指数的标定过程如下。
(1) 设定一空间坐标系,原点在欲定晶面外,并使晶面在三条坐标轴上有截距或无穷大。
(2) 以晶格常数 a 为长度单位,写出欲定晶面在三条坐标轴上的截距:1、∞、∞。
(3) 截距取倒数1、0、0。
(4) 截距的倒数化为最小整数100。
(5) 将三整数写在圆括号内(100)。

此晶面的晶面指数即为(100)。同样方法可以确定其他晶面指数,如图1.6中的(110)和(111)等。

以图1.6(b)所示的晶向 OA 为例,说明晶向指数的标定过程如下。
(1) 设定一空间坐标系,原点在欲定晶向的一节点上。

(2) 写出该晶向上另一节点的空间坐标值 0、0、1。
(3) 将坐标值按比例化为最小整数 0、0、1。
(4) 将化好的整数记在方括号内[001]。

得到晶向 OA 的晶向指数为[001]。

1.2.4 晶胞所含原子数

晶胞原子数是指一个晶胞内所包含的原子数目。晶体由大量晶胞堆垛而成,所以处于晶胞顶角或晶面上的原子就不会为一个晶胞所独有,只有晶胞内的原子才为晶胞所独有。不同晶体结构有不同的原子数。

1.2.5 晶体致密度

晶体中原子排列的紧密程度是反映晶体结构特征的一个重要因素,通常用致密度表示排列的紧密程度。致密度(K)是晶胞中原子所占的体积分数。致密度越大,原子排列紧密程度越大。表示为

$$K = \frac{nv}{V} \tag{1.1}$$

式中:n——晶胞原子数;
v——原子体积;
V——晶胞体积。

1.3 金属的晶体结构

1.3.1 金属的常见结构

金属晶体大多具有紧密排列的趋向,以致原子排列组合形成的数目大大减小,只有少数几种高对称的晶格形式。在金属元素中,约 90% 以上的金属晶体的结构属于以下三种晶格形式:体心立方结构、面心立方结构和密排六方结构。前二者属于立方晶系,后者属于六方晶系。

1. 体心立方晶格

体心立方晶格的晶胞模型如图 1.7 所示,是由 8 个原子构成的立方体。金属原子分布在立方晶胞的八个角和立方体的体心上,其晶格常数 $a=b=c$,故通常只用一个常数 a 表示,$\alpha=\beta=\gamma=90°$。由图 1.7 可知,沿晶胞体对角线方向原子紧密排列,故可计算其原子半径为 $r=\frac{\sqrt{3}}{4}a$。根据式(1.1),计算体心立方晶胞致密度为 0.68(或 68%)。

晶胞原子数是指一个晶胞内所包含的原子数目。在体心立方晶胞中,每个顶角上的原子在晶格中同时属于 8 个相邻的晶胞,因而每个角上的原子属于一个晶胞的仅为 1/8,而中心的那个原子则完全属于这个晶胞。所以实际的一个体心立方晶胞所含的原子数为 2 个。

属于这类晶格类型的金属有 α-Fe、Cr、Mo、W、V 和 Nb 等。

2. 面心立方晶格

面心立方晶格的晶胞,如图 1.8 所示,它也是由 8 个原子构成的立方体。立方体的每一个面的中心还各有一个原子,其晶格常数 $a=b=c$,故通常也用一个常数 a 表示。由图 1.8 可以

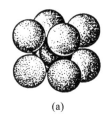 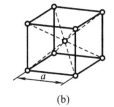 

(a)   (b)   (c)

图 1.7 体心立方晶格

(a)刚球模型；(b)晶格模型；(c)晶胞原子数

 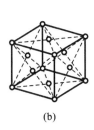 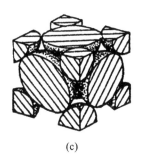

(a)   (b)   (c)

图 1.8 面心立方晶格

(a)刚球模型；(b)晶格模型；(c)晶胞原子数

看出，这种晶胞中的每个面对角线上原子排列最紧密，故可计算出其原子半径 $R=\dfrac{\sqrt{2}}{4}a$。根据式(1.1)，计算面心立方晶胞致密度为 0.74(或 74%)。

面心立方晶胞中每个顶点的原子为 8 个晶胞共同拥有，立方体每个面心上的原子为两个晶胞共同拥有，所以该晶胞的原子数为 4 个。

属于这类晶格的金属有 γ-Fe、Ni、Al、Cu、Pb、Au 等。

3. 密排六方晶格

密排六方晶格的晶胞如图 1.9 所示，是一个正六棱柱。它不仅在由 12 个原子所构成的简单六方体的上下两个六边形底面的中心各有 1 个原子，而且在两个六边形底面中间还有 3 个原子(在棱柱体内)。其晶格常数用正六边形底面的边长 a 和晶胞高度 c 表示，两相邻侧面之间的夹角为 120°，侧面与底面之间的夹角为 90°，二者的比值 $c/a=1.633$ 时，才是理想的密排六方晶格。密排六方晶胞的原子半径 $r=a/2$，晶胞致密度为 0.74(或 74%)。晶胞内原子数为 6 个。属于这类晶格结构的金属有 Mg、Zn、Be、Cd 等。

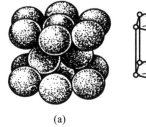 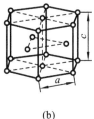 

(a)   (b)   (c)

图 1.9 密排六方晶格

(a)刚球模型；(b)晶格模型；(c)晶胞原子数

1.3.2 金属晶体的缺陷

在实际应用的金属材料中,原子的排列不可能像理想晶体那样规则和完整,总是不可避免地或多或少地存在一些原子偏离规则排列的区域,这就是晶体缺陷。实际晶体中存在大量的缺陷,这些缺陷按其几何特点可分为点缺陷、线缺陷和面缺陷等三类。

1. 点缺陷

点缺陷的特征是三个方向上的尺寸都很小,相当于原子尺寸,其典型的代表有空位、置换原子和间隙原子,如图1.10所示。在晶体中,某些原子在热运动过程中具有很高的振动能量而不能保持在其平衡位置上,从而形成点缺陷。克服周围原子对它的约束迁移到别处,在原位置上出现了空节点,即形成空位;跳到晶界处或晶格间隙处形成间隙原子;或跳到节点上形成置换原子。

随温度升高,原子跳动加剧,点缺陷也增多。点缺陷会使晶格发生畸变,电阻增大。过饱和的点缺陷可提高材料的强度和硬度,但是降低材料的塑性和韧度。点缺陷数目的增大,使晶体的密度减小。而且应当指出,晶体中的点缺陷都处在不断的运动和变化之中,是金属中原子扩散的主要方式之一,这对热处理过程尤为重要。

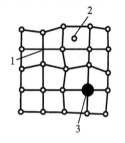

图1.10 点缺陷示意图
1—空位;2—间隙原子;3—异类原子

2. 线缺陷

线缺陷的特征是三维尺寸在两个方向的尺寸很小,在另一个方向的尺寸相对很大。属于这类缺陷的主要是各种类型的位错。它是晶体中的一列或数列原子发生有规则的错排现象引起的。位错种类很多,但最简单、最基本的有刃型位错和螺型位错两种形式。图1.11(a)所示的为刃型位错立体图,晶体中某处一列或若干列原子发生了有规律的错排现象。某一原子平面在晶体内部中断,这个原子平面中断处的边缘是一个刃型位错,就像刀刃一样将晶体上半部分切开,如同沿切口强行锲入半原子面,将刃口处的原子列称为刃型位错线(EF线)。刃型位错分为正刃位错和负刃位错等两种,如图1.11(b)所示。通常把在晶体上半部分多出原子面的位错称为正刃型位错,用符号"⊥"表示;在晶体下半部多出原子面的位错称为负刃型位错,用符号"⊤"表示。图1.12所示的是螺型位错示意图,图1.12所示BC线为位错线,螺型位错根据其螺旋方向分为左螺旋位错和右螺旋位错等两类。

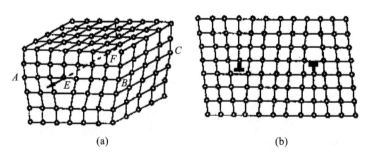

图1.11 刃型位错示意图
(a)立体图;(b)平面图

金属中存在大量位错,位错在外力作用下会产生运动、堆积和缠结,位错附近区域产生晶格畸变,导致金属强度升高。冷塑性变形使晶体中位错缺陷大量增加,金属的强度大幅度提

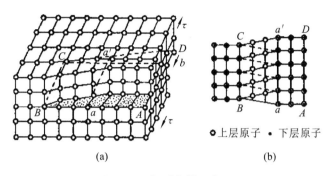

图 1.12 螺型位错示意图

(a)立体图;(b)平面图

高,这种方法称为形变强化(或加工硬化)。但同时也使材料的塑性下降。

3. 面缺陷

面缺陷的特征是在一个方向上的尺寸很小,另外两个方向上的尺寸相对很大,呈面状分布的缺陷。工程上使用的金属材料都是多晶体,其结构如图 1.13 所示。多晶体是由大量外形不规则、晶格位向不同的小晶体构成的。这些小晶体就称为晶粒。晶粒与晶粒之间的交界称为晶界。

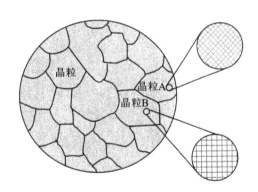

图 1.13 多晶体示意图

晶界原子受相邻晶粒的影响处于折中位置,原子排列很不规整,晶格畸变程度很大,如图 1.14 所示。晶界层厚度一般在几个原子间距到几百个原子间距内变动。晶界的缺陷是晶体中一种重要的缺陷。由于晶界上的原子排列偏离平衡位置,所以能量比晶粒内部的高,从而也就具有一系列不同于晶粒内部的特性。例如,晶界比晶粒本身容易被腐蚀和氧化,熔点较低,原子沿晶界扩散较快等。

在晶体中,每个晶粒内部的原子排列只是相对整齐一致,不是绝对完整无缺的。实际上,晶粒内还存在着许多小尺寸、小位向差的晶块,这些小晶块称为亚晶粒。亚晶粒间的边界称为亚晶界,如图 1.14(b)所示。

晶界和亚晶界均可提高金属的强度,同时还使塑性改善、韧度提高,通常称这种强化为细晶强化。

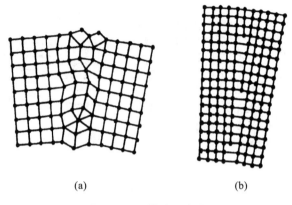

图 1.14　面缺陷示意图
(a)晶界；(b)亚晶界

1.3.3　合金的相结构

纯金属具有良好的物理和化学性能，但价格昂贵，种类有限，强度较低，不能满足各种使用条件的要求。为了满足各种机器零件对不同性能的要求，出现了合金。

1. 基本概念

1）合金

所谓合金是指两种或两种以上的金属元素或金属元素与非金属元素，经熔炼、烧结或其他方法组合而成，具有金属特性的物质。合金具有比纯金属高得多的强度、硬度、耐磨性等力学性能，是工程上使用最多的金属材料，而且价格低廉。通过调整其组成的比例，可以获得一系列性能不同的合金，以满足不同性能要求。如工业上广泛应用的碳素钢和铸铁是主要由铁和碳组成的合金；黄铜是由铜和锌组成的合金；硬铝是由铝、铜、镁组成的合金。

2）组元

组成合金最基本的、能够独立存在的物质称为组元。组元可以是化学元素，也可以是稳定的化合物。由两个组元组成的合金称为二元合金；由三个组元组成的合金称为三元合金；由三个以上组元组成的合金称为多元合金。

3）相

组元间由于物理的和化学的相互作用，会形成各种不同的相。相是指合金中具有同一化学成分、同一结构和原子聚集状态，并以界面相互分开的、均匀的组成部分。只有一种相组成的合金称为单相合金，由两种或两种以上相组成的合金称为多相合金。例如，锌的质量分数为30%的 Cu-Zn 合金是由单一的面心立方结构的晶体构成的，所以是一种单相合金。而锌的质量分数为40%时则是由一种面心立方结构的晶体和一种化合物构成的，所以是一种两相合金。

根据合金元素之间的相互作用及相的结构特点不同，合金中的相可以分为固溶体和金属间化合物两大类。

2. 固溶体

合金在固态下由组元间相互溶解而形成的相称为固溶体，即在某一组元的晶格中包含其他组元的原子，晶格不变的组元称为溶剂，其他组元为溶质。所以固溶体的特征是仍保持溶剂的晶格类型。

1) 固溶体分类

按溶质原子在金属溶剂晶格中的位置,固溶体分为置换固溶体和间隙固溶体等两种。溶质原子代替一部分溶剂原子而占据溶剂晶格中某些节点位置而形成的固溶体,称为置换固溶体,其结构如图1.15(a)所示。若溶质原子在溶剂晶格中占据的不是节点位置,而是处于各节点间的空隙中,则这类固溶体称为间隙固溶体,如图1.15(b)所示。

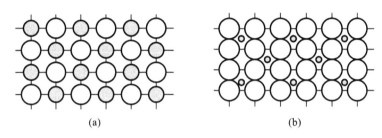

图1.15　固溶体示意图
(a)置换固溶体;(b)间隙固溶体

由于溶剂晶格的空隙很小,所以间隙固溶体中溶质原子通常是半径较小的非金属元素,如碳、氮、硼等原子。溶剂晶格的空隙数量有限,能溶入的溶质原子数量也有限,故间隙固溶体的溶解度一般有限。并且只有当溶质元素与溶剂元素的原子直径的比值小于0.59时,间隙固溶体才有可能形成。金属元素彼此之间一般能形成置换固溶体,组元点阵类型相同、原子大小相差不大、负电性相近,形成固溶体的溶解度越大。

固溶体还可以按照溶质原子在晶格中的分布状态分为无序固溶体和有序固溶体等两类。无序固溶体的溶质原子在晶格中随机分布;有序固溶体中,溶质原子和溶剂原子各占晶体结构一定位置而规则排列。有些合金在一定温度下,可以由无序固溶体转变为有序固溶体,称为有序化转变。合金相中不同原子作有序排列的结构一般也称为超结构或超点阵。

2) 固溶体的性能与固溶强化

当溶质元素的含量极小时,固溶体的性能与溶剂金属基本相同;随着溶质含量的升高,固溶体的性能将发生明显的改变。即随着溶质含量的增多,固溶体的强度、硬度升高,而塑性、韧度有所下降,电阻率逐渐升高,导电性逐渐下降。

溶入某种溶质元素形成固溶体,使金属的强度、硬度升高的现象称为固溶强化。固溶强化的产生是由于溶质原子的溶入会引起溶剂晶格的畸变,进而使位错在晶体内移动受到的阻力增加,使金属变形困难的缘故。

实践证明,适当调整和控制固溶体中溶质的含量,可以在提高材料的强度、硬度的同时,仍能保持相当好的塑性和较高的韧度。因此,固溶强化可以作为材料的一种强化途径。

3. 金属间化合物

当合金中溶质的含量超过固溶体的溶解度时,将出现新相。若新相的晶格结构与合金中的另一组元相同,则新相是以另一组元为溶剂的固溶体。若新相的晶体结构不同于任一组元,则新相将是组成元素之间形成的一种新相。其成分在相图中位于两组元为溶剂的最大固溶度之间,所以称为中间相或金属间化合物。金属间化合物有金属键参与作用,所以具有一定的金属性质。

1) 金属间化合物分类

常见的金属间化合物有以下三类。

(1) 正常价化合物　正常价化合物是由元素周期表中位置相距甚远、电化学性质相差很大的两种元素形成的。这类化合物的特征是严格遵守化合物的原子价规律，成分固定并可用化学式表示，如 Mg_2Si、Mg_2Sn 等。

(2) 电子化合物　电子化合物是由第Ⅰ族或过渡族元素与第Ⅱ～Ⅴ族元素形成的金属化合物。它们不遵守原子价规律，而是按照电子浓度（价电子总数与原子数之比）规律形成的化合物。电子浓度不同，所形成金属化合物的晶体结构也不同。电子化合物的结合键为金属键，一般熔点高，硬度高，脆性大，是非铁金属中的重要强化相。

(3) 间隙化合物　间隙化合物是由过渡族金属元素与硼、碳、氮、氢等原子直径较小的非金属元素形成的化合物。若非金属原子与金属原子半径之比小于0.59，则形成具有简单晶体结构的间隙相，例如 TiC、TiN、ZrC、VC 等。若非金属原子与金属原子半径之比大于0.59，则形成具有复杂结构的间隙化合物。例如 Fe_3C 是铁碳合金中的重要组成相，具有复杂的斜方晶格，如图 1.16 所示。

与间隙固溶体相比，间隙相具有很高的熔点、硬度和脆性，是高合金工具钢的重要组成相，也是硬质合金和高温金属陶瓷材料的重要组成相。在结构上，间隙固溶体保持金属的晶格，而间隙相的晶格则不同于组成它的任何一个组元的晶格。其次，尽管间隙相和间隙固溶体中直径小的原子均位于晶格的间隙处，但在间隙相中，直径小的原子呈现有规律的分布；而在间隙固溶体中，直径小的原子（溶质原子）是随机分布于晶格的间隙位置的。

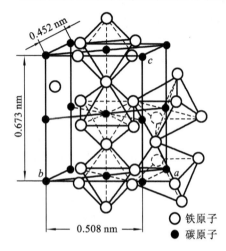

图 1.16　Fe_3C 的斜方晶格结构

2) 金属间化合物性能与第二相强化

金属间化合物一般具有复杂的晶体结构，熔点高、硬度高，但脆性也很大。当合金中出现金属间化合物的时候，通常能提高合金的强度、硬度以及耐磨性，但会降低合金的塑性和韧度。因此，工程材料中，通常将固溶体作为基体相，以金属间化合物作为强化相（第二相），来进一步提高材料的韧度，这种方法称为第二相强化。其强化效果与第二相的特性、数量、大小、形状和分布均密切相关。这个问题将在"1.6 材料的组织"中进一步介绍。

金属间化合物是各种合金钢、硬质合金和许多非铁金属的重要组成相。

1.4　高分子材料的结构

高分子化合物是指由一种或多种简单低分子化合物聚合而成的相对分子质量很大的化合物，又称为聚合物或高聚物。组成高分子的简单低分子化合物称为单体，高分子是由单体通过加聚或缩聚反应连接而成的链状分子，高分子链中的重复结构单元称为链节。

高分子材料的基本性质由其主要成分（即高分子化合物）的内部结构决定，所以讨论高分子材料的性能时，要先从研究它的结构开始。高分子化合物的结构比常见的材料复杂，它是由成千上万的原子组成的长链大分子。对其结构分析一般从两个方面进行：一个是高分子链结构（分子内部结构），另一个是聚集状态（分子间结构）。

1.4.1 大分子链的几何形态

由于聚合反应的复杂性,在合成高聚物的过程中可以发生各种各样的反应形式,大分子链也会呈现不同的形态,按其几何形状,大致分为线型高分子、支链型高分子、体型高分子等三类,如图 1.17 所示。

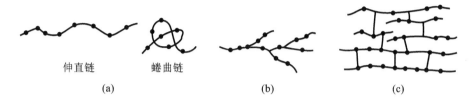

图 1.17 高分子的几何形态示意图
(a)线型;(b)支链型;(c)体型(交联型)

1. 线型结构

线型结构高分子化合物的分子链是由许多链节组成的长链,由于其长径比可达 1 000 以上,通常成蜷曲状,受拉时可以伸展为直线,一般乙烯类高聚物如高密度聚乙烯、聚氯乙烯、聚苯乙烯等高分子化合物具有线型结构。这类高聚物的弹性高、塑性好、硬度低,可溶解在一定的溶剂中,升温时可以软化及流动。具有这种可溶、可熔性的高聚物,通常称为热塑性高分子化合物。其最大优点是可以反复加工使用,具有较好的弹性。

2. 支链型结构

支链型结构高分子化合物的分子链是在大分子主链上带有的一些或长或短的支链,整个分子呈枝状。具有这类结构的高分子有高压聚乙烯、耐冲击型聚苯乙烯等。它们一般也能溶解在一定的溶剂中,加热也能熔化,但由于分子不易整齐排列,分子间作用力较弱,因而对溶液的性质有一定的影响。这类高聚物的性能和加工,在支链较少时接近线型分子的。

3. 体型结构

体型结构高分子化合物的结构是大分子链之间通过支链或化学键连接成一体的所谓交联结构,由于整个高聚物分子是一个由化学键连接起来的不规则网状大分子,所以结构非常稳定,不能在溶剂中溶解,也不能加热熔融。具有这种不溶、不熔性的体型结构高聚物,通常称为热固性高分子化合物。这类材料具有较好的耐热性、难溶性、尺寸稳定性和力学强度,但弹性、塑性低,脆性大,不能塑性加工,成形加工只能在网状结构未形成之前进行,一旦成形后就不溶、不熔,所以这类材料不能反复使用。

1.4.2 大分子链的构象及柔顺性

聚合物的分子链是通过共价键连接起来的,它有一定的键长和键角。以碳链为例,其键长为 0.154 nm,键角为 109°28′。在保持键长和键角不变的情况下它们可以任意旋转,这就是单键的内旋转,如图 1.18 所示。这种由于单键内旋转所引起的原子在空间占据不同位置所构成的分子链的各种形象,称为大分子链的构象。单键内旋转的结果,使原子排列位置不断变化。大分子链很长,每个单键都在

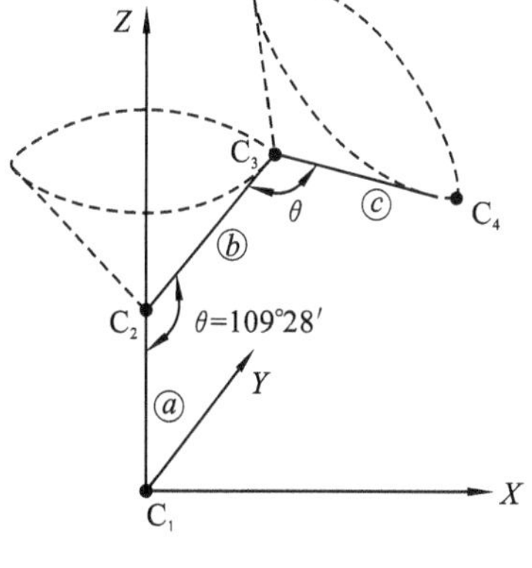

图 1.18 C—C 键的内旋转示意图

不断内旋转,这就必然造成整个大分子链的形状瞬息万变。大分子链时而蜷曲,时而伸展,这是造成高分子材料具有高弹性及高韧度的内在原因。大分子这种能由构象变化获得不同蜷曲程度的特性称为大分子链的柔顺性。

实际上,高聚物中大分子链各单键的内旋转运动受相邻其他原子或基团的空间阻碍,还受到相邻大分子的束缚,所以内旋转不自由。因此,大分子链的热运动总是要通过一定长度的链段和谐地协调运动来实现的,链段是指具有独立运动能力、链的最小部分。链段一般可以包含十几个到几十个链节。所以大分子链可以看做是由若干能单独运动的链段所构成的。一般说来,链段越短(链节越少),链的柔顺性越好。

1.4.3 高分子聚集态结构

组成物质的分子聚集在一起的状态称为物质的聚集态。一般物质的聚集态可分为气体、液体和固体等三类。而高分子材料的状态是高聚物大分子的聚集态,其性能与高聚物的聚集态结构有关。聚合物的聚集态结构包括结晶态结构、非晶态结构和取向结构。结晶意味着聚合物分子的高度有序化。当足够数量的分子链紧密地堆集到一起,使得二次价力能够克服热运动造成的无序排列时就形成结晶态结构。分子链堆集得越紧密,结晶的倾向就越大。具有线型分子的聚合物比支链型分子的聚合物容易结晶;带有大的官能团的聚合物,如苯乙烯等则不容易结晶。有规聚合物与无规聚合物相比,前者结晶倾向更大。

聚合物与金属的一个重要区别是聚合物得不到完全的晶体结构。要把大分子链全部规则排列起来是非常困难的,所以结晶高聚物都是部分结晶的,即同时存在结晶区和非晶区。分子链规则排列的部分是晶区,不规则部分是非晶区,其结构如图 1.19 所示。晶区所占质量分数,称为结晶度,如涤纶、尼龙等结晶度为 10%~40%。

结晶度对高聚物的性能有很大影响。一般结晶度越高,晶区范围越大,分子间作用力越强,高聚物的熔点、密度、强度、刚性、硬度越高,耐热性、化学稳定性越好,但与链运动有关的性能如弹性、伸长率、耐冲击性却降低。

图 1.19 部分晶态高分子结构示意图

1.5 陶瓷材料的结构

陶瓷是由金属化合物和非金属元素形成的化合物。这些化合物之间的结合键主要是离子键(如 MgO、Al_3O_2 和 ZrO_2 等)和共价键(如金刚石 Si_3N_4、SiC 等),因此具有很强的结合强度。例如,金属镁的结合是金属键,其熔点为 650 ℃,而变成离子键的氧化镁以后,其熔点高达 2 800 ℃。这说明要破坏强固的离子结合键,必须加热到更高的温度,消耗更多的能量。由于陶瓷材料有强固的键合性,因此陶瓷材料具有熔点高、硬度高、耐腐蚀、无塑性等性质。它们的晶体结构可以是晶型和非晶型的。

1.5.1 共价晶体陶瓷

共价晶体陶瓷一般都具有金刚石结构或是其派生结构,如 SiC 和 SiO_2 陶瓷等。SiC 的晶体结构与金刚石的类似,只是位于四面体间隙的原子是硅而不是碳原子而已,属于面心立方点阵,每个晶胞中有四个碳原子和四个硅原子。SiO_2 的结构是面心立方结构,每个硅原子周围包围四个氧原子,形成四面体结构,四面体之间以共有顶点的氧原子相互连接,如图 1.20 所示。

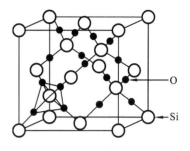

图 1.20 SiO_2 的晶体结构

1.5.2 离子晶体陶瓷

离子晶体陶瓷的种类很多。常见的有具 NaCl 结构的 MgO、NiO、FeO;具有 CaF_2 结构的 ZrO_2、VO_2 等。Al_2O_3、Cr_2O_3 等结构属于刚玉结构,氧原子占据密排六方结构的节点位置,铝离子处于氧离子组成的八面体间隙中,但没有完全占满,只占 2/3。相邻八面体间隙有一个是规律地空着的。每个晶胞有 6 个氧离子,4 个铝离子。具有钙钛矿结构的 $CaTiO_3$、$BaTiO_3$、$PbTiO_3$ 等,其中半径较小的钛离子位于氧八面体间隙中。钙离子和氧离子因为半径较大而作立方最密堆积,与钛离子构成钛氧八面体。这种结构的晶胞有一个钛离子、一个钙离子、一个氧离子。

1.5.3 非晶陶瓷

硅酸盐的基本结构是 SiO_4 四面体,如图 1.21 所示。其中既有离子键又有共价键,具有很强的结合力。但这种结构对四面体中的氧原子来说其外层电子不饱和,可从金属那里获得电子形成"SiO—"键与金属结合,或每个氧原子再和另外一个硅原子共用一对电子对,形成多面体群结构。由于连接方式不同,硅酸盐结构可以有链状、层状、岛状等结构。两个硅原子之间以氧原子连接,如果四面体长程有序排列,则为晶态 SiO_2,如为短程有序排列,则为玻璃结构,如图 1.22 所示。纯 SiO_2 即使在液态其黏度也很大,成形困难。加入一些 Na_2O、CaO 等,引入金属离子,氧离子从中获得电子成为连接原子,打破玻璃态的网状结构就使玻璃在高温时成为

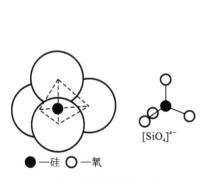

图 1.21 硅氧四面体示意图

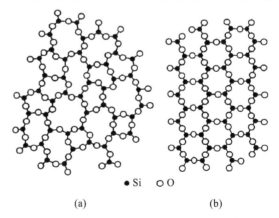

图 1.22 石英玻璃和石英晶体结构示意图
(a)石英玻璃;(b)石英晶体

热塑性的,有效提高其成形性能。

陶瓷材料主要是离子键和共价键化合物,虽然其晶体结构也存在位错等缺陷,但是由于结合力强,点阵阻力大,位错运动困难。但是相对位移会破坏共价键的方向性,所以共价陶瓷脆性大,但是硬度和熔点极高。离子型晶体中,位错的运动需要正、负离子成对跨过滑移面,静电作用强,一般也不能产生滑移,所以是脆性的。

1.6 材料的组织

1.6.1 组织的概念和分类

由于生产条件不同,材料中可能形成不同的相。相的数量、形态及分布状态不同就形成不同的组织。组织可以由单个相组成,也可以由多个相组成。根据分辨率的高低,组织还有微观组织和宏观组织之分。

1. 微观组织

微观组织也称为显微组织,是指通过显微分析方法观察到的金属及合金的内部构造,它涉及晶体或者晶粒的数量、大小、方向、形状、分布及相之间结合状态等组成因素。一般极限分辨率为 $0.2~\mu m$。经抛光的金属材料试样,在显微镜下观察,只能分析研究非金属夹杂物的组织。经侵蚀后的试样在显微镜下观察,则可看到各种形态的组织。就其组成相的多少而言,显微组织可分为单相组织和多相组织两类。

(1) 单相组织 只有一个相组成的组织。纯金属和单相合金都存在这类组织,在显微镜下看到的是许多边形晶粒和晶界组成的多晶体组织。

(2) 多相组织 多个相组成的组织。这一类组织的花样很多,许多高合金钢多半具有多相组成的复杂组织。

2. 宏观组织

宏观组织是指 30 倍以下的放大镜或人的眼睛直接能观察到的金属材料内部所具有的各组成物的直观形貌。例如,观察金属材料的断口组织,渗碳层的厚度,以及经酸浸后的枝晶、偏析、缩孔、非金属夹杂物等,一般分辨率大于 0.15 mm。

1.6.2 影响组织的因素

材料的组织主要取决于它的化学成分和工艺过程。

1. 化学成分

影响组织变化的条件首先是合金的成分。不同成分的合金,显示不同的组织,例如,Cu-Zn 合金系,Zn 的质量分数小于 30%者,得到单相黄铜,Zn 的质量分数在 40%～50%者则得两相黄铜。又如碳钢和白口铸铁,同是 Fe-C 系合金,碳的质量分数小于 2.11%者为钢,碳的质量分数大于 2.11%者为白口铸铁,钢和白口铸铁的组织虽然在室温都是由铁素体和渗碳体两相组成的,但是它们的组织形态,相的相对量差别很大。因而钢和白口铸铁的使用性能和工艺性能迥然不同。

2. 生产工艺

当合金的成分确定后,影响金属材料组织变化的因素就是生产工艺条件。凝固、锻压及热处理等对组织的形成影响极大。例如,在生产中普通浇注的铸锭和连续铸锭的组织不同,前者的宏观组织显示出细等轴晶区、柱状晶区及中心大等轴晶区,呈典型的铸锭组织;而后者柱状晶发达,中心等轴晶极少。又如,同是碳的质量分数为0.2%的碳钢,一般浇注条件下得到的是魏氏组织,而退火条件下得到的组织为均匀的铁素体晶粒和珠光体。同样是20钢从奥氏体化区空冷则得到细小均匀的铁素体晶粒和珠光体。

上述工艺条件的影响,归纳起来主要的一点就是冷却速度对组织形成的作用。此外,锻压变形对组织形成的影响亦是极其重要的,这里就不再举例赘述。所以分析研究组织时,要知道材料的化学成分,还要知道材料的工艺条件。

1.6.3 合金的显微组织

工业上应用的合金有单相合金和多相合金等两类。单相合金都是单相固溶体合金,因此,单相组织的成分是单相固溶体,其显微组织形态与纯金属的相同。多相合金的显微组织中除了作为基本相的固溶体外,还存在第二相。第二相可能是一种新的固溶体,也可能是金属间化合物。第二相形态及分布主要有如图1.23所示的五种可能特征。

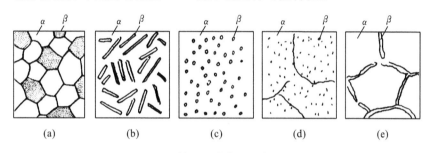

图1.23 第二相的常见形态及分布

下面基于第二相的强度和硬度明显高于固溶体基体的假设,分析第二相形态及分布对合金性能的影响。

(1) 第二相与基体相都是等轴晶粒,如图1.23(a)所示。二者均匀分布,其性能一般是两组成相性能的加权平均值。

(2) 第二相呈片层状与基体相交替分布,如图1.23(b)所示。由于相界面增加,有效阻碍位错的运动,所以合金的强度和硬度较高,但塑性和韧度降低,且片层越细,合金的强度和硬度越高。

(3) 第二相呈球状分布于基体相,如图1.23(c)所示。一方面,由于塑性好的基体相仍能连成一片,第二相对基体相的塑性和韧度的不良影响可大大减轻,所以合金的塑性比片状分布的高;另一方面,由于球状的表面积小,减小了与基体相的界面积,强度和硬度较片状的低。因此,高硬度的工具钢在切削加工之前都要把碳化物球化,以降低硬度,利于加工。

(4) 第二相呈弥散质点分布于基体相,如图1.23(d)所示。由于质点细,晶界面积大,对合金的强化作用大。同时,对塑性的不良影响较小。第二相的数量越多,弥散度越大,合金的强化效果越显著。

(5) 第二相沿晶粒边界呈薄膜状分布,其横截面为网状分布,如图1.23(e)所示。这种情形对合金的性能有最不利的影响。若第二相很脆,将成为裂纹扩展的途径,无论基体相的性能如何,材料都将表现为脆性断裂,若第二相熔点低于热变形温度,在热变形过程中,晶界第二相的熔化,将使各晶粒之间结合力大大下降而碎裂,这种现象称为热脆性。

由上述分析可见,合金的显微组织中组成相的种类、相对含量、形态及分布对性能的影响是极其敏感的。工业中常常通过适当的热加工工艺和热处理工艺来改善合金的显微组织,以提高其使用性能和工艺性能。

1.6.4 陶瓷的显微组织

将陶瓷材料切割并磨制成薄片,在显微镜下观察,便可看到陶瓷材料的内部组织由晶相、玻璃相及气相(气孔)三部分组成,如图 1.24 所示。它们的晶粒大小、形态、结晶特性、分布、取向、晶界以及表面结构特征对陶瓷的性能都有很大影响。

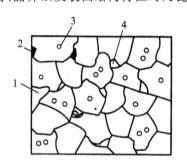

图 1.24 陶瓷显微镜组织示意图
1—晶粒;2—气孔;
3—晶粒内气孔;4—玻璃相

1. 晶相

晶相是陶瓷材料中最主要的组成相,它由固溶体和化合物组成,一般为多晶体。多相中又可分为主晶相、次晶相和第三晶相等。组成陶瓷晶相的主要晶体相有氧化物和硅酸盐两大类。陶瓷的晶相对陶瓷的性能起决定性作用;而晶相的形态分布所构成的显微组织对性能也有明显影响,如细化晶粒及亚晶粒都可提高陶瓷强度。

2. 玻璃相

玻璃相就是非晶相。它是由熔融的液体凝固时原子不能排列成为晶体状态形成的。SiO_2 等氧化物的黏度很高,易形成玻璃相。玻璃相在陶瓷中的主要作用是,将分散的晶相黏结在一起,降低烧成温度,抑制晶体长大以及填充气孔空隙。但玻璃相的力学强度比晶相的低,热稳定性较差,在较低的温度下就开始软化,而且往往带有一些金属离子而降低陶瓷的绝缘性能。陶瓷材料的种类不同,其内部玻璃相的数量也不等。因此,工业陶瓷玻璃相的质量分数一般控制在 20%~40%之内。

3. 气相

气相是指陶瓷内空隙中的气体。陶瓷材料除了玻璃外,大多由固体粉末烧结而成。在工艺制作过程中陶瓷材料中的气体保留下来,烧成后的材料内部往往存在许多气孔,体积占总体积的 5%~10%。细小均匀分布的气孔可使陶瓷材料的绝缘、绝热性能大大提高。

但较大的气孔往往是裂纹源,是产生应力集中的地方,因此会降低材料的力学性能。另外,陶瓷材料的介电损耗也因之增大,并造成击穿强度下降,因而要力求气孔细小,均匀分布,材料的孔隙率低。普通陶瓷的孔隙率要求控制在 5%~10%之内,特种陶瓷的低于 5%,而金属陶瓷的则低于 0.5%。但在某些情况下,如用做保温材料和化工用的过滤陶瓷等,则需要有控制地增加气孔量,有时孔隙率高达 60%。

第 2 章　金属材料的凝固与相变

【引例】　螺纹钢、圆钢是大家很熟悉的机械结构和建筑工程用钢。它们是将铁矿石熔炼获得铁水,再将铁水熔炼成钢水浇注在铸锭模中凝固成铸锭,然后轧制成的型材。这些型材有优质的,也有劣质的。劣质钢材流入市场,就有了不堪重负的豆腐渣工程。那么,同样外形尺寸的钢材为什么会有质量优劣呢？钢的质量问题是在什么环节产生的呢？哪些因素会影响钢材的质量呢？哪些途径可以提高和改善钢材的质量呢？

金属从液态转变为固态的过程称为凝固。如果凝固后的固体是晶体,又可称为结晶。研究发现,钢材的质量优劣不仅与钢水的化学成分有关,还与凝固过程及凝固后形成的组织及晶粒大小有显著关系。因此,研究材料的结晶过程、结晶和相变后形成的组织,以及这些组织与加工性能和使用性能之间的关系,对改进材料的性能和应用有着重要的意义。本章从金属材料入手,着重阐述上述关系,为如何改善材料性能和合理应用材料奠定基础。

2.1　金属的结晶

广义上讲,金属从一种原子规则排列状态转变为另一种原子规则排列状态(晶态)的过程均属于结晶过程。通常把金属从液态转变为固体晶态的过程称为一次结晶,而把金属从一种固体晶态转变为另一种固体晶态的过程称为二次结晶或重结晶。一次结晶、二次结晶都遵循类似的基本规律。工程上使用的金属材料通常要经过液态和固态的加工过程。例如,制造机器零件的钢材,要经过冶炼、铸造、轧制、锻造、机加工和热处理等工艺过程。

2.1.1　金属结晶的条件

当金属结晶时,从原子不规则排列的液态转变为原子规则排列的晶体过程中,存在一个平衡结晶温度,液体低于这一温度时才能结晶,固体高于这一温度时金属便会熔化。在平衡结晶温度时,液体与晶体共存,处于平衡状态。金属结晶时,达到平衡结晶温度后,金属是不是就发生凝固了呢？回答是否定的。在凝固过程中,实际的结晶温度总是低于平衡结晶温度。

根据热力学的解析,自然界的一切自发转变的过程总是由一种较高的能量状态趋向于较低的能量状态的转变过程。金属的结晶过程也是如此,是一个自由能降低的过程。结晶的动力是固态和液态的自由能差 ΔF,如图 2.1 所示。固态和液态的自由能相等,处于动态平衡,这时对应的温度 T_0 称为理论结晶温度(熔点)。只有在低于理论结晶温度,金属结晶才有驱动力。因此液态金属实际结晶的温度 T_n 总是低于理论结晶温度,这种现象称为过冷。

理论结晶温度与实际结晶温度之差 $\Delta T = T_0 - T_n$,称为过冷度。过冷度与金属液体冷却速度有关,冷却速度越快,发生结晶时的实际温度越低,过冷度就越大。纯金属从液态转变为固态时,会放出一定热量(结晶潜热),抵消了向外界散发的热量,表现在冷却曲线中,出现了温度平台,如图 2.2 所示,其中 ΔT 为过冷度。结晶潜热释放完毕,冷却曲线又会继续下降。

金属不仅在结晶时有过冷现象,在固态下发生相变时也会有过冷现象,后者的过冷度往往比前者更大。类似,金属在加热时,实际熔化温度将高于理论熔化温度,这种现象称为过热,实

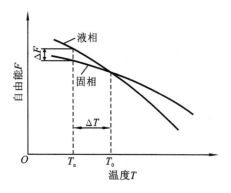

图 2.1　液态和固态金属的自由能-温度关系曲线

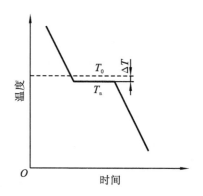

图 2.2　纯金属结晶的冷却曲线

际熔化温度与理论熔化温度之差称为过热度。

2.1.2　金属结晶过程

纯金属的结晶是在恒温下进行的,它是怎样进行的?其微观结构如何?通过研究发现,无论是非金属还是金属,其结晶过程均遵循相同的规律,结晶过程是液态原子不断形成晶核和晶核不断长大的过程,如图 2.3 所示。

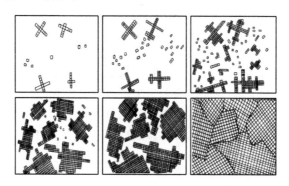

图 2.3　结晶过程示意图

1. 晶核的形成

晶核的形成有两种形式:均匀形核和非均匀形核。

1) 均匀形核

液态金属内部虽然在大范围内原子是无序分布的,但是在微小范围内,存在着一些紧密接触、规则排列的原子团,这些按短程规则排列的原子团的特点是尺寸较小、极不稳定、时聚时散;液体温度越低,尺寸越大的原子团存在的时间就越长。这些不稳定的原子集团称为晶胚,是产生晶核的基础。当液态金属过冷到理论结晶温度以下某一温度时,某些尺寸较大的原子团变得稳定,能够自发地长大,成为结晶的晶核。这种依靠液体本身,在一定过冷度条件下形成晶核的过程,称为均匀形核,又称均质形核或自发形核。均匀形核是一种理想状态。

2) 非均匀形核

实际金属液体中,常常存在各种固态的杂质微粒。金属结晶时,金属原子依附于这些固体(如杂质微粒、型壁)表面形核比较容易,其原因是该形核方式可以降低表面能,减小形核阻力,使得形核在较小的过冷度下进行。这种依附于其他固体表面形核的方式称为非均匀形核,又称为异质形核或非自发形核。实际金属的结晶主要是按非均匀形核方式进行的,非均匀自发形核在生产中所起的作用十分重要。

2. 长大过程

在结晶开始，液态金属中出现第一批晶核后，周围的原子不断在晶核上沉积，使晶核不断长大。在晶核长大的同时，液态金属中又产生第二批、第三批新的晶核。这样，晶核的形成和长大两个过程不断进行，直到它们与相邻的晶体相互抵触为止，全部液体金属转变为固体，结晶过程终止。如果在结晶过程中只有一个晶核形成并长大，就形成单晶体金属。实际金属在结晶过程中有大量晶核形成并长大，所以，实际金属一般都是多晶体。实际晶体中各个晶粒外形不规则，大小各不相等，晶体中各晶粒的晶格位向不同，且都是任意的，因此，实际晶体在各个方向上不显示各向异性。这种在各个方向上仍表现为各向同性的现象称为伪等向性。

晶核长大的形态受到过冷度的影响。当过冷度较大时，金属晶体常以树枝状长大。晶核开始长大初期，因其内部原子规则排列的特点，保持比较规则的几何外形。但随着晶核的长大，由于固液界面前沿液体中过冷度较大，固体中的某一区域偶有突起时，突起处尖端将优先生长。突起处在横向上也将长大，如树枝一样生长。结晶潜热的散失提高了周围液体的温度，在最初尖端处散热最快，因此其生长速度也是最快的。通常把最先优先长大的主干，称为一次晶轴。在一次晶轴上又生长出来二次晶轴，随后又可能出现三次晶轴、四次晶轴……相邻的树枝状骨架相遇时，树枝状骨架便停止扩展，每个晶轴不断变粗，长出新的晶轴，直到枝晶间液体全部消失为止，每一枝晶成长为一个晶粒，如图 2.4 所示。对于一定的晶体，各晶轴间具有确定的角度。

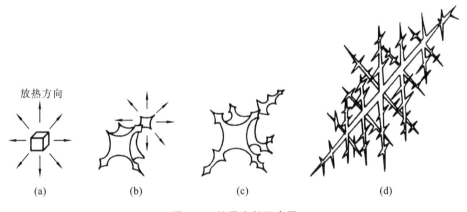

图 2.4 枝晶生长示意图

金属在结晶过程中，如果能不断补充因结晶收缩所需的液体，则结晶后将看不到树枝状晶体的痕迹，而只能看到多边形的晶粒；反之，在枝晶间缺乏液态金属填充，最后往往留下树枝状的花纹。在铸锭的表面和缩孔处，经常可以看到这种未被填满的枝晶结构。

2.1.3 晶粒大小及控制

结晶后的金属是由许多晶粒组成的多晶体。晶粒的大小对金属的力学性能影响很大。晶粒越细小，金属的强度和硬度越高，同时塑性越好、韧度越高。表 2.1 所示的是晶粒大小对纯铁力学性能的影响。因此，细化晶粒是改善材料性能的主要措施之一。

金属晶粒的大小称为晶粒度。为测量方便，通常以单位截面积上晶粒数目或晶粒的平均直径表示。数目越多、直径越小，晶粒越细小。通过细化晶粒提高金属的强度和韧度的方法称为细晶强化。

表 2.1　纯铁的晶粒度与力学性能的关系

晶粒度/(个/mm²)(每 1 mm² 中的晶粒数)	抗拉强度/MPa	屈服强度/MPa	伸长率/(%)
6.3	237	46	35.3
51	274	70	44.8
194	294	108	47.5

结晶后晶粒大小取决于形核率 N 和晶核的长大速率 V_G 两个因素的相对大小。形核率 N 是指单位时间单位体积液相中形成的晶核数目,形核率高表示单位体积内的晶核数目多,则结晶后可以获得细小的晶粒组织;长大速率 V_G 则是指晶体生长的线速度,长大速率越大,结晶后获得的晶粒越粗大。因此,凡能促进形核,抑制晶粒长大的因素都能细化晶粒。

在工业生产中,为了细化晶粒,常采用以下三种方法。

1. 增加过冷度

随着过冷度的增加,形核率和长大速率都将增加,但二者增大的程度不同,形核率增大得快一些,如图 2.5 所示。故在曲线的实线部分,过冷度越大,结晶后金属的晶粒越细小。当过冷度进一步增大(曲线的虚线部分),由于金属结晶温度太低,原子扩散能力降低,形核率和长大速率将逐渐减小并先后趋向于零,则金属结晶速度也随之下降。

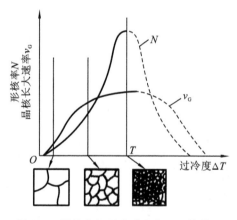

图 2.5　形核率与长大速率与 ΔT 的关系

增加过冷度的方法主要是提高冷却速度,使金属在较大的过冷度下结晶,从而使晶核数目增多,晶粒细化。如在铸造生产中,金属型比砂型的导热性好、散热快,以金属型或石墨型模型代替砂型模型,增加金属型模型的厚度,局部加冷铁等,可以吸收和传递液态金属的热量,增加液态金属的冷却速度,因此,可以得到比较细小的金属晶粒。

2. 变质处理

变质处理是在液体金属中加入孕育剂或变质剂,促进非均匀形核来细化晶粒和改善组织的方法。变质剂有两类:一类可以增加晶核的数量,例如,在铝合金液体中加入熔点比铝高得多的钛、锆,在钢水中加入钛、钒、铝等,都可使晶粒细化;另一类可以阻碍晶粒的长大,如在 Al-Si 合金中加入钠盐。

3. 振动处理

机械振动、超声波振动、电磁振动等措施,可使金属液产生相对运动,从而使枝晶受到冲击而破碎。这样不仅可使已经长大的晶粒因破碎而细化,而且破碎的枝晶可以起到晶核作用,也能增加晶核数目,细化晶粒。

2.2 合金的结晶

与纯金属结晶相似,合金的结晶过程也是一个形核和长大的过程,其形核方式可以是均匀形核,也可以是依靠外来质点的非均匀形核。合金的结晶过程是在过冷的条件下,晶核形成和长大,最后形成由许多晶粒组成的晶体的过程,但合金的结晶过程比纯金属的更为复杂。

2.2.1 合金结晶的特点

与纯金属不同,合金结晶有两个显著特点。

1. 合金结晶在一个温度范围内进行

纯金属结晶在恒温下进行,只有一个相变点,合金结晶是在一定温度范围进行的,开始结晶温度与终了结晶温度不同。例如,纯铁在1 538 ℃结晶,而碳的质量分数为0.6%的Fe-C合金在1 500 ℃开始结晶,1 430 ℃才结束。在此温度范围内的某一温度下,只能结晶出一定数量的固相,直至固相线为止,液相全部转变为固相。

2. 合金结晶为异分结晶

对于纯金属,结晶出的晶体与液相成分完全相同,称为同分结晶。合金结晶出固相的成分与液态合金成分不同,如碳质量分数为0.6%的Fe-C合金,先结晶的固相的碳质量分数低,后结晶固相的碳质量分数高,这种结晶出晶体的成分与液相的成分不同的结晶称为异分结晶,或选择结晶。在平衡凝固条件下,结晶出的固相和液相进行充分的扩散,每一温度下对应于一特定成分的固相,直至结晶终止后,整个晶体的平均成分才与原合金成分相同。

2.2.2 合金结晶的规律——相图

研究不同合金系的结晶规律时,要利用相图进行研究。合金相图是表示平衡条件下合金系中合金的状态与成分、温度之间关系的图形,又称相图或平衡图。相图表示的是合金在极其缓慢的冷却或加热条件下,其内部相组成随温度、成分变化而变化的规律。相图是研究合金性能,制定热加工工艺的有效工具。

合金相图一般是通过试验方法得到的。常用方法有热分析法、磁性分析法、膨胀分析法、显微分析法及X射线晶体结构法等,其中最基本、最常用的方法是热分析法。

热分析法是将配制好的一系列不同成分的合金放入炉中加热至熔化温度以上,然后极其缓慢地冷却,并记录下温度与时间的关系,根据这些数据绘出合金的冷却曲线,由于在合金状态转变时,会发生吸热和放热现象,使冷却曲线发生明显转折或者出现水平线段,因此可以确定合金的临界点(结晶开始和结晶终了温度),再根据这些临界点,即可在温度和成分坐标上绘制出相图。

二元合金相图纵坐标表示温度,横坐标表示合金的成分,一般用成分的质量分数来表示,也可以用原子百分数表示。Cu-Ni二元合金相图如图2.6所示。图中纵坐标表示温度,横坐标表示合金的质量分数,横坐标任一点代表一种合金的成分,左端表示$w(Cu)=100\%$,从左到右Ni含量逐渐增加,右端表示$w(Ni)=100\%$。由不同合金开始结晶点连成的线为液相线,由不同成分合金结晶终了点连成的线为固相线。Cu-Ni合金相图为匀晶相图。

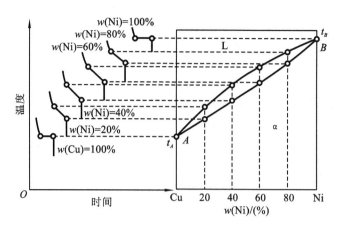

图 2.6　Cu-Ni 相图的建立过程示意图

2.3　合金相图的基本类型

根据组元之间相互作用的不同,不同合金的相图可以是各种各样的。有的比较简单,有的相当复杂。但是无论何种相图,都是由匀晶、共晶、包晶等几种基本的相图所组成的。

2.3.1　匀晶相图

在二元合金系中,两组元在液态下能无限溶解,在固态下形成无限固溶体的合金相图,称为匀晶相图。从液相中析出单相固溶体的结晶过程,称为匀晶转变。具有这类相图的合金系有 Cu-Ni、Fe-Ni、Cr-Mo、Au-Ag 等。

1. 相图分析

以 Cu-Ni 合金为例,其相图如图 2.7(a)所示。Cu 的熔点为 1 085 ℃,Ni 的熔点为 1 453 ℃,1 为液相线,2 为固相线。液相线之上的区域是液相区,用 L 表示;固相线之下的区域是固相区,用 α 表示;液相线与固相线之间的区域,是液相与固相两相共存区,称为两相区或凝固区,用 L+α 表示。

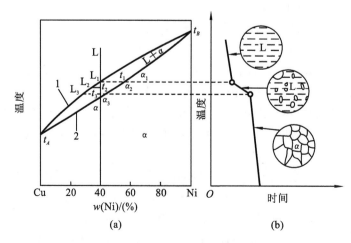

图 2.7　Cu-Ni 合金结晶过程示意图

合金系中任一成分的合金在结晶时,都会发生匀晶转变,从液相中析出单相的固溶体,并可用反应式表示,即

$$L \rightarrow \alpha \tag{2.1}$$

2. 合金的平衡结晶

从相图(图2.7(a))可看出,当液态合金自高温缓慢冷却到液相线温度t_1时,开始从液态金属中结晶出成分为α_1的固溶体,而液相成分将变为L_1。固溶体α_1的Ni含量要比液相L_1的高。继续冷却,固相成分沿固相线变化,液相成分沿液相线变化。冷却到t_2温度时,结晶析出固相成分为α_2,而液相成分为L_2,这时α_1固相通过扩散变为α_2成分。显然液相成分也必须由L_1变化到L_2才能达到平衡。所以,当温度不断下降时,析出的固溶体α成分不断沿着固相线变化,与之平衡共存的剩余液相成分相应沿液相线变化。与此同时,固溶体α的量不断增加,而液相的量逐渐减少。当冷却到t_3时,结晶终止,得到与原合金成分相同的单相固溶体。Cu-Ni合金结晶过程示意图如图2.7(b)所示。

3. 两相相对量的确定

在两相区结晶过程中,两个相除了成分随温度变化而变化外,两相相对量也在不断变化。现以图2.8说明两相相对量的确定。

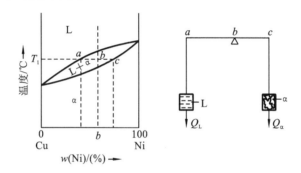

图2.8 杠杆定律的图示

温度一定时,两相的质量比是一定的。在T_1温度时,两相的相对量比为

$$\frac{Q_L}{Q_\alpha} = \frac{bc}{ab} \tag{2.2}$$

式中:Q_L——L相的相对量;
Q_α——α相的相对量;
bc、ab——线段长度。

式(2.2)可写成$Q_L ab = Q_\alpha bc$,称为杠杆定律。

要注意,杠杆定律只适用于相图的两相区,并且只能在平衡状态下使用。杠杆的两个端点为给定温度时两相的成分点,而支点为合金的成分点。

4. 枝晶偏析

平衡凝固组织是在极其缓慢的冷却条件下获得的,而在实际生产中,由于合金结晶时冷却速度较快,扩散过程远远跟不上结晶过程,再加上固体中原子扩散困难。因此,实际获得的组织经常不是均匀的。固溶体通常是树枝晶方式长大的,先结晶的枝晶主干含高熔点组元较多,后结晶的部分含低熔点组元较多。结果造成在一个晶粒之内化学成分的分布不

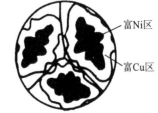

图2.9 Cu-Ni合金枝晶偏析示意图

均。这种现象称为晶内偏析,又称枝晶偏析(见图 2.9)。一般地,结晶的冷却速度越大,偏析程度也越严重。

枝晶偏析是一种不平衡的组织,严重的枝晶偏析使合金的力学性能特别是塑性和韧度显著下降,甚至使压力加工性能恶化,材料耐蚀性下降。因此生产中把产生偏析的合金重新加热到高温(低于固相线 100 ℃左右),并长时间保温,使偏析元素进行充分扩散,以获得成分均匀的组织。这种消除枝晶偏析的工艺方法称为扩散退火。

2.3.2 共晶相图

在二元合金系中,两组元在液态下完全互溶,在固态下有限互溶,并且有共晶转变的相图,称为共晶相图。Pb-Sn,Pb-Sb,Al-Si,Ag-Cu 等合金系相图属于共晶相图。在一定温度下,从液相中同时结晶出两种成分一定的不同固相的转变,称为共晶转变。共晶转变的产物为两种固相的混合物,为共晶组织。

1. 相图分析

图 2.10 所示的为 Pb-Sn 合金共晶相图。图 2.10 中 adb 线为液相线;$acdeb$ 线为固相线。cf 线和 eg 线分别为 α 和 β 固溶体的溶解度曲线。相图上有三个单相区:L、α、β;三个两相区:L+α、L+β、α+β;一个三相区:L+α+β,此三相共存区是 cde 水平线;a 为纯铅(Pb)的熔点(328 ℃),b 为纯锡(Sn)的熔点(232 ℃),d 为共晶点,共晶温度为 183 ℃,水平线 cde 为共晶线,也是三相平衡线;c、e 分别表示固态下 Sn 溶于 Pb 中的 α 固溶体和 Pb 溶于 Sn 中的 β 固溶体的最大溶解度。在共晶温度下,成分点为 d 点的液相同时结晶出成分点为 c 的 α 固溶体和成分点为 e 的 β 固溶体,形成两种固溶体的共晶混合物,其反应式为

$$L_d \rightarrow \alpha_c + \beta_e \tag{2.3}$$

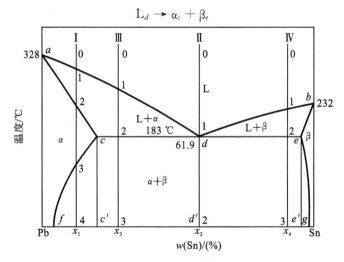

图 2.10 Pb-Sn 共晶相图

这种结晶过程称为共晶转变,转变产物是 α_c 和 β_e 两种固溶体的混合物,称为共晶组织。相图中对应于共晶点成分的合金称为共晶合金;成分位于共晶点以左、c 点以右的合金称为亚共晶合金;成分位于共晶点以右、e 点以左的合金称为过共晶合金;成分位于 c 点以左或 e 点以右的合金称为端部固溶体合金。

2. 典型合金的平衡结晶

1) 端部固溶体合金(合金Ⅰ)

以 Sn 质量分数为 10% 的 Pb-Sn 合金Ⅰ为例进行分析。由液相缓慢冷却到温度 1 时,从

液相中开始结晶出固溶体α。随着温度的降低,α固溶体不断增多,液相不断减少。液相的成分沿液相线 ad 变化,而α固溶体的成分沿固相线 ac 线变化。当冷却至温度2时,合金结晶完毕,成为单相的α固溶体。这一结晶过程与匀晶相图合金的相同。

在温度2和3之间,固溶体不发生成分和结构变化。当温度降到温度3以下时,固溶体的溶解度降低,将从过饱和α固溶体中析出β固溶体。由α固溶体中析出的β固溶体称为二次β固溶体,以符号 $β_{II}$ 表示。随着温度的继续下降,$β_{II}$ 固溶体的量不断增多,而α和β两相的平衡成分,将分别沿着固溶线 cf 和 eg 变化。

在金相显微镜下观察时,该合金的室温组织为 $α+β_{II}$。由于 $β_{II}$ 是由α固溶体中析出的,常常呈现小点状分布在晶粒内。所有成分位于 f 和 c 点之间的合金,其结晶过程都与合金 I 相似,缓慢冷却至室温后均由α和β两相组成,只是两相的相对量不同而已。

成分位于 e 和 g 点之间的合金,结晶过程也与合金 I 相似,但在固溶线 eg 以下,由β固溶体析出二次 $α_{II}$ 固溶体,室温组织由 $β+α_{II}$ 组成。

2)共晶合金(合金 II)

Sn 的质量分数为 61.9% 的液态合金,缓慢冷却到温度为 183 ℃ 时,发生共晶转变:$L_d→α_c+β_e$。在共晶温度下转变,直至液相完全消失为止。这时得到的组织为 $α_c+β_e$ 共晶组织。继续冷却时,因固溶体的溶解度随温度降低而减小,从固溶体 α、β 中将分别析出次生相 $β_{II}$、$α_{II}$。这些次生相常与共晶体中的同类相混在一起,在显微镜下难以分辨。图 2.11 所示的为 Pb-Sn 共晶合金的室温组织,α相与β相呈层片状交替分布,黑色的为α相,白色的为β相,用符号 $(α+β)$ 表示。

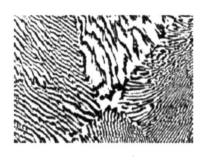

图 2.11 共晶组织形态

3)亚共晶合金(合金 III)

凡成分位于相图上 $c\sim d$ 之间的合金均为亚共晶合金。现以 Sn 的质量分数为 32% 的合金为例分析其结晶过程。在温度1点以上,合金呈液相,温度缓慢下降到温度1~2之间,不断从液相中析出α固溶体,称为初生固溶体。剩余液相成分沿液相线变化,初生固溶体α的成分沿固相线变化。随温度的下降,液相逐渐减少,固相逐渐增多。

温度下降到温度2时,剩余的液相成分达到共晶成分点 d,液相发生共晶转变,生成共晶体 $(α_c+β_e)$,一直进行到液相全部转变结束为止。此时合金由初生的固溶体α和共晶体 $(α_c+β_e)$ 所组成。

温度降到温度2以下,固溶度减小,从初生α固溶体和共晶α固溶体中不断析出 $β_{II}$,从共晶β固溶体中不断析出 $α_{II}$,直至室温为止。由于从共晶组织中析出的二次相混杂在一起,难以分辨,因而共晶组织的特征不变,只能分辨出从初生α相固溶体析出的 $β_{II}$。亚共晶合金的室温组织是:初生α固溶体 $+β_{II}+$ 共晶体 $(α_c+β_e)$,其中暗黑色树枝状晶体为初生α固溶体,α固溶体上的白色点状颗粒为 $β_{II}$ 相,黑白相间组织是共晶体 $(α+β)$,如图 2.12 所示。

4)过共晶合金(合金 IV)

在相图中,凡位于 $d\sim e$ 点之间成分的合金,均称为过共晶合金。过共晶合金的结晶过程与亚共晶合金的相似,不同的是初生相为β固溶体,二次相为 $α_{II}$ 相。合金在室温下的显微组织:初生β固溶体 $+α_{II}+$ 共晶体 $(α_c+β_e)$,白亮色晶粒为初生固溶体β,初生固溶体β相内的黑色小点为二次固溶体 $α_{II}$ 相,黑白相间的组织为共晶体 $(α+β)$,如图 2.13 所示。

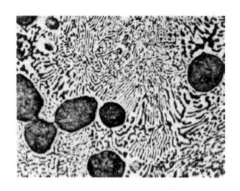

图 2.12 亚共晶合金组织

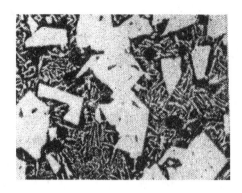

图 2.13 过共晶合金组织

2.3.3 包晶相图

一个液相与一个固相在恒温下生成另一个固相的转变称为包晶转变。两组元在液态无限互溶,在固态有限互溶,并发生包晶转变的二元合金相图称为包晶相图。具有包晶转变的有 Pt-Ag、Sn-Sb、Cu-Sn、Cu-Zn 等二元合金系。下面以 Pt-Ag 包晶相图(见图 2.14)为例进行分析。

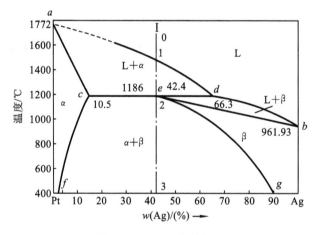

图 2.14 Pt-Ag 包晶相图

1. 相图分析

在 Pt-Ag 相图中,a 为 Pt 的熔点 1772 ℃,b 为 Ag 的熔点 962 ℃,e 是包晶转变点,其成分为 $w(Ag)=42.4\%$,对应的温度是 1186 ℃;cf 是 Ag 在 Pt 中的溶解度曲线,eg 是 Pt 在 Ag 中的溶解度曲线。

相图中有三个单相区:L、α、β;单相区之间为三个两相区:L+α、L+β、α+β;两相区之间存在一条三相(L+α+β)共存线(三相区):ced。在包晶转变温度(1186 ℃)下,成分点为 d 点的液相与成分点为 c 的 α 固溶体发生包晶转变结晶出成分点为 e 的 β 固溶体,其反应式为

$$L_d + α_c \rightarrow β_e \tag{2.4}$$

2. 典型合金的平衡结晶过程

下面以合金Ⅰ(包晶合金,Ag 的质量分数为 42.4%)分析其结晶过程。合金自液态缓慢冷却,到达 1 点发生匀晶转变,结晶出 α 固相。在点 1~2 之间,其结晶过程与一般的匀晶相图

的相同,液相和α固相成分分别沿液相线 ad 和固相线 ac 变化。当温度下降到 t_2(1 186 ℃)时,析出的α固相体成分点为 c,剩余液相成分点为 d。此时开始发生包晶转变:$L_d + α_c → β_e$,即成分为 c 点的固相α与包围它的成分为 d 的液相相互作用,Ag 和 Pt 相互扩散,形成另一成分为 e 的固溶体β,在包晶温度下转变一直持续到液相和α相全部消失,形成单一的β相,如图 2.15 所示。包晶合金室温下的平衡组织为 β+$α_{II}$。

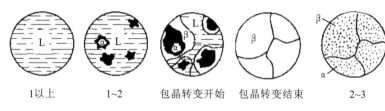

图 2.15 包晶成分合金的平衡结晶过程

3. 包晶转变的不平衡结晶过程及应用

实际生产中,由于冷却速度较快,包晶转变不能充分进行。因此在平衡转变过程中本来不存在的α相就被保留下来,同时β相的成分很不均匀。包晶转变产生的不平衡组织,可采用长时间的扩散退火来减少或消除。

包晶转变有两个显著特点:第一,包晶转变相依附在初生相上形成;第二,包晶转变的不完全性。包晶转变的这两个特点,常在生产中被加以利用。

(1) 利用包晶转变制备轴承合金 轴承合金上 Sn-Sb 合金先结晶出硬的化合物,后通过包晶反应形成软的固溶体,并把硬的化合物质点包围起来。软基体是轴承具有良好的磨合性,不会因受冲击而开裂的保证,硬质点使轴承具有小的摩擦因数和抗咬合性能,能储存润滑油,承受压力。

(2) 利用包晶转变细化晶粒 Al 合金加入少量的 Ti,可获得显著的细化晶粒效果,这就是利用包晶转变的特点获得的结果,α相依附于 $TiAl_3$ 上形核,并长大,$TiAl_3$ 作为非均匀形核的质点,起到细化晶粒的效果。

2.3.4 共析相图

如图 2.16 下半部分所示的为具有共析转变的二元合金相图,其形状与共晶相图类似。d 点成分(共析成分)的合金从液相经过匀晶转变生成γ相,继续冷却到 d 点温度(共析温度),在此恒温下发生共析转变,即由一种固相转变成两个成分、结构均与γ相不同的新相α和β的混合物,这种混合物称为共析体(α+β)。共析转变可以表示为

$$γ_d \xrightarrow{T_d} (α_c + β_e) \quad (2.5)$$

共析相图的分析与共晶相图的相似。由于共析转变是在固态合金中进行的,共析转变有以下特点。

(1) 共析转变是固态转变,转变过程中的原子扩散比液态中困难得多,共析转变需要较大的过冷度。即转变温度较低。

(2) 由于共析转变过冷度大,形核率高,共析组织比共晶体更为细密。

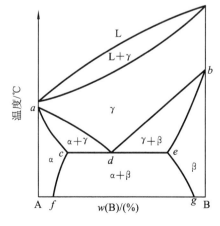

图 2.16 二元共析相图

(3) 共析转变前后晶体结构不同,转变时引起容积变化,产生较大的内应力。

2.3.5 含有稳定化合物的二元相图

在某些二元合金中常形成一种或几种稳定化合物。这些化合物具有一定的化学成分、熔化前不分解,也不发生其他化学反应。例如 Mg-Si 合金,就能形成稳定化合物 Mg_2Si,其相图如图 2.17 所示。在分析这类相图时,可将稳定化合物作为一个独立的组元,并将整个相图分割为几个简单相图。因此 Mg-Si 相图可分为 $Mg-Mg_2Si$ 和 Mg_2Si-Si 两个相图来进行分析。

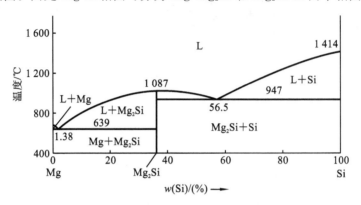

图 2.17 含有稳定化合物的二元相图

2.4 相图与合金性能的关系

合金相图与合金性能存在一定的关系。因此,利用相图可以了解合金成分与性能之间的关系,并大致判断合金的使用性能和工艺性能。

2.4.1 合金的使用性能与相图的关系

具有匀晶转变、共晶转变的合金的力学性能和物理性能,随成分变化而变化的一般规律,如图 2.18 所示。

固溶体的性能与溶质元素的溶入量有关,溶质的溶入量越多,晶格畸变越大,则合金的强度、硬度越高,电阻越大。当溶质原子的质量分数大约为 50% 时,晶格畸变最大,而上述性能达到极大值,所以性能与成分的关系曲线具有透镜状。

两相组织合金的力学性能和物理性能与成分呈直线关系变化,两相单独的性能已知后,合金的某些性能,可依据其组成相的质量分数,用叠加的办法求出。对组织较敏感的某些性能如强度等,与组成相或组织组成物的形态有很大关系。组成相或组织组成物越细密,强度越高(见图中虚线)。当形成化合物时,则在性能成分曲线上在化合物成分处出现极大值或极小值。

2.4.2 合金的工艺性能与相图的关系

合金的铸造性能与相图的关系如图 2.19 所示。纯组元和共晶成分的合金的流动性最好,缩孔集中,铸造性能好。相图中液相线和固相线之间距离越小,液体合金结晶的温度范围越窄,对浇注和铸造质量越有利。合金的液、固相线温度间隔大时,形成枝晶偏析的倾向性大;同时先结晶出的树枝晶阻碍未结晶液体的流动,而降低其流动性,增多分散缩孔。所以,铸造合

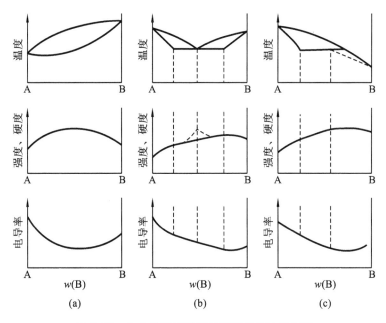

图 2.18 合金的使用性能与相图的关系示意图

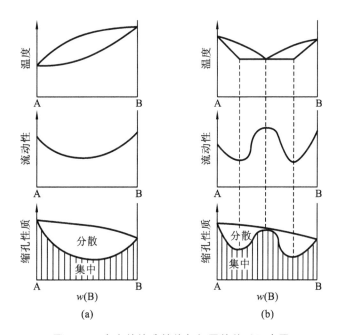

图 2.19 合金的铸造性能与相图的关系示意图

金常选共晶或接近共晶的成分。单相合金的锻造性能好。合金为单相组织时变形抗力小,变形均匀,不易开裂,因而变形能力大。具有双相组织的合金变形能力差些,特别是组织中存在有较多的化合物相时,因为化合物通常都很脆。

第 3 章 铁碳合金相图及碳钢

【引例】 "铁线"是大家很熟悉的钢铁材料,它柔软,塑性好,常用来捆扎物品;钢丝绳可就大不一样了,它硬度高,强度高,常用来吊重物。为什么外观上很相似的两种材料,在性能上会有如此大的差异呢? 如果用"铁线"吊重物,用钢丝绳捆扎物品又会是什么后果呢?

"铁线"和钢丝绳都是铁碳合金,"铁线"是低碳钢,而钢丝绳是中高碳钢。除了二者的碳质量分数不同外,影响其性能的核心是两种材料的组织组成物显著不同。为了系统反映铁碳合金的成分、温度、组织、性能之间的关系,指导钢铁材料的开发研究、选用及加工工艺的制定,研究者建立了铁碳合金相图。铁碳合金相图是研究钢和铸铁的基础,通过对它的学习,将对铁碳合金结晶过程的组织变化,铁碳合金的种类、组织和性能特点及其应用有更为深入的了解。

铁碳合金中的碳可以固溶到铁形成一系列固溶体 α-Fe、γ-Fe、δ-Fe,也可以形成一系列化合物,如 Fe_3C、Fe_2C、FeC 等,还可能以单质(石墨)形式存在,常用的铁碳相图包括 Fe-C 相图和 $Fe-Fe_3C$ 相图。本章讨论 $Fe-Fe_3C$ 相图,Fe-C 相图将在铸铁一章讨论。

3.1 铁碳合金的相与组织

3.1.1 纯铁的同素异构转变

纯铁在不同温度下的晶体结构不同。在 1 538 ℃时,纯铁从液态凝固为体心立方晶格 δ-Fe,随着温度下降,冷却到 1 394 ℃时,由体心立方晶格 δ-Fe 转变为面心立方晶格 γ-Fe;继续冷却到 912 ℃时又转变为体心立方晶格 α-Fe。再继续冷却,晶格的类型不再发生变化,如

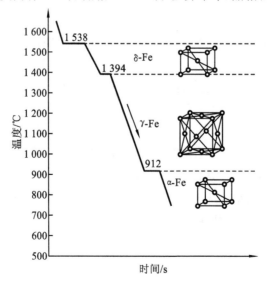

图 3.1 纯铁的同素异构转变

图 3.1 所示。由同素异构转变所得到的不同晶格的晶体称为同素异构体。铁存在三种同素异构体,即 δ-Fe、γ-Fe 和 α-Fe。

当外部条件(如温度、压强等)改变时,金属内部由一种晶体结构向另一种晶体结构转变称为多晶型转变或同素异构转变。

纯铁在凝固后的冷却过程中,经两次同素异构转变,晶粒得到细化,对于钢的性能提高具有十分重要的意义,是制定热处理工艺和合金化的基础。

3.1.2 铁碳合金的组成相

铁和碳是铁碳合金中的两个基本组元,在固态下,铁和碳通常存在三种相:铁素体、奥氏体和渗碳体。其中铁素体和奥氏体是碳溶于铁中形成的不同晶体结构的间隙固溶体,渗碳体则是铁与碳形成的间隙化合物。

1. 铁素体

碳原子溶于 α-Fe 形成的间隙固溶体称为铁素体(ferrite,用 F 或 α 表示)。铁素体的晶体结构仍能保持其 α-Fe 体心立方晶格,碳原子半径较小,固溶以后,碳原子位于晶格间隙处。虽然体心立方晶格原子排列不如面心立方紧密,但因晶格间隙分散,原子难以溶入。碳在 α-Fe 中的溶解度很低,727 ℃时溶解度最大,为 0.0218%(碳质量分数,下同),室温时的为 0.008%;其强度和硬度很低,具有良好的塑性和高的韧度。用 4% 的硝酸酒精溶液侵蚀后,呈明亮白色多边形晶粒,如图 3.2 所示。

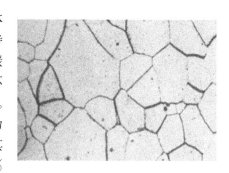

图 3.2 铁素体的显微组织形态

2. 奥氏体

碳原子溶于 γ-Fe 形成的间隙固溶体称为奥氏体(austenite,用 A 或 γ 表示)。奥氏体的晶体结构仍能保持 γ-Fe 面心立方晶格,碳原子位于 γ-Fe 晶格的间隙中。γ-Fe 晶格原子排列紧密,间隙较集中,故碳在 γ-Fe 中的溶解度比在 α-Fe 中的大,1 148 ℃时溶解度最大,为 2.11%。随着温度下降,溶解能力下降,至 727 ℃时,溶解度为 0.77%。奥氏体硬度不高,易于塑性变形。故在轧钢或锻造时,常把钢加热至奥氏体状态,以获得良好的塑性,易于加工成形。用高温金相显微镜观察,奥氏体的显微组织呈多边形晶粒状态,晶界比铁素体的平直。

3. 渗碳体

由 12 个铁原子和 4 个碳原子组成的具有复杂晶体结构间隙化合物称为渗碳体(cementite,用 C_m 或 Fe_3C 表示),其分子式为 Fe_3C,碳质量分数为 6.69%,熔点为 1 227 ℃;它的硬度很高,脆性大,塑性和韧度几乎为零。Fe_3C 在钢和铸铁中可呈片状、球状、网状、板状。它是碳钢中主要的强化相,改变渗碳体在碳钢中的数量、形态及分布,对铁碳合金的力学性能有很大影响。用 4% 的硝酸酒精溶液浸蚀后呈亮白色,用苦味酸钠溶液浸蚀后呈暗黑色。

3.1.3 铁碳合金的平衡组织

铁素体、奥氏体、渗碳体是铁碳合金的组成相,当它们以独立状态存在时,是三个单相组织;当它们以不同形态组成混合物时,又形成不同组织,平衡凝固下的混合组织有珠光体和莱氏体等。

1. 珠光体

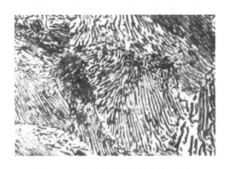

图 3.3 珠光体的显微组织形态

共析转变的产物是铁素体和渗碳体的混合物,称为珠光体(pearlite,用字母 P 表示)。其强度和硬度高,有一定的塑性。凡碳质量分数大于 0.0218% 的铁碳合金都会发生共析转变。经共析转变形成的珠光体是交替排列的片层状组织,如同指纹,其中渗碳体和铁素体的含量比值近似为 1∶8,因此在金相显微镜下,珠光体组织中较薄的片为渗碳体,较厚的片为铁素体,如图 3.3 所示。珠光体组织中层片排列方向相同的领域为珠光体团,不同珠光体团的取向不同。

2. 莱氏体

共晶转变的产物是奥氏体和渗碳体的混合物,称为莱氏体(ledeburite,常用字母 L_d 表示)。由于奥氏体在 727 ℃ 转变为珠光体,所以,室温时的莱氏体是由珠光体和渗碳体组成的,为区分起见,将 727 ℃ 以上的莱氏体称为高温莱氏体,用 L_d 表示;将 727 ℃ 以下的莱氏体称为低温莱氏体,用 L'_d 表示。低温莱氏体的白色基体为渗碳体,黑色麻点和黑色条状物为珠光体。低温莱氏体的硬度很高,脆性很大,耐磨性能好,常用来制造犁铧、冷轧辊等耐磨性要求高,工作时不受冲击的工件。

3.2 铁碳合金相图

铁碳合金相图是表示在极其缓慢冷却(或加热)条件下,不同成分的铁碳合金在不同的温度下,所具有的组织状态的图形。它反映平衡条件下铁碳合金的成分、温度与相含量之间的关系,以及某一成分的铁碳合金当其温度变化时,组织状态的变化规律。因此,它是研究钢和铸铁组织和性能的理论基础,是研究铁碳合金的重要工具。了解和掌握铁碳合金相图,对于选择钢铁材料和制定热加工及热处理工艺,有重要的指导意义。

3.2.1 铁碳合金相图分析

$Fe-Fe_3C$ 合金相图的纵坐标代表温度(℃),横坐标代表铁碳合金的成分,常用碳质量分数 $w(C)$ 表示。横坐标左端原点代表纯铁($w(C)=0$),右端末点代表碳的质量分数为 $w(C)=6.69\%$ 的 Fe_3C,此时的合金全部为渗碳体,渗碳体是稳定化合物,把它看成是铁碳合金的一个组元来分析。碳的质量分数 $w(C)>6.69\%$ 铁碳合金,几乎全为化合物渗碳体,性能硬而脆,没有应用价值。所以,研究铁碳合金相图时,只研究碳的质量分数 $w(C)\leqslant 6.69\%$ 这部分。合金相图上的特征点和特征线,国内外都使用统一的符号表示。$Fe-Fe_3C$ 相图如图 3.4 所示。

为了便于实际研究和分析,将图的左上角简化,得到简化 $Fe-Fe_3C$ 相图(见图 3.5)。

1. 特征点

铁碳相图中用字母标注的点,都表示一定的特性,称为特征点,如表 3.1 所示。

2. 特征线

各个不同成分的合金具有相同意义的临界点连线,称为特征线,如表 3.2 所示。

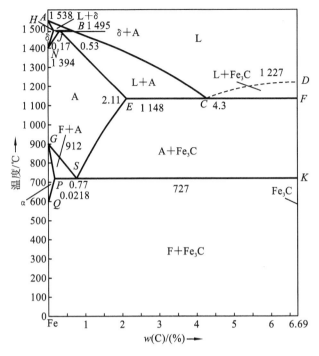

图 3.4　Fe-Fe₃C 合金相图

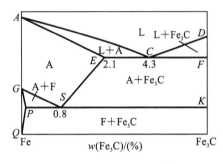

图 3.5　简化的 Fe-Fe₃C 相图

表 3.1　Fe-Fe₃C 合金相图的特征点

特征点	温度/℃	碳的质量分数/(%)	含　义
A	1 538	0	纯铁的熔点
C	1 148	4.3	共晶点
D	1 227	6.69	渗碳体的熔点
E	1 148	2.11	碳在奥氏体中的最大溶解度
F	1 148	6.69	渗碳体的成分
G	912	0	纯铁的异构转变点
K	727	6.69	渗碳体的成分
P	727	0.0218	碳在铁素体中的最大溶解度
S	727	0.77	共析点
Q	600	0.0057	碳在铁素体中的溶解度

表 3.2　Fe-Fe₃C 合金相图的特征线

特　征　线	含　义
ACD	液相线
$AECF$	固相线
GS（又称 A_3）	奥氏体转变为铁素体的开始线
ES（又称 A_{cm}）	碳在奥氏体中的溶解度曲线
ECF	共晶转变线

续表

特 征 线	含 义
GP	奥氏体转变为铁素体的终了线
PQ	碳在铁素体中溶解度线
PSK（又称 A_1）	共析转变线

3. 相区

1) 四个单相区

液相区 L   ACD 以上；   奥氏体区 A   AESGA 区；

铁素体区 F   GPQG 区；   渗碳体区 Fe_3C DFK。

2) 四个两相区

L+A 区   即 ACEA 区   液相与 A 共存并处于平衡。

L+Fe_3C 区   即 CDFC 区   液相与初生 Fe_3C 相共存并处于平衡。

A+Fe_3C 区   即 EFKSE 区   A 的碳的质量分数随温度变化沿 ES 线变化，析出 Fe_3C_{II}。

A+F 区   即 GSFG 区   A 与 F 两相共存并处于平衡。

4. 三个重要转变

1) 共晶转变（ECF 线）

在 1 148 ℃，具有共晶成分（$w(C)=4.3\%$）的液相发生共晶转变，从液相中同时结晶出渗碳体和碳质量分数为 2.11% 的奥氏体两个新相。C 点为共晶点，水平线 ECF 是共晶转变线，1 148 ℃ 为共晶温度。其转变式为

$$L_C \xrightarrow{1148\ ℃} (A_E + Fe_3C) \tag{3.1}$$

碳的质量分数超过 2.11% 的铁碳合金结晶时，都将发生共晶转变。共晶转变的产物是奥氏体和渗碳体的混合物，即（A+Fe_3C），称为高温莱氏体（L_d）。碳的质量分数为 4.3% 的合金全部转变为莱氏体，其他成分的合金因碳质量分数不同，生成莱氏体的数量也不同。

2) 共析转变（PSK 线）

在 727 ℃，具有共析成分（$w(C)=0.77\%$）的奥氏体发生共析转变，从奥氏体中同时析出铁素体（$w(C)=0.0218\%$）和渗碳体两个新相。S 点为共析点，水平线 PSK 是共析转变线，727 ℃ 为共析转变温度。其转变式为

$$A_S \xrightarrow{727\ ℃} (F_P + Fe_3C) \tag{3.2}$$

碳质量分数大于 0.0218% 的铁碳合金冷却至共析温度时，奥氏体都将发生共析转变。共析转变的产物是铁素体和渗碳体的混合物，即（F+Fe_3C），称为珠光体（P）。碳质量分数为 0.77% 的合金全部变为珠光体，其他成分的合金因碳质量分数不同，生成珠光体的数量也就不同。

3) 二次渗碳体的析出（ES 线）

奥氏体的饱和含碳量是随温度降低而下降的。因此，随着温度的降低，碳在奥氏体中的溶解度将沿 ES 变化，过饱和的碳将以渗碳体形式从奥氏体中析出。凡碳质量分数大于 0.77% 的奥氏体，自 1 148 ℃ 冷却到 727 ℃ 的过程中，都将析出渗碳体。为了区别从液体结晶的一次渗碳体，这种从奥氏体析出的渗碳体称为二次渗碳体，以 Fe_3C_{II} 表示。

此外，铁素体由 727 ℃ 冷却到室温的过程中其溶碳能力沿 PQ 线变化，将从铁素体中析出

三次渗碳体($Fe_3C_{Ⅲ}$),但由于三次渗碳体的数量极少,故常忽略不计。

3.2.2 典型铁碳合金的结晶过程

研究铁碳合金的平衡结晶过程,分析其在平衡条件下的组织,考虑其对性能的影响。

根据 Fe-Fe_3C 相图,铁碳合金可以分为三类(见表3.3)。工业纯铁组织为铁素体,塑性很好,但是很软,在工业很少应用。工业上常用的铁碳合金主要是碳钢和铸铁。按 Fe-Fe_3C 相图结晶的铸铁,碳以 Fe_3C 形式存在,断口呈亮白色,称为白口铸铁。

表3.3 铁碳合金按碳质量分数分类

分类	名称	碳质量分数 $w(C)/(\%)$	分类	名称	碳质量分数 $w(C)/(\%)$
工业纯铁	工业纯铁	<0.0218	铸铁	亚共晶白口铸铁	2.11~4.30
钢	亚共析钢	0.0218~0.77		共晶白口铸铁	4.30
	共析钢	0.77		过共晶白口铸铁	4.30~6.69
	过共析钢	0.77~2.11			

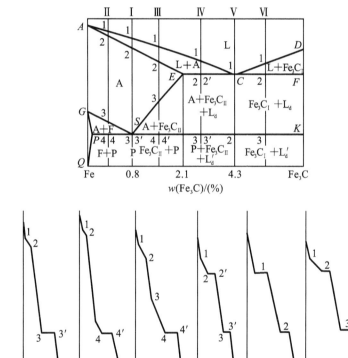

图3.6 典型铁碳合金在 Fe-Fe_3C 相图中的位置

1. 碳钢的平衡结晶过程

1) 共析钢(合金Ⅰ)的结晶过程

共析钢(合金Ⅰ)的冷却过程组织变化如图3.7所示。

该合金在1点以上,为成分均匀的液体。温度缓慢冷却到1点时,开始从液体中结晶出奥氏体,温度继续下降,奥氏体量不断增多。这时,液体的成分沿 AC 线变化,奥氏体的成分沿 AE 线变化。当温度降到2点时,液体全部凝固为共析成分的奥氏体。在2~3点之间冷却,

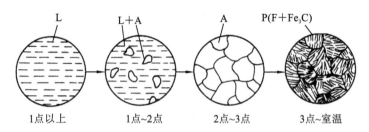

图 3.7 共析钢结晶过程示意图

没有组织、成分的变化。当合金冷至 3 点(即共析温度,S 点)时,奥氏体发生共析转变,全部转变为珠光体。在 S 点以下继续冷却时,铁素体要析出三次渗碳体($Fe_3C_{Ⅲ}$),附着于原有的共析渗碳体上。所以,共析钢的室温组织是珠光体(P),即铁素体和渗碳体的片状混合物,碳质量分数为 0.77%。其金相组织如图 3.3 所示。

2)亚共析钢(合金Ⅱ)的结晶过程

合金Ⅱ的结晶过程如图 3.8 所示,高温部分与合金Ⅰ的相似,当冷却至 3 点时,在奥氏体中开始析出铁素体,而且随着温度的下降,铁素体量逐渐增多,奥氏体量逐渐减少。由于从奥氏体中析出了碳质量分数很低的铁素体,致使未转变奥氏体的碳含量增高,奥氏体的碳含量沿 GS 线变化,析出的铁素体的成分沿 GP 线变化。冷却至共析线上的 4 点时,尚未转变的奥氏体将达到共析成分,碳质量分数为 0.77%,并在此温度下发生共析转变,奥氏体转变为珠光体,随后的组织转变如同共析钢的转变。4 点以下继续冷却,组织基本上不再发生变化。

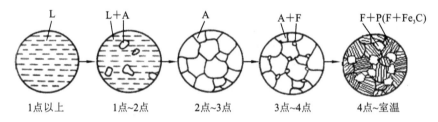

图 3.8 亚共析钢结晶过程示意图

亚共析钢室温组织是铁素体和珠光体(F+P)。显微组织如图 3.9 所示。随着碳含量增加,铁素体相对数量减少,珠光体相对数量增加。铁素体形状也由等轴晶向碎块状、网状等形状变化。

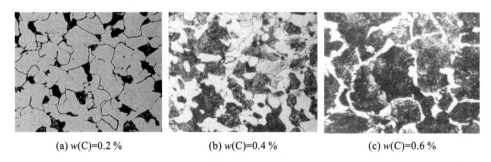

图 3.9 亚共析钢的平衡组织

3)过共析钢(合金Ⅲ)的结晶过程

过共析钢(合金Ⅲ)的结晶过程如图 3.10 所示。

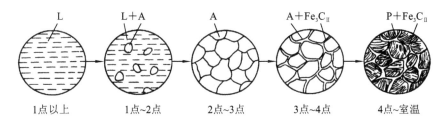

图 3.10 过共析钢结晶过程示意图

高温部分与合金Ⅰ、Ⅱ的过程相似,当温度降至 3 点时,随着温度的下降,碳在奥氏体中的溶解度下降,开始沿着奥氏体晶界析出二次渗碳体(Fe_3C_{II})。温度继续下降,二次渗碳体(Fe_3C_{II})不断析出,同时,奥氏体碳质量分数沿 ES 线减小,温度降至 727 ℃时,剩余奥氏体的碳质量分数已降至 0.77%,具备发生共析转变的条件,奥氏体转变为珠光体。共析转变后,组织由珠光体 P 和呈网状分布的二次渗碳体(Fe_3C_{II})组成,温度继续下降,组织基本上不再发生变化。

过共析钢室温时的组织由珠光体 P 和沿晶界呈网状分布的二次渗碳体(Fe_3C_{II})组成。随着碳质量分数不同,珠光体 P 与二次渗碳体(Fe_3C_{II})的相对量也不同,碳质量分数越高,组织中的二次渗碳体越多,并且二次渗碳体(网状 Fe_3C_{II})由细小的、断续的变为连续的、粗大的,如图 3.11 所示。

网状的 Fe_3C_{II} 对材料的力学性能会产生不良影响,使材料的韧度降低,这是因为裂纹容易沿着脆性的网状 Fe_3C_{II} 扩展。

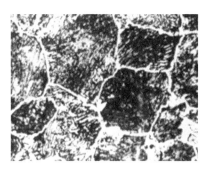

图 3.11 过共析钢的平衡组织

2. 白口铸铁的平衡结晶过程

1) 共晶白口铸铁(合金Ⅴ)的结晶过程

共晶白口铸铁(合金Ⅴ)冷却过程如图 3.12 所示。

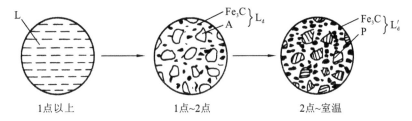

图 3.12 共晶白口铸铁的结晶过程示意图

在共晶线(1 点)以上时,合金处于液体状态。当温度降至 1 点(1 148 ℃)时,合金发生共晶转变,从液体中同时析出奥氏体和渗碳体,直至凝固完毕为止。此时组织以共晶渗碳体为基体,上面分布着奥氏体,称为高温莱氏体。在随后的冷却过程中,共晶渗碳体不发生变化,从奥氏体中不断析出二次渗碳体。奥氏体的碳质量分数沿 ES 线逐渐减小,冷却至 727 ℃时,奥氏体的碳质量分数已降到 0.77%,发生共析转变,形成珠光体。但莱氏体组织的分布状态不变,只是莱氏体的组成变为珠光体和渗碳体,称为低温莱氏体,以符号 L'_d 表示。2 点以下继续冷却,组织不再发生变化。

共晶白口铸铁在室温的组织为低温莱氏体。由于二次渗碳体依附于共晶渗碳体上,在显微镜上无法分辨出来。低温莱氏体组织中的白色基体为渗碳体,黑色麻点和黑色条状物为珠光体,保留了共晶转变后的形态特征,其显微组织如图3.13所示。

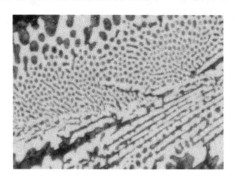

图 3.13 共晶白口铸铁的平衡组织

2) 亚共晶白口铸铁(合金Ⅳ)的结晶过程

亚共晶白口铸铁(合金Ⅳ)平衡结晶过程如图3.14所示。

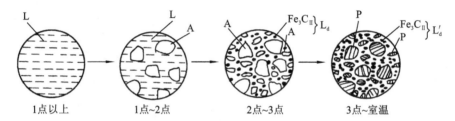

图 3.14 亚共晶白口铸铁的结晶过程示意图

该合金缓慢冷却至1点时发生匀晶转变,从液体中开始结晶出奥氏体。温度继续下降,液体中不断结晶出树枝状奥氏体,奥氏体量不断增多,而液体量不断减少,奥氏体成分沿 AE 线发生变化,直至 E 点,剩余液体的碳质量分数沿 AC 线逐渐升高。冷却至2点(1 148 ℃)时,剩余液体的碳质量分数达到4.3%,于是,发生共晶转变,生成高温莱氏体。这时的组织为树枝状奥氏体和高温莱氏体。继续冷却,所有的奥氏体(包括初晶奥氏体和共晶奥氏体)的成分沿 ES 线变化,在奥氏体中析出二次渗碳体,当达到3点(727 ℃)时,奥氏体的碳质量分数到达 0.77%,在恒温下发生共析转变,形成珠光体。

亚共晶白口铸铁在室温的组织由珠光体、二次渗碳体和低温莱氏体组成,如图3.15所示。组织中呈树枝状分布的大块黑色组织是由初生奥氏体转变成的珠光体,由初晶奥氏体析出的二次渗碳体依附于珠光体的边缘,其余部分为低温莱氏体。

3) 过共晶白口铸铁(合金Ⅵ)的结晶过程

过共晶白口铸铁冷却过程组织变化如图3.16所示。

该合金在1点时开始从液相中发生匀晶转变,结晶出一次渗碳体(Fe_3C_I),在1点~2点间继续冷却,渗碳体(Fe_3C_I)继续结晶并长大成板条状。由于结晶出碳含量很高的 Fe_3C_I,液相的碳质量分数沿 DC 线下降。

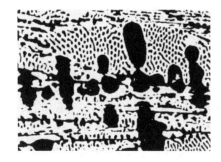

图 3.15 亚共晶白口铸铁的平衡组织

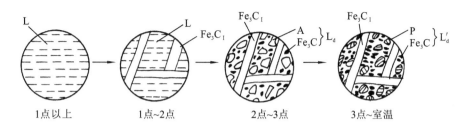

图 3.16 过共晶白口铸铁的结晶过程示意图

当合金冷却至共晶线上的 2 点(1 148 ℃)时,剩余液体的碳质量分数下降到 4.3%,发生共晶转变,生成高温莱氏体;再继续冷却,共晶奥氏体中析出二次渗碳体;冷却至 727 ℃时,剩余的奥氏体发生共析转变形成珠光体,高温莱氏体转变为低温莱氏体。

过共晶白口铸铁的室温组织为低温莱氏体和一次渗碳体,如图 3.17 所示,组织中的白色条状物为一次渗碳体,其余部分为低温莱氏体。

从以上各类铁碳合金凝固过程的分析可见,每类合金的相组成物相同,但组织组成物不同,其相对量也随碳质量分数的不同而变化。如果把组织标注在 Fe-Fe_3C 相图上,可以更直观地反映各合金在不同温度下的组织状态,其结果如图 3.18 所示。

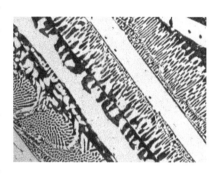

图 3.17 过共晶白口铸铁的平衡组织

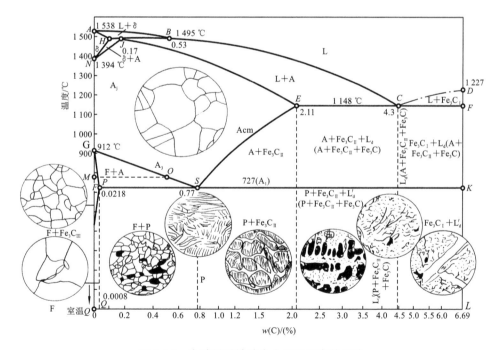

图 3.18 含碳量对铁碳合金组织形态的影响

3.2.3 碳质量分数对铁碳合金组织的影响

随碳质量分数的增加,铁碳合金在室温时的显微组织有明显不同,各组织的相对数量也随之变化。铁碳合金的成分、组织存在的对应关系如图 3.19 所示。

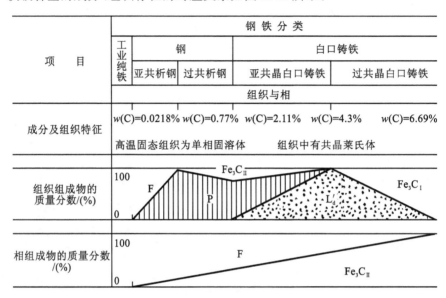

图 3.19 铁碳合金组织与含碳量的关系

在室温下,碳质量分数不同,不仅使 F 和 Fe_3C 的相对含量不同,而且两相组合的形态即合金的组织也在变化。随碳质量分数增大,组织按下列顺序变化:

$$F \rightarrow F+P \rightarrow P \rightarrow P+Fe_3C_{II} \rightarrow P+Fe_3C_{II}+L'_d \rightarrow L'_d \rightarrow L'_d+Fe_3C_I \rightarrow Fe_3C$$

碳质量分数小于 0.0218% 的合金的组织全部为 F;碳质量分数为 0.77%C 时全部为 P;碳质量分数为 4.3%C 时全部为 L'_d;碳质量分数为 6.69%C 时全部为 Fe_3C。

同一种相,由于生成条件不同,形态存在很大的差异。如铁素体,从奥氏体析出的铁素体一般为块状,而共析转变生成的为交替层片状。又如渗碳体,其形态更是复杂,共析渗碳体呈层片状交替排列,从奥氏体中析出的二次渗碳体沿奥氏体晶界呈网状分布,共晶渗碳体在莱氏体中为基体,比较粗大,有时呈鱼骨状。过共晶白口铸铁中一次渗碳体直接从液相析出,呈规则的长条状。正是由于不同合金中碳质量分数不同造成相的含量以及形状的差异,因此性能存在很大差异。

3.2.4 铁碳合金相图的应用

铁碳相图是了解钢铁热处理原理的基础,也是制定热处理、铸造、压力加工工艺的重要依据(见图 3.20),所以必须很好地掌握。

1. 在钢铁材料选材方面的应用

Fe-Fe_3C 相图揭示了铁碳合金的组织随成分

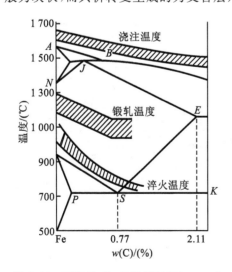

图 3.20 利用 Fe-Fe_3C 相图制定加工工艺

变化而变化的规律,由此可以判断出钢铁材料的力学性能,以便合理地选择钢铁材料。例如,用于建筑结构的各种型钢需要塑性好、韧度高的材料,应选用 $w(C)<0.25\%$ 的钢材;机械工程中的各种零部件需要兼有较高强度、较好韧度和塑性的材料,应选用 $w(C)=0.30\%\sim 0.55\%$ 范围内的钢材;而各种工具却需要硬度高,耐磨性好的材料,则多选用 $w(C)=0.70\%\sim 1.2\%$ 范围内的高碳钢。

2. 在制订热加工工艺方面的应用

1) 在铸造方面的应用

从 Fe-Fe$_3$C 相图可以看出,共晶成分的铁碳合金熔点最低,结晶温度范围最小,具有良好的铸造性能。因此,铸造生产中多选用接近共晶成分的铸铁。根据 Fe-Fe$_3$C 相图可以确定铸造的浇注温度,一般在液相线以上 50~100 ℃,铸钢($w(C)=0.15\%\sim 0.6\%$)的熔化温度和浇注温度要高得多,其铸造性能较差,铸造工艺比铸铁的铸造工艺复杂。

2) 在锻压加工方面的应用

由 Fe-Fe$_3$C 相图可知钢在高温时处于奥氏体状态,而奥氏体的强度较低,塑性好,有利于进行塑性变形。因此,钢材的锻造、轧制(热轧)等均选择在单相奥氏体的适当温度范围内进行。

3) 在热处理方面的应用

Fe-Fe$_3$C 相图对于制定热处理工艺有着特别重要的意义。热处理常用工艺如退火、正火、淬火的加热温度都是根据 Fe-Fe$_3$C 相图确定的。

3. 铁碳相图应用的局限性

铁碳合金相图所描述的铁碳合金的组织形成过程,是在极其缓慢的冷却条件下所进行的过程,但生产实际中的加热和冷却情况要快得多。在这种情况下,不仅其组织变化的温度,相区范围会与相图所示的有所偏离,而且还会出现相图上所没有的亚稳定或不稳定组织。实际生产中的加热温度和冷却速度对相变的影响规律将在第 6 章介绍。

铁碳合金相图虽然在实际应用中存在一定的局限性,但它仍然是考虑钢铁材料选择和应用的基本依据。

3.3 碳 素 钢

碳素钢简称碳钢,由于其价格低廉,便于冶炼,容易加工,且可以通过调整碳质量分数及热处理来获得不同的性能以满足工业生产的需求,因而是应用最为广泛的钢铁材料。

3.3.1 碳质量分数对碳钢力学性能的影响

碳钢中的铁素体强度、硬度较低,塑性较好、韧度较高,是软韧相;渗碳体是硬脆相,也是强化相;珠光体具有较高的综合力学性能。碳钢的力学性能取决于铁素体、珠光体与渗碳体的相对含量、形态以及分布。随着碳质量分数的提高,亚共析钢中珠光体相对量增多,铁素体量减少,因而强度、硬度提高,塑性、韧度下降。而过共析钢的组织是珠光体加二次渗碳体,其性能受二次渗碳体的影响。当碳质量分数超过 1.0%C 时,Fe$_3$C$_\text{II}$ 沿晶界呈网状分布,强度便迅速降低。碳含量与碳钢力学性能之间的关系如图 3.21 所示。

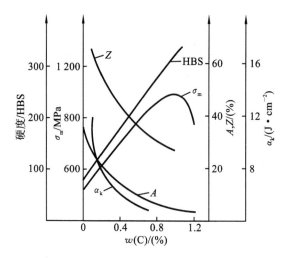

图 3.21 碳钢力学性能与含碳量的关系

3.3.2 杂质元素对碳钢组织和性能的影响

在工业用钢中除铁、碳之外,还含有少量的锰、硅、硫、磷、氧、氢、氮等元素,它们的存在会对钢的质量和性能产生影响。

1. 硅和锰

硅和锰是钢中的有益元素。在钢中硅溶入铁素体中,起固溶强化作用;锰大部分溶入铁素体中形成固溶体,小部分形成合金渗碳体。此外,硅和锰都是脱氧剂,能去除钢中的 FeO,锰还能与硫化合生成 MnS,减轻硫的有害作用,提高钢的质量。

2. 硫和磷

硫和磷是钢中的有害元素,来源于生铁和燃料,其含量多少是钢质量好坏的重要指标。因而,钢中都要严格控制硫和磷的含量。

硫在钢中常以 FeS 的形式存在,FeS 与 Fe 形成低熔点的共晶体,分布在奥氏体晶界上,当钢材进行热加工时,共晶体过热甚至熔化,使钢材塑性下降,这种现象称为热脆。常加入锰来降低硫的有害作用。磷能溶于 α-Fe 中,产生很大的固溶强化作用,也会析出脆性很大的化合物 Fe_3P,Fe_3P 偏聚于晶界上,使钢的脆性增加,韧脆转化温度升高,即发生冷脆。

3.3.3 碳钢的分类、编号和用途

1. 碳钢的分类

为了便于生产、使用和研究,可以按照化学成分、显微组织、用途和冶金质量对碳钢进行分类。

按化学成分,碳钢可分为三类:低碳钢($w(C) \leqslant 0.25\%$)、中碳钢($0.25\% < w(C) < 0.60\%$)和高碳钢($w(C) \geqslant 0.60\%$)。

按用途,碳钢可分为碳素结构钢和碳素工具钢等两类。

按冶金质量,碳钢可分为普通质量钢、优质钢、高级质量钢等三类。这种分类方法是依据钢中有害杂质元素 S、P 的含量来分类的,普通钢的硫的质量分数不大于 0.055%,磷的质量分数不大于 0.045%;优质钢的硫、磷的质量分数均不大于 0.04%;高级优质钢硫的质量分数不大于 0.03%,磷的质量分数不大于 0.035%。

2. 碳钢的编号和用途

1) 普通碳素结构钢

普通碳素结构钢易于冶炼,价格低廉,能满足一般工程构件的要求,在工程上用量很大,其产量占钢总产量的 70%～80%,大部分用来制作钢结构,少量用来制作机器零件。

普通碳素结构的牌号由"Q+屈服强度值+质量等级符号+脱氧方法符号"四个部分组成。"Q"为"屈"的汉语拼音声母;质量等级分 A、B、C、D 四级,从 A→D 质量依次提高;脱氧方法符号 F、b、Z、TZ 分别表示沸腾钢、半镇静钢、镇静钢和特殊镇静钢,Z 和 TZ 在钢号中可省略。如 Q235.AF 表示屈服强度大于 235 MPa,质量为 A 级的沸腾钢。

普通碳素结构钢的碳质量分数大都小于 0.2%,具有较高的韧度及具有良好的塑性、焊接性能。有 Q195～Q275 五种强度等级。其中 Q195、Q215A、Q235-A.F、Q235B 等强度等级较低的钢,通常轧制成钢筋、钢板和钢管等,主要用于建筑、桥梁构件,也可用于制作铆钉、螺钉、冲压件等;Q255A、Q255B、Q275 等强度等级较高的钢,常轧制成钢筋、型钢制造机械零件及重要焊接构件等。

普通碳素结构钢一般在热轧状态下使用,不再进行热处理,但对某些性能要求较高的零件也可以进行退火、调质、渗碳等处理,以提高其使用性能。

2) 优质碳素结构钢

优质碳素结构钢的牌号,用两位数字表示钢中平均含碳质量的万分数。如 45 钢表示平均碳质量分数为 0.45% 的优质碳素结构钢。

优质碳素结构钢的产量仅次于普通碳素结构钢,广泛用于制造较重要的机械零件。08、10 钢强度低,塑性好,易于冲压与焊接,一般用于制造受力不大的零件;15、20、25 钢经过渗碳处理后,可用来制作表面要求耐磨、耐腐蚀的机械零件,如销轴、销子、链等;30、35、40、45 钢力学性能和切削加工性均较好,可用于制造受力较大的零件,如主轴、曲轴、齿轮、连杆、活塞销等;55、60、65、70、75 钢有较高的强度、弹性和耐磨性,主要用于制造凸轮、车轮、板弹簧、螺旋弹簧和钢丝绳等。

3) 碳素工具钢

碳素工具钢的牌号以"T+数字+质量级别"的方法表示,"T"为碳素的汉语拼音的声母,其后数字表示其平均含碳质量的千分数,如为高级优质钢,则在数字后面加符号"A"表示。如 T8 表示平均碳质量分数为 0.8% 的优质碳素工具钢,而 T8A 为高级优质碳素工具钢。

碳素工具钢加工性良好,价格低廉,广泛用于制作手用工具和机用低速切削工具等。如 T7、T8 钢硬度高、韧度较高,可用于制造受冲击的工具如錾子、锻工工具、木工工具等;T9、T10、T11 钢硬度更高,韧度适中,可用于制造手锯条、钻头、丝锥等刃具及冷作模具;T12、T13 钢硬度最高,韧度较低,可用于制造不承受冲击的钢锉刀、刮刀、手铰刀等刃具及量规、样套等量具。

3. 铸造碳钢

牌号以"ZG 数字-数字"表示。"ZG"为"铸钢"拼音的声母,前面数字表示最低屈服强度,后面数字表示最低抗拉强度。如 ZG200-400 表示最低屈服强度为 200 MPa,最低抗拉强度为 400 MPa 的碳素铸钢。

铸造碳钢的碳质量分数为 0.20%～0.60%,有 ZG200-400、ZG230-450、ZG270-500、ZG310-570、ZG340-640 等多种牌号。主要用于制造重型机械、矿山机械、机车车辆上的某些形状复杂,用锻造方法难以生产,而力学性能要求又比较高的零件及构件,但其铸造性能比铸铁的差。

第4章　成形工艺对金属组织与性能的影响

【引例】　汽车是大家熟悉的交通工具。在构成汽车的众多部件中,像缸体、缸盖一类的零件需要用铸造成形,而像连杆、齿轮一类的传动零件用铸造成形就不能满足性能要求了,需要塑性加工成形,而车身和车门却需要通过焊接方法成形。如图 4.1 所示的是某汽车制造厂正在用焊接方法制造轿车车身。这是为什么呢?变速箱齿轮为什么要选择塑性加工成形,而不能选择铸造成形?在成形的过程和成形之后,零件的组织和性能会发生变化吗?会发生哪些变化和怎么发生变化?

图 4.1　用焊接方法制造轿车车架

零部件的成形是从原材料到产品制造的过程。在成形制造的过程中,材料的组织和性能是会发生一系列变化。由于目前工程中多数金属零部件都是通过铸造成形、塑性成形和焊接成形等主要工艺方法制造出来的,所以,本章着重讨论这些成形工艺对金属组织和性能的影响,厘清成形方法对金属组织与性能影响的基本原理和规律,为制造满足使用性能和工艺性能的零部件合理选择成形方法奠定理论基础。

4.1　金属铸造成形的组织与性能

铸造是指熔炼金属,制造铸型,并将熔融金属液浇入铸型,凝固后获得一定形状、尺寸和性能的零件毛坯的成形方法,其中伴随着材料组织与性能的变化。

4.1.1　铸件的凝固与组织

1. 铸件的凝固方式

铸造的主要过程是液态金属逐步冷却凝固而成形的过程。在凝固过程中,铸件的断面出现三个区域,即已凝固的固相区、液固共存的凝固区和未凝固的液相区。其中凝固区的宽窄决定了铸件的凝固方式,并对铸件的组织与性能有较大影响。铸件的凝固方式如图 4.2 所示。

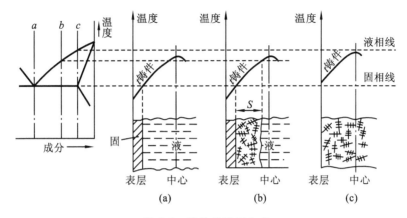

图 4.2 铸件的凝固方式
(a)逐层凝固;(b)中间凝固;(c)糊状凝固

逐层凝固方式是指铸件断面上凝固前沿的固相和液相界限清晰,把液-固分开(见图 4.2(a)),随着温度的下降,固相逐层向液相推进,直指铸件的中心的凝固方式。纯金属和共晶合金的凝固多属于这种凝固。

糊状凝固方式是指铸件表面并不存在单一的固体层,而液-固并存的凝固区贯穿整个截面(见图 4.2(c)),随着温度的下降,液体先呈糊状而后整体凝固的方式。合金的结晶温度范围很宽,且铸件的温度分布较为平坦,则多发生糊状凝固。

大多数合金的凝固介于逐层凝固和糊状凝固之间(见图 4.2(b)),称为中间凝固。

凝固方式与铸件质量密切相关。逐层凝固时,合金的充型能力强,可有效防止缩孔和缩松;糊状凝固时合金的充型能力下降,难于获得组织致密的铸件,易产生缩松、浇不足等缺陷。中间凝固则介于上述二者之间。因此,逐层凝固的合金,如灰铸铁、铝合金等,更便于铸造成形。

2. 铸件的结晶组织

实际生产中,通常将液态金属浇入铸锭模或铸型中凝固,从而获得铸锭或铸件。铸件(锭)的结晶遵循结晶的一般规律,但结晶条件的不同,会给铸态组织带来直接影响。纯金属铸件(锭)的宏观组织通常由以下三个晶区组成,如图 4.3 和图 4.4 所示。

图 4.3 铝铸锭轴向和径向宏观组织

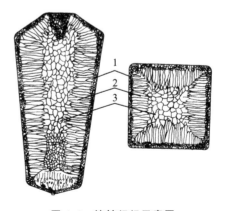

图 4.4 铸锭组织示意图
1—细等轴晶区;2—柱状晶区;3—粗等轴晶区

（1）表层细晶区　液体金属浇入锭模时，锭模温度较低，吸热散热快，使靠近型壁的外层金属受到激冷，过冷度极大，生成大量的晶核，加上型壁提供了非均匀形核的基底，便在靠近模壁的表层形成一层薄而晶粒很细的细晶区。

（2）中间柱状晶区　细晶区形成的同时，锭模温度升高，结晶又有结晶潜热释放，结晶前沿金属液体的冷却速度降低，过冷度减小，形核困难，只有细晶区已形成的晶粒继续向液体内部平行长大，形成柱状晶区。

（3）中心等轴晶区　随着柱状晶区的发展，液体金属的冷却速度很快降低，过冷度大大减小，温度差不断降低，趋于均匀化；此时晶粒向各个方向均匀长大，形成粗大的等轴晶区。与柱状晶相比，等轴晶区的各晶粒彼此搭接，裂纹不易扩展；各晶粒取向各不相同，性能上没有方向性；但是显微缩孔较多，组织不致密。

在一般情况下，金属铸锭的宏观组织通常有以上三个晶区，但由于冷却条件的复杂性，在某些条件下可以获得全部柱状晶或全部等轴晶。对于大多数铸锭而言，一般希望获得尽可能多的等轴晶组织。在某些特殊的情况下，如制备磁性铁合金，却利用定向凝固技术获得全部的柱状晶组织。

4.1.2　铸件的组织缺陷

铸件在冷却和凝固过程中，除了正常结晶形成不同的晶粒组织外，还经常出现一些组织缺陷。常见缺陷包括缩孔、缩松、气孔和夹杂物等。

1. 缩孔和缩松

由于大多数金属在液态下的密度小于固态密度，铸件在冷却和凝固过程中，金属就会出现液态收缩和凝固收缩，使原来填满铸型的液态金属，凝固后就不再能填满，此时如果没有金属液体继续补充，结晶后就会出现收缩孔洞。如果金属是在恒温或很小的温度范围内结晶，铸件壁以逐层凝固的方式进行凝固，形成的是较大的集中孔洞，即称为集中缩孔，简称缩孔；如果金属的结晶温度范围宽，在凝固过程形成发达的树枝晶，铸件以糊状凝固的方式进行凝固，树枝晶把凝固前沿分隔成许多孤立的小液体区。这些数量众多的小液体区，最后因得不到金属液的补缩而形成许多微小的孔洞，即称为缩松。缩孔和缩松的形成过程示意图分别如图4.5和图4.6所示。

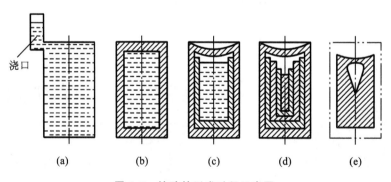

图4.5　缩孔的形成过程示意图

2. 气孔

气孔是气体在铸件中形成的孔洞。气体的来源主要有三个途径：一是来源于造型材料中的水分、黏结剂和各种附加物受金属液加热蒸发产生的气体（侵入性气体）；二是溶解于熔融金

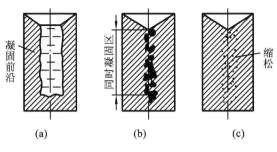

图 4.6 缩松的形成过程示意图

属中的气体在冷却和凝固过程中,由于溶解度的下降而析出的气体(析出性气体);三是浇入铸型中的熔融金属与铸型材料、芯撑、冷铁或熔渣之间发生化学反应产生的气体(反应性气体)。这些气体聚集起来产生气泡,一部分逸出到铸件表面进入空中,另一部分残留在铸件内形成气孔。

气孔是铸件最常见的缺陷。它使铸件的有效承载面积减小,并在气孔附近造成应力集中而使铸件的力学性能,尤其是冲击韧度和疲劳强度显著降低。弥散性气孔还可促进显微缩松的形成,降低铸件的气密性。

3. 非金属夹杂物

铸件中的非金属夹杂物有两类:一类是熔炼和浇注过程未除尽的杂质和脱落的铸型材料等外来夹杂物;另一类是金属内部各种化学反应生成的内生夹杂物。非金属夹杂物脆性较大,破坏了金属基体的连续性,降低金属构件的韧度,甚至扩展为裂纹源,发生断裂。

4. 偏析和成分不均匀

不平衡结晶的原因,使铸件中出现化学成分不均匀的现象称为偏析。同一晶粒内各部分化学成分不均匀的现象称为晶内偏析或微观偏析;铸件上、下部分化学成分不均匀的现象称为比重偏析;而铸件截面的表层与心部、上部与下部出现的化学成分和组织不均匀现象称为区域偏析或宏观偏析。偏析的存在会使铸件的性能不均匀,在使用过程产生不良影响。生产中采取孕育处理和扩散退火方法可防止和减少晶内偏析的产生;控制浇注温度不要太高,采取快速冷却使偏析来不及发生,或采取工艺措施造成铸件断面较低的温度梯度,使表层和中心部分接近同时凝固可预防宏观偏析。一旦出现宏观偏析很难通过人工方法消除。

4.2 熔化焊金属的结晶与相变

熔化焊时,在电弧或者火焰的作用下,被焊金属——母材发生局部熔化形成焊接金属熔池(见图 4.7)。熔池液态金属的结晶过程及其组织变化,是决定焊接接头性能的重要因素。控制结晶过程晶粒大小,减少气孔、成分偏析、夹杂、结晶裂纹等焊接缺陷的产生,对保证焊接质量具有十分重要的意义。

4.2.1 熔化焊接头的特征

熔化焊接时,焊接热源使焊接局部受热熔化,形成液态金属熔池,凝固后成为焊缝;贴近焊缝一定范围内的金属在焊接时受到不同程度的加热和冷却,因此,这个范围内的金属组织和性能产生了不同的变化,称为焊接热影响区;焊缝与热影响区的交界区域称为熔合线(熔合区)。

综合上述分析,焊接接头是由焊缝、熔合区和热影响区构成的,如图4.8所示。

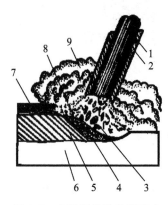

图4.7 金属焊接熔池的形成
1—焊条芯;2—焊条药皮;3—金属熔滴;4—熔池;
5—焊缝;6—工件;7—固态渣壳;8—液态熔渣;9—气体

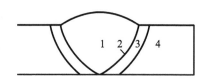

图4.8 零件焊接区的构成示意图
1—焊缝;2—熔合区;3—热影响区;4—母材

1. 焊缝金属的结晶特点

焊缝熔化金属的结晶过程与铸造液态金属的结晶过程一样,都遵循液相金属凝固的一般规律,但是与铸造结晶过程相比,焊缝结晶过程还具有以下主要特点。

(1) 过热度大 对低碳钢和低合金钢电弧焊而言,在焊接电弧的作用下,熔池中液态金属的平均温度高达 1 700 ℃ 以上,熔池中的液态金属处于很高的过热状态,而一般炼钢时,其浇铸温度仅为 1 550 ℃ 左右。

(2) 温度分布不均匀 焊接熔池的热源中心处于过热状态,而熔池边缘凝固界面处散热快,冷却快,温度低,整个熔池中的液态金属在结晶时处于很大的温度梯度下,焊接熔池中的液态金属温度分布很不均匀。

(3) 液态金属在动态下结晶 焊接熔池的结晶是一个连续熔化、连续结晶的动态过程。处于热源移动方向前段的母材不断熔化,连同金属焊芯或焊丝熔滴一起在电弧吹力作用下,被吹向熔池后部。随着热源的离去,吹向熔池后部的液态金属开始结晶凝固,形成焊缝。

(4) 凝固速度大 焊接形成的金属熔池体积很小,例如,单丝埋弧焊时,熔池体积最大不超过 30 cm^3,且周围被传热快的冷金属包围,因此,焊接熔池中金属的凝固是以极高的速度进行的。

2. 熔合区金属的结晶特点

熔合区是整个熔池中温度最低的地方,周围是未熔化金属,散热条件最好。同时,熔合区内存在的半熔化晶粒成为液态金属的现成晶核,结晶最易从熔合线上开始。晶粒从这里形成并向熔池中心长大,如图4.9所示,凝固后的焊缝组织形成单一的柱状晶。

3. 热影响区的组织转变特征

热影响区存在于母材中,离焊缝越近的部位,温度越高,受热和冷却的速度也越大。由于各点的温度不同,冷却后各部位金属的组织和性能都会出现较大的差异。如果把焊接接头上各点金属的温度变化与平衡图相对照,便可以把热影响区划分成过热区、相变重结晶区和不完全重结晶区等三个区。过热区受热温度范围在固相线以下的 100~200 ℃,母材处于过热状态,晶粒急剧长大,冷却后得到粗大的组织。因此,焊接刚度较大的结构时,常在过热粗晶区产

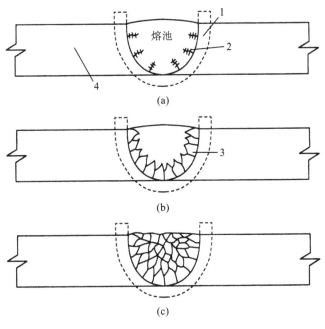

图 4.9 焊缝的结晶过程

(a)结晶开始;(b)晶粒长大;(c)结晶结束

1—热影响区;2—结晶;3—晶粒;4—母材

生脆化或裂纹。相变重结晶区(也称正火区)的母材被加热到 $A_{C_3} \sim A_{C_3}+100$ ℃左右,相当于正火加热,发生了重结晶,获得均匀细小的晶粒组织,所以该区具有较好的综合力学性能。不完全重结晶区的母材受热温度处于 $A_{C_1} \sim A_{C_3}$ 之间,只有部分金属发生重结晶,成为细小的晶粒,其余金属未发生重结晶,但受热长大而成粗晶,所以该区晶粒大小不均匀,力学性能稍差。

4.2.2 低碳钢焊接头的组织与性能

图 4.10 所示的为低碳钢焊接接头的组织与性能变化示意图。其焊接接头由焊缝、熔合区和焊接热影响区组成。焊接接头的性能不仅取决于焊缝金属,还与熔合区及热影响区有关。

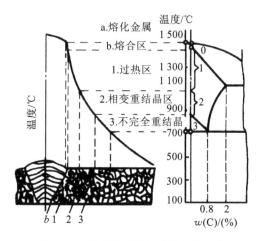

图 4.10 低碳钢焊接接头的组织变化

按照到熔合线的距离和受温度影响的程度,低碳钢中的热影响区各部位的组织和性能情况如表 4-1 所示。其中熔合区及过热区对焊接接头的不良影响最大,使母材性能变差。

为了减小热影响区对接头性能的不利影响,焊接过程应尽量减小热影响区的宽度。在保证焊接质量的前提下,尽量选择焊接热量集中的焊接方法,提高焊接速度,减小焊接电流,采取多层焊,可缩小热影响区的范围,改善焊接接头的组织与性能。

表 4-1 低碳钢焊接热影响区的组织分布特征和性能

部 位	加热温度范围/℃	组织特征和性能
焊缝	>1 700	铸态组织柱状树枝晶,粗大,性能变差
熔合区及过热区	1 500~1 250	晶粒粗大,可能出现魏氏组织,塑性变差
	1 250~1 100	粗晶与细晶交替混合
正火区	1 100~900	晶粒细化,力学性能良好
不完全重结晶区	900~730	细小铁素体、粗大的原始组织,力学性能不均匀

4.3 冷塑性变形过程的金属组织与性能

4.3.1 金属的塑性变形过程

金属的变形由弹性变形和塑性变形两个阶段组成。塑性变形主要通过滑移和孪生两种方式进行。

1. 滑移

在切应力作用下,晶体中一部分相对于另一部分沿着某一晶面和晶向发生相对滑动,这种变形方式称为滑移,如图 4.11、图 4.12 所示。它是金属塑性变形的最基本方式。

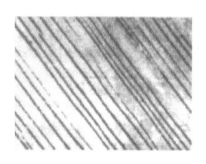

图 4.11 晶体表面的滑移痕迹

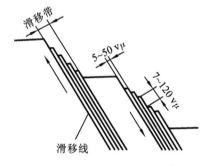

图 4.12 滑移带示意图

滑移的本质是位错的运动。在切应力的作用下,位错在滑移面上进行运动。当一条位错线移到晶体表面时,便在晶体表面留下一个原子间距的滑移变形,如图 4.13 所示。如果有大量位错按此方式不断滑出晶体,就会在晶体表面形成滑移带,如图 4.12 所示。

2. 孪生

当金属晶体滑移变形难以进行时,其塑性变形还可能以生成孪晶的方式进行,称为孪生,如图 4.14 所示。例如,滑移系较少的密排六方晶格金属易以孪生方式进行变形。

3. 晶界对金属塑性变形的影响

多晶体金属内部存在大量晶界,晶界及其附近产生晶格畸变,对位错的移动起阻碍作用,使多晶体具有较大的变形抗力。晶粒越细,单位面积中的晶界也越多,塑性变形抗力就越大。

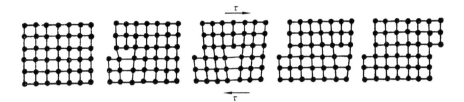

图 4.13 位错运动造成滑移的示意图

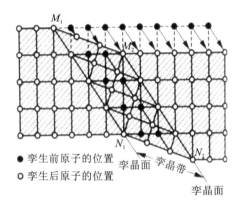

图 4.14 立方晶体孪生切变示意图

这就是细晶强化的主要原因。同时,细晶强化还可以提高金属的塑性和冲击韧度,这是因为,单位面积内的晶粒多,同样的塑性变形量被分散在更多的晶粒内进行,使变形均匀而不致产生过大的应力集中,从而在断裂之前能承受更大的塑性变形量。所以,晶粒越细,金属的强度越高,塑性和冲击载荷抗力也越高。

4.3.2 冷塑性变形过程金属的组织变化

1. 晶粒沿变形方向被拉长

在外力作用下,金属产生塑性变形,内部晶粒会沿着变形量大的方向被拉长,如图 4.15 (b)所示。当变形量很大时,各晶粒被拉成细长条,晶界模糊、晶粒难以分辨,而呈现出一片如纤维丝状的条纹,称为纤维组织,见图 4.16。

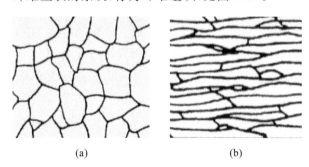

图 4.15 塑性变形前后的组织
(a)塑性变形前的组织;(b)塑性变形后的组织

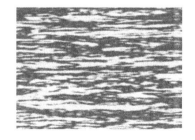

图 4.16 低碳钢塑变后的纤维组织

2. 亚结构细化

金属在塑性变形过程中会产生大量空位、间隙原子和位错等,使晶格中的一部分原子偏离其平衡位置,而造成晶格畸变。实验表明,冷变形会增加晶粒中的位错密度。随着变形量的增加,位错交织缠结,使原来的等轴晶粒被位错墙分割成许多小晶块,在晶粒内形成胞状亚结构,叫做形变胞,如图 4.17 所示。胞内位错密度较低,胞壁是由大量缠结位错组成的,如图 4.18 所示。变形量越大,则形变胞数量越多,尺寸越小。

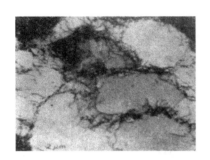

图 4.17 塑变在晶粒内形成胞状亚结构

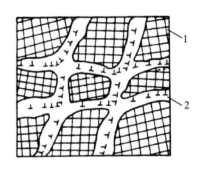

图 4.18 金属变形后的亚结构示意图

1—晶格较完整的亚晶块;2—严重畸变区

3. 产生形变织构

随着变形的发生,金属内部还伴随着晶粒的转动。在拉伸时晶粒的滑移面转向平行于外力的方向,在压缩时转向垂直于外力方向。在变形量很大时,晶格位向会与原来不一致的各个晶粒在空间上的晶格位向趋于一致。这种现象称为择优取向,而具有择优取向的组织称为形变织构,如图 4.19 所示。

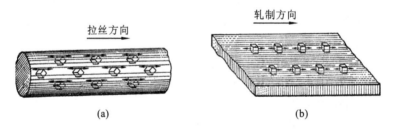

图 4.19 形变织构示意图

(a)丝织构;(b)板织构

织构的存在使金属呈现明显的各向异性,使得在压力加工时出现变形不均的现象,而使冲压出来的工件边缘不齐、壁厚不均,产生所谓"制耳"现象,如图 4.20 所示。但是,织构在某些场合是可利用的,例如,变压器铁芯采用具有织构的硅钢片可减少铁损,提高设备效率。

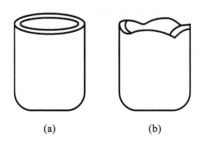

图 4.20 深冲零件上的制耳

(a)正常零件;(b)有制耳零件

4.3.3 冷塑性变形金属的性能变化

1. 加工硬化

冷塑性变形会使得金属的性能发生明显变化,即随变形量的增加,金属的强度大为提高,塑性却有较大降低,这种现象称为加工硬化,也称形变强化。产生形变强化的主要原因是,变形进行过程中,位错密度不断升高,导致形变胞的形成和不断细化,对位错的滑移产生巨大的阻碍作用,于是使金属的变形抗力显著升高所致。

冷变形强化是强化金属材料常用的重要手段之一。如各类冷冲压件、冷轧型材、冷卷弹簧、冷拉线材、冷镦螺栓等构件,经冷塑性变形后,其强度和硬度均获得提高。对于纯金属和不能用热处理强化的合金,如奥氏体不锈钢,形变铝合金等,也可通过冷轧、冷挤、冷拔或冷冲压等加工方法提高其强度和硬度。但是,变形强化给金属进一步的塑性变形带来困难。例如,钢板在冷轧过程中会越轧越硬,直至不能再继续变形。为此,需要在冷变形过程中安排中间退火消除加工硬化,恢复塑性变形能力,才能使轧制继续进行。

2. 物理化学性能变化

经过冷塑性变形后,金属的物理性能和化学性能也将发生明显的变化。通常冷变形会使金属的导电性、电阻温度系数和导热性下降。塑性变形还使磁导率、磁饱和度下降,但磁性矫顽力增加。塑性变形提高金属的内能,使化学活性提高,耐蚀性下降。

3. 残余内应力

金属在塑性变形过程中,由于内部各部位的变形的不均匀性和不同时性,以致相互间的牵拉作用,在材料的宏观和微观范围内留下大量的残余应力。金属工件各部分间的变形不均匀引起的内应力称为宏观内应力,而其平衡范围是整个工件的又称为第一类残余内应力;各晶粒之间的塑性变形不均匀引起的内应力,称为第二类内应力;塑性变形产生的晶体缺陷引起晶格畸变而储存的弹性应力,称为第三类内应力。第二、三类内应力又称为微观内应力。第一类和第二类残余内应力的存在会影响工件的变形和开裂;第三类内应力则使得金属的强度、硬度提高,而塑性和韧度下降。

一般情况下,不希望工件存在内应力,这可以通过消除应力的退火来消除它。但有时也采用表面滚压、喷丸处理在工件表面形成一定的压应力层来抵消外部拉应力的作用,以提高承受交变载荷零件的疲劳寿命。

4.4 冷塑性变形金属的回复与再结晶

经塑性冷变形后的金属吸收了部分变形功,其内能升高,主要表现为点阵畸变能增大,位错和点缺陷密度增加,处于不稳定状态,具有自发恢复到变形前状态的趋势。一旦受热,例如加热到熔点 0.5 倍的温度附近,冷变形金属的组织和性能就会发生一系列的变化。这个变化过程可分为回复、再结晶和晶粒长大三个阶段。

1. 回复

回复加热温度较低,为 $(0.25 \sim 0.3)T_{熔}$,原子动能较低,空位和间隙原子等点缺陷的密度显著下降,位错由缠结状态改变为规则排列的位错墙(构成小角亚晶界),消除了晶格扭曲及由此引起的内应力,消除了部分冷变形强化组织(见图 4.21(c))。

在生产中,为了保持加工硬化状态,降低内应力,以减轻变形和翘曲,对冷加工的零件通常

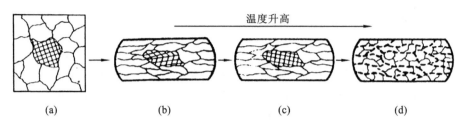

图 4.21 金属的回复与再结晶示意图
(a)变形前的组织;(b)变形后的组织;(c)回复后的组织;(d)再结晶后的组织

采用去应力退火即回复退火处理。例如,用冷拉钢丝卷制弹簧时,在卷成之后要在 260 ℃ 左右进行退火,以降低内应力并使之定形,而硬度、强度基本保持不变。

2. 再结晶

继续升高温度,原子获得更大的动能,于是以晶格畸变最严重处的碎晶或杂质为核心,逐渐长大形成新的晶粒,使原来被拉长的晶粒转变为等轴晶粒,取代全部变形组织,从而完全消除了冷变形强化,力学性能恢复到塑性变形前的状态。这一过程称为再结晶,如图 4.21(d)所示。

产生再结晶的温度称为再结晶温度($T_{再}$),一些金属的再结晶温度如表 4.2 所示。金属的再结晶温度($T_{再}$)一般为该金属熔点($T_{熔}$)的 0.35~0.4 倍以上,即

$$T_{再} = (0.35 \sim 0.4) T_{熔} (K) \tag{4.1}$$

表 4.2 一些金属的再结晶温度

金属	再结晶温度/℃	熔点/℃	$\dfrac{T_{再}/K}{T_{熔}/K}$	金属	再结晶温度/℃	熔点/℃	$\dfrac{T_{再}/K}{T_{熔}/K}$
Sn	<15	232	—	Cu	200	1 083	0.35
Pb	<15	327	—	Fe	450	1 538	0.40
Zn	15	419	0.43	Ni	600	1 455	0.51
Al	150	660	0.45	Mo	900	2 625	0.41
Mg	150	650	0.46	W	1 200	3 410	0.40
Ag	200	960	0.39				

3. 晶粒长大

冷变形金属在再结晶刚完成时,一般能得到细小的等轴晶粒组织。如果继续提高加热温度或延长保温时间,将引起晶粒进一步长大。

4.5 金属热塑性变形的组织与性能

由于在常温下进行塑性变形会引起金属的加工硬化,增大变形抗力,降低塑性,使得某些尺寸较大或塑性较低的金属在常温下难以进行塑性变形。生产中对这类零件通常采用在加热条件下进行塑性变形,即热变形加工。

1. 冷变形与热变形的区别

从金属学的角度,再结晶温度 $T_{再}$ 以上进行的塑性变形加工称为热变形,而再结晶温度以

下进行的塑性变形加工称为冷变形。例如,钨的再结晶温度约为 1 200 ℃,即使在 1 000 ℃ 的条件下进行塑性变形也属于冷变形。

2. 热变形的特点

在热变形过程中,金属将交替进行着两个过程:一个是变形强化,另一个是再结晶。塑性变形使金属产生形变强化,但是,这种强化又被该温度下发生的再结晶很快消除。因此,在一般情况下,金属工件在热变形过程中不产生明显的加工硬化现象。

例 4.1 何谓冷变形和热变形?在室温 25 ℃ 下,分别对纯铅丝和纯铁丝反复折弯会发生什么现象?为什么?

材料在再结晶温度以下的变形称为冷变形,在再结晶温度及以上的变形称为热变形。纯铅丝和纯铁丝反复折弯会产生强度、硬度增加,塑性、韧度下降现象,即所谓的加工硬化,这是金属在外力作用下产生塑性变形,晶体与晶体间发生位移,使位错阻力增加所致。但是,对于纯铅丝,由于反复折弯变形是在其再结晶温度以上进行的,因此,很快会产生再结晶退火的现象,使得纯铅丝性能快速达到与反复折弯前的水平,产生的加工硬化现象也会消失。而对于纯铁丝,由于反复折弯变形是在其再结晶温度以下进行的,因此,产生的加工硬化现象将继续保持,易于折断。

3. 热变形对金属组织与性能的影响

1) 改善铸态组织缺陷

改善铸态组织缺陷的方法有,进行热变形,使铸态组织中的气孔、疏松及微裂纹焊合,提高金属致密度;使铸态的粗大树枝晶通过变形和再结晶的过程变成较细的晶粒;将某些高合金钢中的莱氏体和大块初生碳化物打碎并使其均匀分布等。这些组织缺陷的消除会使金属的性能得到明显改善。

2) 形成纤维组织

热变形可使铸态金属的偏析、分布在晶界上的夹杂物和第二相逐渐沿变形方向延展拉长、拉细而形成锻造流线。这些锻造流线又称为纤维组织,如图 4.22 所示。纤维组织的出现使金属呈现各向异性。顺着纤维方向强度、塑性较高,而在垂直于纤维的方向强度、塑性较低。因此,在设计和制造零件时,要尽可能使流线方向与零件工作时的最大拉应力的方向相一致,而与承受的冲击应力和最大切应力的方向相垂直,并尽量使锻造流线沿着零件外形轮廓分布而不被切断。如图 4.23 所示,用模锻方法制造的曲轴、用局部镦粗法制造的螺栓、用轧制齿形法制造的齿轮,形成的锻造流线分布都比较合理,能适应零件的受力情况。

图 4.22 塑性变形后的纤维组织

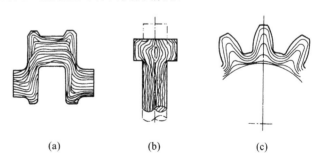

图 4.23 合理的锻造流线分布

(a)模锻曲轴;(b)局部镦粗螺栓;(c)仿形轧制齿轮

3) 形成带状组织

在对亚共析钢热加工过程中,常常会发现钢中的铁素体与珠光体呈现带状分布,这种带状分布的组织称为带状组织。图 4.24 所示的是 35 钢的带状组织。带状组织是原组织中枝晶偏析在热加工中沿固定应力方向被拉长而造成的,带状组织在零件中的存在会降低零件的强度、韧度和塑性,并造成性能的各向异性,所以它是一种不利组织。带状组织一般可以通过多次正火或扩散退火来消除。

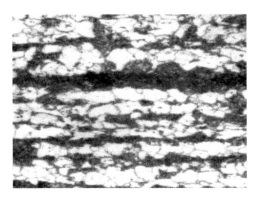

图 4.24 35 钢的带状组织

4.6 超塑性成形

有些合金经过特殊的热处理(超细化热处理)和加工后,在外力作用下可能产生异乎寻常的均匀变形(其延伸率甚至高达 1000%),这种行为称为超塑性。例如 Ti-6Al-4V 和 Zn-23Al 等合金就具有超塑性。具有超塑性的合金,可在很低的载荷下成形出高质量、高精度的薄壁、高肋和其他复杂形状的锻件。为使合金在变形时具有超塑性特性,一般要满足以下条件。

(1) 合金具有非常细小的等轴晶粒的两相组织,晶粒的平均直径通常小于 10 μm;

(2) 合金需要在较高的和恒定的温度下变形。变形温度通常接近于该合金熔点(绝对温度)的 0.5～0.65 倍。在此温度范围内,合金的变形主要依靠晶粒发生相互滑动和转动,这就要求有适当的变形温度和非常细小的晶粒组织相配合。

(3) 超塑成形通常需要较低的应变速度率,通常控制在 $\varepsilon = 10^{-2} \sim 10^{-4}\ s^{-1}$ 范围内。

由于要求超细化晶粒组织,高温恒温和缓慢变形,在成本、技术和生产率方面受到限制,目前,超塑性成形主要用于航天航空等部门一些难加工材料的加工,如铝合金、镁合金、钛合金和镍基高温合金等。

第 5 章　钢的热处理原理

【引例】 45 钢在铁碳合金相图的显微组织是铁素体和珠光体。但是,金工热处理实习对 45 钢加热、保温、水冷后获得的显微组织却不是上述组织,而是一种在铁碳合金相图上没有出现过的组织。这是为什么呢? 原来在第 3 章讨论的铁碳合金相图是在充分加热和无限缓慢冷却的前提条件下建立起来的。而在实际生产中,加热速度和冷却速度都不可能是无限缓慢的。在这种偏离平衡的状态下进行热处理,钢会获得什么组织呢? 这些组织的转变是怎么进行的呢? 这些组织有什么特性和应用呢?

钢的热处理是将钢加热、保温和冷却,改变其组织结构,获得所需性能的一种工艺方法,其过程可以通过如图 5.1 所示的热处理工艺曲线表示。钢的热处理基本原理的任务就是探讨钢在不同热处理工艺条件(偏离平衡状态)下的固态相变规律。本章的学习,将为学好后续两章的内容奠定理论基础。

钢的组织结构与其所经历的加热和冷却过程有关。在 Fe-Fe$_3$C 相图中,通常把钢在加热和冷却过程中经过 PSK 线时,发生珠光体与奥氏体之间的相互转变温度称为 A_1 温度;亚共析钢经过 GS 线时,发生铁素体与奥氏体之间的相互转变温度称为 A_3 温度;过共析钢经过 ES 线时,发生渗碳体与奥氏体之间的相互转变的温度称为 Ac_{cm} 温度。A_1、A_3、Ac_{cm} 称为钢在加热或冷却过程中组织转变的临界温度。

由于在实际生产过程中,加热和冷却速度都不可能无限缓慢,组织转变就偏离平衡状态,存在过热或者过冷现象。为区别起见,把冷却时的临界点记为 Ar_1、Ar_3、Ar_{cm},把加热时的临界点记为 Ac_1、Ac_3、Ac_{cm},如图 5.2 所示。制定热处理工艺经常用这种表示方法进行处理,各种钢的临界点温度均可在《热处理手册》、《合金钢手册》及相关手册中查到。

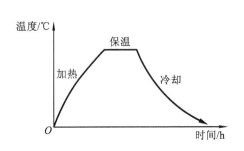

图 5.1　热处理工艺曲线示意图

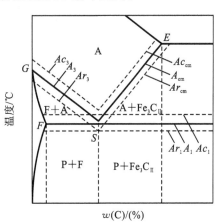

图 5.2　加热/冷却时相变温度的变化

5.1 钢在加热时的组织转变

碳钢在室温下的平衡组织是由铁素体和渗碳体两个基本相构成的。热处理的首要步骤就是将钢由室温加热到组织转变温度以上,使其组织由铁素体和渗碳体的混合物,转变为均匀的奥氏体。只有钢呈奥氏体状态,才能采用不同的冷却方式使其转变为不同的组织,从而获得所需要的性能。

5.1.1 奥氏体的形成

奥氏体的形成过程虽然是在固态下进行的,但它与液态金属的结晶过程相似,亦是通过奥氏体晶核的形成和成长过程来实现的。图 5.3 所示的为共析钢在加热时奥氏体形成过程示意图,其基本过程分为四个阶段。

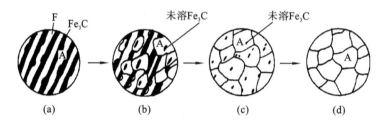

图 5.3 共析钢奥氏体化过程示意图
(a)形核;(b)长大;(c)残留 Fe_3C 溶解;(d)A 均匀化

第一阶段:奥氏体晶核的形成。由 $Fe-Fe_3C$ 状态图可知,在 Ac_1 温度铁素体的碳的质量分数约为 0.0218%,渗碳体的碳的质量分数为 6.69%,奥氏体的碳的质量分数为 0.77%。在珠光体转变为奥氏体过程中,原铁素体由体心立方晶格改组为奥氏体的面心立方晶格,原渗碳体由复杂斜方晶格转变为面心立方晶格。所以,钢的加热转变既有碳原子的扩散,也有晶体结构的变化。基于能量与成分条件,奥氏体晶核在珠光体中的铁素体与渗碳体两相交界处产生最容易(见图 5.3(a)),而且,两相交界面越多,奥氏体晶核越多。

第二阶段:奥氏体晶核的成长。奥氏体晶核形成后,它的一侧与渗碳体相接,另一侧与铁素体相接。随着铁素体的转变(铁素体区域的缩小),以及渗碳体的溶解(渗碳体区域缩小),奥氏体不断向其两侧的原铁素体区域及渗碳体区域扩展长大(见图 5.3(b)),直至铁素体完全消失为止,奥氏体彼此相遇,形成一个个的奥氏体晶粒。

第三阶段:残余渗碳体的溶解。由于铁素体转变为奥氏体速度远高于渗碳体的溶解速度,在铁素体完全转变之后尚有不少未溶解的残余渗碳体存在(见图 5.3(c)),还需一定时间保温,让渗碳体全部溶解。

第四阶段:奥氏体成分的均匀化。即使渗碳体全部溶解,奥氏体内的成分仍不均匀,在原铁素体区域形成的奥氏体含碳量偏低,在原渗碳体区域形成的奥氏体含碳量偏高,还需保温足够时间,让碳原子充分扩散,奥氏体成分才可能均匀。

亚共析钢和过共析钢的珠光体加热转变为奥氏体过程与共析钢转变过程是一样的,即在 Ac_1 温度以上加热,无论亚共析钢或是过共析钢中的珠光体均要转变为奥氏体。不同的是还有亚共析钢的铁素体的转变与过共析钢的二次渗碳体的溶解。亚共析钢加热至 Ac_1 以上时,珠光体转变为奥氏体,此时的组织为奥氏体和铁素体,若继续升温,铁素体也渐渐转变为奥氏体,温度超过 Ac_3 时,铁素体完全消失,全部组织为细而均匀的奥氏体。

过共析钢的转变与亚共析钢的相似,只是在随后的升温过程中,是二次渗碳体逐渐溶入奥氏体中,超过 Ac_{cm} 时,组织全部转变为奥氏体。

5.1.2 奥氏体晶粒的长大及控制

奥氏体形成后,继续加热或保温,在伴随残余渗碳体的溶解和奥氏体的均匀化的同时,奥氏体晶粒开始长大。奥氏体晶粒的长大是大晶粒吞并小晶粒的过程,是 Fe 和 C 原子的扩散过程,其结果使晶界面积减小,从而降低了表面能,因此它是一个自发过程。奥氏体晶粒大小对钢冷却后晶粒组织的大小有直接影响,如图 5.4 所示。奥氏体的晶粒越细小,钢冷却后的晶粒组织就越细小;反之,冷却后的晶粒组织就粗大。粗大晶粒组织使钢的力学性能变坏,所以必须严格控制加热时奥氏体晶粒的长大过程。

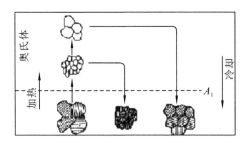

图 5.4 奥氏体晶粒大小对冷却后组织的影响

影响奥氏体晶粒大小的主要因素如下。

(1) 加热温度和保温时间 加热温度越高和保温时间越长,钢中 Fe 和 C 原子的扩散越充分,因此,随着加热温度的升高和保温时间的延长,奥氏体晶粒将变得越粗大。

(2) 加热速度 与冷却时加大冷却速度可以细化晶粒的原理一样,提高加热速度会增加过热度,使奥氏体的形核率增加,有利于细化奥氏体晶粒。

(3) 钢的化学成分 奥氏体中碳质量分数增大,晶粒长大倾向增大。未溶碳化物则阻碍晶粒长大。钢中加入钛、钒、铌、锆、铝等元素,有利于得到本质细晶粒钢(在常用热处理加热温度范围内奥氏体晶粒不易粗化的钢,反之称为本质粗晶粒钢),因为碳化物、氧化物和氮化物弥散分布在晶界上,能阻碍晶粒长大。锰和磷促进晶粒长大(用硅、锰脱氧的钢多属于本质粗晶粒钢)。另外,沸腾钢是本质粗晶粒钢,镇静钢是本质细晶粒钢。

工程上往往希望得到细小而成分均匀的奥氏体晶粒,为此可以采用三个途径:一是在保证奥氏成分均匀情况下选择尽量低的奥氏体化温度;二是快速加热到较高的温度经短暂保温使形成的奥氏体来不及长大而冷却得到细小的晶粒;三是选用本质细晶粒钢。

5.2 钢在冷却时的组织转变

由于热处理的冷却速度比较快,奥氏体冷却时发生转变的温度通常都低于临界点温度,即有一定的过冷度。因此,奥氏体的组织转变不再遵循 $Fe-Fe_3C$ 相图的规律,其转变产物也与状态图上的组织完全不同。奥氏体的组织转变产物极大地影响着钢件的使用性能,因此冷却过程是钢热处理的关键。

5.2.1 过冷奥氏体及其转变方式

奥氏体在 A_1 线以下处于不稳定状态,将发生相变。但经奥氏体化的钢快速冷却至 A_1 温度以下,还没有来得及转变而暂时存在的奥氏体,称为过冷奥氏体。在实际生产中,过冷奥氏体可以以两种转变方式自发地转变为其他较稳定的组织。

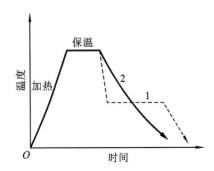

图 5.5 奥氏体不同冷却方式示意图
1—等温冷却;2—连续冷却

(1) 等温转变 将加热到奥氏体状态的钢,先以较快的冷却速度冷却到 A_1 以下一定的温度保温,使过冷奥氏体在该温度下完成组织转变后再冷却到室温,如图5.5曲线1所示。等温退火、等温淬火的热处理方法都属于等温冷却转变方式。

(2) 连续冷却转变 如图 5.5 曲线 2 所示,是将加热到奥氏体状态的钢,在温度连续下降过程中发生组织转变。在热处理生产中经常使用的水冷、油冷或空冷等都是连续冷却方式。

5.2.2 过冷奥氏体冷却转变过程及其产物

根据共析钢过冷奥氏体在不同温度区域内转变产物和特性的不同,转变区域可分为高温转变区、中温转变区及低温转变区等三种,即产生珠光体型转变、贝氏体型转变和马氏体型转变。

1. 高温转变——珠光体型转变

共析钢的过冷奥氏体在 $Ac_1 \sim 550$ ℃(鼻温)温度范围内,将发生奥氏体向珠光体转变,即由面心立方晶格的奥氏体转变为由体心立方晶格的铁素体和复杂斜方晶格的渗碳体组成的珠光体型组织。其转变过程需要晶格的重构和铁、碳原子的重新分布来实现,是一个形核和长大的过程。由于相变发生在较高温度,铁、碳原子都能进行扩散,所以,珠光体转变是一个扩散型转变。

珠光体转变过程如图 5.6 所示,是一个在奥氏体晶界上形成铁素体和渗碳体形核,并向奥氏体晶粒内部长大的过程,其转变产物是铁素体和渗碳体片层交替的混合物。转变温度越低,珠光体中铁素体与渗碳体的层片间距离越小,即组织变得更细。按层间距不同,这类珠光体型组织又分为珠光体(pearlite,用字母 P 表示)、索氏体(sorbite,用字母 S 表示)和托氏体(troostite,用字母 T 表示)等三种。

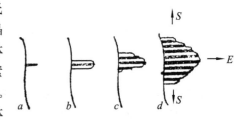

图 5.6 珠光体形成示意图

它们并无本质差异,仅片层粗细不同。三种组织形态如图 5.7 所示。珠光体型组织的性能与它们的片间距离有关。表 5-1 所示的是珠光体片层距与性能的关系。层片间距离越小,相界面越多,则塑性变形的抗力越大,强度和硬度越高,同时由于渗碳体片变薄,易与铁素体一起变形而不脆断,使塑性和韧度逐渐提高。这就是冷拔钢丝要求具有索氏体组织才容易变形而不至拉拔断裂的原因。

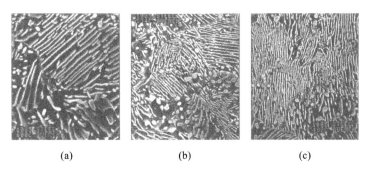

图 5.7 三种片状珠光体的组织形态
(a)珠光体；(b)索氏体；(c)托氏体

表 5.1 过冷奥氏体等温转变产物的形成温度和特性

组织名称	形成温度/℃	形成机理	组织特征（能分辨层片的放大倍数）	硬度	塑性及韧度
珠光体(P)	$A_1 \sim 650$	扩散型转变	粗片状铁素体+粗片状渗碳体层片相间的混合物(<500×)	170~250 HBS	随层片间距的减小，塑性、韧度提高
索氏体(S)	650~600	扩散型转变	层片较薄的铁素体和渗碳体交替而成的珠光体(>1000×)	25~35 HRC	
托氏体(T)	600~550	扩散型转变	层片极薄的铁素体和渗碳体交替而成的珠光体(>2000×)	35~40 HRC	
上贝氏体($B_上$)	550~350	半扩散型转变	含碳过饱和的铁素体和渗碳体组成，显微组织呈羽毛状	40~48 HRC	较差
下贝氏体($B_下$)	$350 \sim Ms$	半扩散型转变	含碳过饱和的铁素体和渗碳体组成，显微组织呈针叶状	48~55 HRC	较好

2. 中温转变——贝氏体转变

过冷奥氏体在 550 ℃~Ms 点温度范围内等温保温时，转变组织为贝氏体(bainite，用字母 B 表示)。由于过冷度较大，贝氏体转变时只发生碳原子扩散，铁原子不扩散，因此，贝氏体转变属于半扩散型转变。贝氏体型组织是由含饱和碳的铁素体与弥散分布的渗碳体组成的非层状两相组织。

根据组织形态及转变温度，贝氏体型组织分为上贝氏体和下贝氏体等两种，分别用符号 $B_上$、$B_下$ 来表示，其形成温度范围、组织和性能如表 5.1 所示。在上贝氏体转变中，首先在奥氏体晶界上形成铁素体晶核，并成排地向奥氏体晶粒内长大。与此同时，条状铁素体前沿的碳原子不断向两侧扩散，而铁素体中多余的碳也部分扩散到铁素体条之间，形成粒状或短杆状的渗碳体，整个组织呈羽毛状，如图 5.8 所示。

在下贝氏体形成温度范围内，首先在奥氏体晶界或晶内的某些贫碳区，形成铁素体晶核，然后长成片状或透镜状。由于转变温度低，碳原子的扩散速度下降，使渗碳体很难迁移至晶界，而在铁素体片内与长轴成 55°~60°的细微颗粒或薄片析出，整组织呈针叶状。

上、下贝氏体由于组织结构不同，力学性能有很大区别。上贝氏体中，硬脆的渗碳体呈短杆状分布在铁素体束的晶界上，使金属容易产生脆性断裂，强度、韧度较低，基本上无应用价

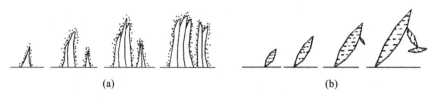

图 5.8 共析钢中温转变产物形成及形态示意图
(a)上贝氏体形成过程及其形态;(b)下贝氏体形成过程及其形态

值。下贝氏体中铁素体的过饱和度大、固溶强化明显,铁素体晶粒无方向性,碳化物细小而弥散分布,使金属具有较高的强度与韧度配合,即综合力学性能好。生产中常采用等温淬火获得下贝氏体组织。

3. 低温转变——马氏体型转变

如果将奥氏体自 A_1 以上温度快速冷却到 Ms 以下温度,则过冷奥氏体将发生马氏体转变。由于马氏体转变温度很低,过冷度大,形成速度极快,因此,铁、

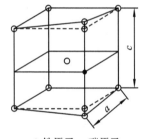

○铁原子 ●碳原子

图 5.9 马氏体晶格

碳原子都不能进行扩散,奥氏体只能发生无扩散型的晶格转变,由 γ-Fe 的面心立方晶格转变为 α-Fe 的体心立方晶格。由于铁、碳原子都不能进行扩散,转变过程中,原 γ-Fe 中的碳(共析钢的为 $w(C)=0.77\%$)被全部强制固溶在 α-Fe 中(α-Fe 最大溶碳量为 $w(C)=0.0218\%$),从而形成一种含碳过饱和的 α 固溶体,使原来的体心立方晶格被拉长成体心正方晶格(立方体的 C 轴被拉长,成了长方体),如图 5.9 所示。我们把这种碳在 α-Fe 中的过饱和固溶体,称为马氏体(martensite,用字母 M 表示)。

马氏体的组织形态主要有板条状和针片状两种。$w(C)<0.2\%$ 的低碳马氏体在显微镜下呈现为平行成束分布的板条状组织,如图 5.10 所示。在每个板条内存在高密度位错,因此板条状马氏体又称为位错马氏体。$w(C)>1.0\%$ 的高碳马氏体呈针片状,每个针片内有着大量孪晶,因此片状马氏体也称为孪晶马氏体,如图 5.11 所示。碳质量分数介于二者之间的马氏体,则为板条状马氏体与片状马氏体的混合组织。

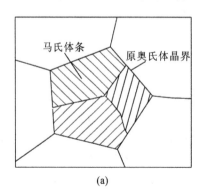
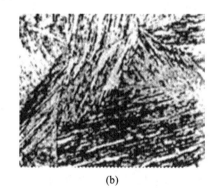

(a) (b)

图 5.10 低碳马氏体组织形态
(a)板条马氏体示意图;(b)碳的质量分数为 0.03% 的马氏体

马氏体具有高硬度、高强度的性能特点。马氏体的硬度主要取决于马氏体中的碳质量分数 $w(C)$,如图 5.12 所示。随着马氏体含碳量的增加,晶格畸变增大,马氏体的强度、硬度也

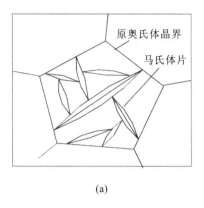 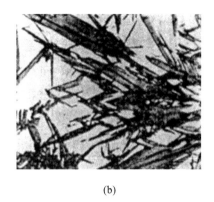

图 5.11 高碳马氏体组织形态

(a)片状马氏体示意图；(b)碳的质量分数为 1.6% 的马氏体

随之增高。当 $w(C) \geqslant 0.6\%$ 时，强度和硬度的变化趋于平缓，而马氏体的塑性和韧度随含碳量增高而急剧降低。马氏体强化的主要原因是过饱和碳引起的晶格畸变，即固溶强化。此外，马氏体转变过程在晶内造成大量的晶体缺陷（如位错、孪晶等）、过饱和碳以弥散碳化物形式析出，以及形成细小的马氏体引起的细晶强化都对马氏体强化有不同程度的贡献。马氏体的塑性和韧度主要取决于碳在马氏体中的过饱和程度和马氏体的亚结构。低碳马氏体由于碳的低过饱和度和高的位错密度而具有较高的塑性与韧度，是一种强韧度很高的组织；而高碳马氏体硬度高，耐磨性好，但塑性和韧度较低。可见，高碳的片状马氏体硬而脆，低碳的板条马氏体强而韧。

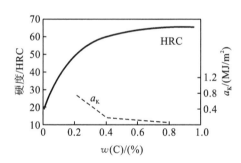

图 5.12 马氏体的硬度、韧度与碳质量分数的关系

与珠光体型转变和贝氏体转变一样，马氏体转变也是形核、长大过程，其主要特点如下。

(1) 高速转变与无扩散　马氏体形成一般不需要孕育期，瞬间形核，瞬间长大，长成一片马氏体只需 $10^{-6} \sim 10^{-7}$ s，后形成的马氏体会产生高速撞击而使先形成的马氏体片出现微裂纹。此外，高速转变，原子来不及扩散使马氏体继承了奥氏体的含碳量而造成过饱和。微裂纹和过饱和是马氏体硬度高、脆性大的主要原因之一。

(2) 转变后比容增大　单位质量的体积称为比容。钢中不同组织有不同的比容，马氏体的比容最大，奥氏体的比容最小。因此，奥氏体向马氏体转变后比容增大，伴随体积膨胀。马氏体中含碳量越高，其正方度越大，比容也越大，故发生马氏体转变产生的组织应力也越大，这是钢淬火时容易变形和开裂的原因之一。

(3) 在不断降温的过程中形成　即过冷奥氏体只有在 Ms 温度以下连续冷却时，马氏体转变才能进行，随着转变温度下降，马氏体逐渐增多，过冷奥氏体不断减少。如果降温中断，马氏体转变很快停止。大部分钢的马氏体转变终了温度 M_f 都在室温以下,所以,在室温下,组织中仍有一部分奥氏体被残留下来,这部分没有发生马氏体转变的奥氏体称为残余奥氏体(retained austenite,用 Ar 表示)。

残余奥氏体的存在会改变钢的性能,并使工件尺寸发生变化。因此,生产中,对一些高精度的工件(如精密量具、精密丝杠、精密轴承等),为了保证它们在使用期间的精度,可在淬火冷却到室温后,随即放到零下温度的冷却介质中冷却(如干冰+酒精可冷却到 $-78\ ℃$,液态氮可冷却到 $-183\ ℃$),以最大限度地消除残余奥氏体,达到增加硬度、耐磨性与稳定尺寸的目的,这种处理称为"冷处理"。

钢的 Ms 点和 Mf 点随奥氏体中碳质量分数的增加而降低,因而残留奥氏体量随奥氏体中含碳量的增加而增加,如图 5.13 所示。

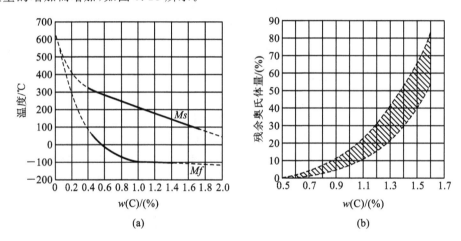

图 5.13 奥氏体含碳量对马氏体转变的影响
(a)对马氏体转变温度的影响;(b)对残余奥氏体量的影响

5.3 过冷奥氏体转变曲线图

过冷奥氏体在不同温度区间发生不同的组织转变。其组织转变过程及转变规律可以由过冷奥氏体转变曲线反映出来。针对过冷奥氏体的两种转变方式有两种对应的转变曲线。

5.3.1 等温冷却转变曲线图

过冷奥氏体在不同过冷度下的等温过程中,转变温度、转变时间与转变产物量的关系曲线称为等温转变曲线。下面以共析钢为例,对过冷奥氏体等温转变进行分析。

过冷奥氏体等温转变曲线是通过实验测得的。先将若干试样都在同样加热条件下使之奥氏体化,以获得均匀细小的奥氏体,然后将每组试样分别投入到 A_1 温度线以下不同温度(比如 710、650、600、550、450 ℃、…)的恒温炉中,使过冷奥氏体进入等温转变,记录下转变的开始时间和终了时间。将试验测得的点画在温度、时间坐标系中,将具有相同含义的点连成线,便得到了共析钢等温转变曲线(见图 5.14)。因曲线的形状象字母 C,故称为 C 曲线,也称 TTT 曲线(TTT 是 time temperature transformation 的缩写)。每一种钢都有自己的 C 曲线。

共析钢的 C 曲线由五条线组成:
① A_1 线是奥氏体向珠光体转变的临界温度线;

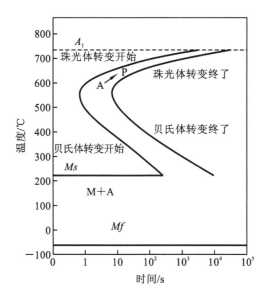

图 5.14 共析钢等温转变图(C 曲线)

② 左边的一条 C 曲线,为奥氏体转变开始线;
③ 右边的一条 C 曲线,为奥氏体转变终了线;
④ Ms 线表示过冷奥氏体向马氏体转变的开始线;
⑤ Mf 线表示过冷奥氏体向马氏体转变的终了线。

五条线把整个图分成了五个区:
① 高于 A_1 温度的是奥氏体稳定区;
② 转变开始线以左的为过冷奥氏体区;
③ 转变终了线以右的为转变产物区;
④ 转变开始线与终了线之间的为过冷奥氏体和转变产物的共存区;
⑤ Ms 与 Mf 之间的为马氏体转变区(属于连续冷却的范围)。

转变开始之前所经历的等温时间称为孕育期,即该温度下纵坐标与过冷奥氏体转变开始线之间的距离。孕育期的长、短可以反映出过冷奥氏体的稳定性,孕育期越短,则过冷奥氏体越不稳定,对于共析钢,在 550 ℃ 时孕育期最短。在不同温度下具有不同的孕育期是形成 C 形曲线的主要原因。

5.3.2 连续冷却转变曲线图

在热处理生产中,奥氏体化后常采用连续冷却。在连续冷却条件下也可以通过实验得到转变过程的 C 曲线,又称 CCT 曲线(CCT,即 continuous cooling transformation 的缩写),如图 5.15 所示的是共析钢的过冷奥氏体连续冷却转变曲线。图 5.15 中只有珠光体转变区和马氏体转变区,没有贝氏体转变区,说明共析钢在连续冷却过程中没有发生贝氏体转变。

利用 CCT 曲线可以分析钢的过冷奥氏体连续冷却的组织转变过程。过冷奥氏体以 v_1 速度冷却时,只经过珠光体转变区,故奥氏体全部转变为珠光体,得到的是单一珠光体组织;若过冷奥氏体以 v_2 速度冷却时,先在珠光体转变区发生部分珠光体转变,但当其与过冷奥氏体转变终止线相交时,则未转变的过冷奥氏体停止转变,而在继续冷却至 Ms 点以下发生马氏体转变,最终组织为珠光体+马氏体;若冷却速度大于 v_c,则过冷奥氏体冷却至 Ms 点以下才发生

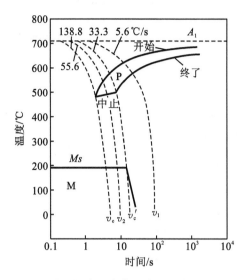

图 5.15 共析钢的过冷奥氏体连续冷却转变曲线

马氏体转变,最终得到马氏体+残余奥氏体组织。

图 5.15 所示转变曲线中的 v_c 和 v_c' 是两个临界冷却速度。v_c 是保证奥氏体在连续冷却过程中只发生马氏体转变的最小冷却速度,称为上临界冷却速度,或称为淬火临界冷却速度,当冷却速度高于 v_c 时,只发生马氏体转变;v_c' 是保证奥氏体在连续冷却过程中只发生珠光体转变的最大冷却速度,称为下临界冷却速度,当冷却速度低于 v_c' 时,只发生珠光体转变。临界冷却速度越小,过冷奥氏体越稳定,说明即使在较慢的冷却速度下也能获得马氏体组织,这对于制定淬火工艺具有重要意义。

过共析碳钢的连续冷却曲线与共析碳钢的相比,除了多出一条先析渗碳体的析出线外,其他的基本相似。但亚共析碳钢的连续冷却转变曲线与共析碳钢的却大不相同,它除了多出一条先析铁素体的析出线外,还出现了贝氏体转变区,因此亚共析碳钢在连续冷却后,可以出现由更多产物组成的混合组织。

5.3.3 影响过冷奥氏体转变曲线的因素

(1) 含碳量的影响 随含碳量的增加,亚共析钢的 C 曲线右移;过共析钢的 C 曲线左移,即共析钢的过冷奥氏体在碳钢中最稳定。图 5.16 所示的是亚共析碳钢、共析碳钢和过共析碳钢的 C 曲线比较。由于亚共析碳钢和过共析碳钢的过冷奥氏体在向珠光体转变之前会有先析铁素体和先析渗碳体的生成,所以在它们的 C 曲线上多出一条先析出线。另外,随着奥氏体含碳量增加,Ms 和 Mf 温度将会降低。

(2) 合金元素的影响 除 Co 外,所有合金元素加入奥氏体后会增加过冷奥氏体的稳定性,使 C 曲线右下移。一些碳化物形成元素如铬、钼、钨、钒、钛等,不仅使 C 曲线右移,而且使其形状变化,甚至整个 C 曲线在鼻尖处分开,形成上下两条 C 曲线(见图 5.17)。

(3) 钢的奥氏体化程度 钢的奥氏体化后成分越均匀,晶粒越粗大,未溶碳化物越少,形核和长大所需时间越长,则过冷奥氏体越稳定,使 C 曲线右下移。

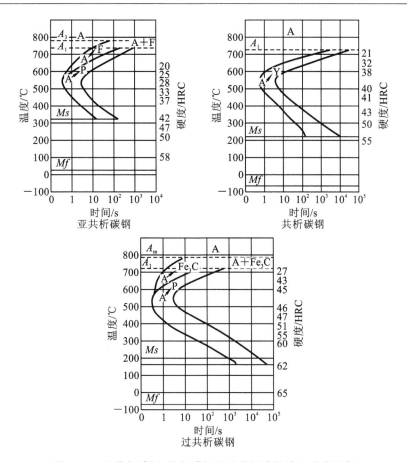

图 5.16　亚共析碳钢、共析碳钢和过共析碳钢的 C 曲线比较

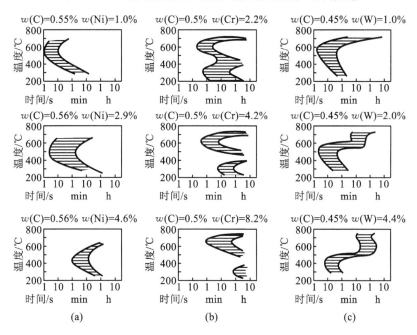

图 5.17　合金元素对碳钢 C 曲线的影响

(a)Ni 的影响；(b)Cr 的影响；(c)W 的影响

例 5.1 根据如图 5.18 所示的共析钢的 C 曲线,试样分别按①～⑤冷却曲线进行冷却,回答问题:图 5.18 中 a、b、c、d、e、f、g、h 点的组织分别是什么?按哪一曲线冷却后的材料硬度最高,按哪一曲线冷却后的材料硬度最低?按哪一曲线冷却后的材料综合力学性能最好?哪两条曲线冷却后的材料组织和性能相同,它们的区别是什么?

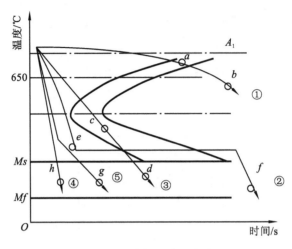

图 5-18　共析钢的 C 曲线

解　曲线①相当于随炉冷却的速度(退火)的曲线,根据它与 C 曲线相交的位置,可估计出奥氏体将变为珠光体,其中 a 点处在转变开始线与终了线之间为过冷奥氏体和转变产物的共存区,组织为过冷奥氏体和珠光体;b 点已经超过了奥氏体转变终了线,组织全部为珠光体,这种组织硬度最低。

曲线②属于等温冷却转变曲线,它所处温度在 350 ℃～Ms 之间,过冷奥氏体将向下贝氏体转变。e 点在奥氏体转变开始线左侧,为过冷奥氏体;f 点在奥氏体转变开始线右侧,组织为下贝氏体,这种组织具有较高的综合力学性能。

曲线③相当于油中冷却的速度的曲线,根据它与 C 曲线相交的位置,有一部分奥氏体先转变成托氏体,剩余的奥氏体在中温转变区不变化,冷却到 Ms 开始向马氏体转变,所以 c 点组织为托氏体+过冷奥氏体,d 点为托氏体+马氏体+残余奥氏体的混合组织。

曲线④和曲线⑤的冷速快,均不与 C 曲线的上半部分相交,一直过冷到 Ms 以下发生马氏体转变。h 点和 g 点均为马氏体+残余奥氏体的混合组织,它们的区别是,曲线④相当于水中冷却的曲线,产生的应力(淬火应力)较大;曲线⑤相当于先水中冷却再转入油中冷却的曲线,产生的应力(淬火应力)较小。按曲线④和曲线⑤冷却的,硬度最高。

第6章 钢的整体热处理

【引例】 表6.1对45钢在不同的加热、冷却条件下的性能进行了比较。

表6.1 45钢在不同热处理状态下的力学性能比较

热处理状态	力学性能				
	σ_m/MPa	σ_{el}/MPa	$\delta/(\%)$	$\psi/(\%)$	A_k/J
退火(随炉冷却)	600~700	300~350	15~20	40~50	32~48
正火(空气冷却)	700~800	350~450	15~20	45~55	40~64
淬火(水冷)低温回火	1500~1800	1359~1600	2~3	10~12	16~24
淬火(水冷)高温回火	850~900	650~750	12~14	60~66	96~112

从结果可见,在不同的加热、冷却条件下该钢呈现出不同的性能,而且差异很大。为什么会有这么巨大的变化呢?为什么在不同的加热温度和冷却条件下处理,零部件就会有不同的性能?如何根据零部件的不同性能要求选择合适的加热温度和冷却方式?

为了改善零件的性能和提高其使用寿命,绝大部分重要零件都需要经过热处理。因此,热处理在机械制造行业占有十分重要的地位。如在机床、汽车、拖拉机制造中80%的零件要热处理。至于刀具、量具、模具和滚动轴承等,则100%要进行热处理。

上述改善的性能包括两个方面:①消除毛坯中的缺陷,改善工艺性能,为后续切削加工或热处理做组织和性能上的准备;②改善钢的力学性能,充分发挥材料的潜力,节约材料,延长零件使用寿命。前者称为预先热处理,这类热处理主要是退火和正火;后者称为最终热处理,这类热处理主要是淬火、回火以及表面热处理。本章介绍钢的退火、正火、淬火和回火等热处理工艺及其对钢的组织和性能的影响。因为这类热处理都是整体加热和整体冷却,称为整体热处理。

6.1 钢的退火与正火

将钢件加热到 Ac_3(对于亚共析钢)和 Ac_{cm}(对于过共析钢)以上30~50℃,保温适当时间后,在自由流动的空气中均匀冷却的热处理工艺称为正火。钢件加热到适当温度,保持一定时间,然后缓慢冷却以获得接近平衡状态组织的热处理工艺称为退火。退火的工艺特征是缓慢冷却,通常是随炉冷却。根据钢的成分、退火的工艺与目的不同,退火常分为完全退火、球化退火、等温退火、去应力退火和扩散退火等。各种退火加热温度如图6.1所示。

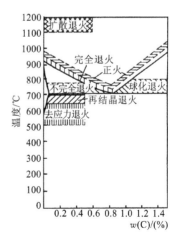

图6.1 退火、正火加热温度示意图

6.1.1 完全退火

完全退火又称为重结晶退火,是把亚共析钢加热至 Ac_1 以上30~50℃,保温一定时间,钢完全奥氏体化后缓慢冷却,以获得接近平衡组织的热处理工艺。完全退火用于亚共析钢,经完全退火后得到的组织是铁素体+珠光体。

完全退火,借助完全重结晶过程,可使铸造或锻造造成的粗大、不均匀的组织均匀化和细化,提高性能,降低硬度,消除内应力,改善切削加工性能。

6.1.2 球化退火

过共析钢不能进行完全退火,如果进行完全退火,组织中常会出现粗片状珠光体和网状渗碳体,增加了钢的硬度和脆性,使切削加工性能变坏,且淬火时易产生变形和开裂。因此,过共析钢和共析钢,必须采用球化退火作为预先热处理。

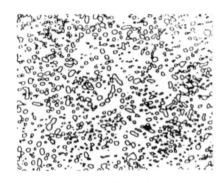

图 6.2 T12 钢的球化退火显微组织

球化退火是使钢中碳化物球状化的热处理工艺。其工艺过程是将过共析钢或共析钢件加热至 Ac_1 以上 20～30 ℃,保温一定时间,然后随炉缓冷至室温。球化退火加热温度较低,加热阶段奥氏体中有未溶解的点状残余渗碳体以及富碳区,在随后缓冷过程中渗碳体(二次渗碳体及珠光体中的渗碳体)将以残余渗碳体或富碳区为核心形成球状。球化退火后的组织是铁素体基体上均匀分布着球状(粒状)渗碳体,称为球状珠光体,图 6.2 所示的为 T12 钢的球状珠光体组织。其硬度较片层状珠光体和网状渗碳体组织的硬度低,如 T10 钢经球化退火后,硬度由完全退火的 255～321HBS 降到 197 HBS 以下,且具有良好的塑性和韧度。为了便于球化过程的进行,对于存在网状渗碳体较严重的钢件,可在球化退火之前先进行一次正火处理,以消除网状渗碳体。

生产中球化退火用于降低钢件的硬度,改善切削加工性能,并为以后的淬火作组织准备。

6.1.3 等温退火

等温退火是将钢件加热到高于 Ac_3(或 Ac_1)的温度,保温适当时间,再较快地冷却到珠光体区的某一温度,并等温保持,使奥氏体等温转变,然后缓慢冷却的热处理工艺。等温退火的目的与完全退火相同,但转变较易控制,能获得均匀的预期组织;对于奥氏体较稳定的合金钢,常可大大缩短退火时间。

6.1.4 去应力退火

去应力退火是为消除铸造、锻造、焊接和机加工、冷变形等冷热加工在工件中造成的残留内应力而进行的低温退火,去应力退火是将钢件加热至低于 Ac_1 的某一温度(一般为 500～650 ℃),保温后随炉冷却的热处理工艺,这种处理可以消除 50%～80% 的内应力,但不引起组织变化。

6.1.5 扩散退火

为减少钢锭、铸件或锻坯的化学成分和组织不均匀性,将其加热到略低于固相线(固相线以下 100～200 ℃)的温度,长时间保温(10～15 h),使工件内部原子充分扩散,并进行缓慢冷却的热处理工艺,称为扩散退火或均匀化退火。扩散退火后钢的晶粒很粗大,因此一般要再进行完全退火或正火处理。扩散退火成本高,一般只有质量要求高的合金钢才采用。

6.1.6 钢的正火

钢材或钢件加热到 Ac_3（对于亚共析钢）和 Ac_{cm}（对于过共析钢）以上 30～50 ℃，保温适当时间后，在自由流动的空气中均匀冷却的热处理工艺称为正火。正火后的组织：亚共析钢为铁素体+索氏体，共析钢为索氏体，过共析钢由于正火的冷却速度较快，二次渗碳体来不及析出而只形成索氏体组织。这种非共析成分的钢形成的共析组织称为"伪共析"组织。因此，正火处理可以减少或消除过共析钢的网状渗碳体。

正火组织和目的与退火的相近。正火与完全退火的主要差别在于冷却速度快些，因此正火可以使晶粒更加细化，正火后的强度和硬度要比退火的高。正火一般应用于以下方面。

1. 作为最终热处理

对于普通结构钢零件，力学性能要求不很高时，可以正火作为最终热处理。

2. 作为预先热处理

截面较大的合金结构钢件，在淬火或调质处理（淬火加高温回火）前常进行正火，以消除魏氏组织和带状组织，并获得细小而均匀的组织。对于过共析钢可减少和消除二次渗碳体，并使其不形成连续网状，为球化退火作组织准备。

3. 改善切削加工性能

钢的合适的切削硬度是 170～230 HBS。对于低中碳结构钢，如果原始组织硬度太低，可以通过正火来提高硬度，改善切削加工性能，高碳钢则应采用退火来降低硬度，改善切削加工性能。

例 6.1 正火与退火的异同点是什么？生产中如何选择正火与退火？对下列工件选择合适的退火或正火方法。

① 新铸造的箱体（普通灰铸铁）；
② 20 钢螺栓锻件毛坯；
③ ZG55 钢起重机齿轮毛坯；
④ T10 钢模具毛坯。

解 从 C 曲线分析，正火与退火都属于高温扩散型转变的热处理工艺，本质是相同的，它们得到的组织都是珠光体类型的组织，主要差别在于正火的冷却速度快些，退火得到的是珠光体，而正火得到的是索氏体，因此正火可以看成是退火的一个特例；由于冷却速度快，正火还可以减少非共析钢中先析出相的含量，使珠光体含量增多并细化，因此与退火相比，正火后的强度和硬度要比退火的高。

由于正火与退火在某种程度上有相似之处，它们在生产中有时可以互相代替，如何选择主要从以下几个方面考虑。

（1）从切削性能考虑，钢的适合切削硬度是 170～230 HBS，硬度过高会加剧刀具的磨损，硬度过低会造成"黏刀"现象，也使刀具发热和磨损，而且使加工零件的表面粗糙度增加。对于碳的质量分数低于 0.5% 的钢，正火后的硬度一般不超过 230 HBS，而退火后的硬度偏低，故应采用正火。当钢的碳质量分数高于 0.5% 时，正火后的硬度偏高，宜采用退火。

（2）从使用性能考虑，如果工件的性能要求不太高，随后不再进行淬火和回火处理可以用正火来提高力学性能。如果随后还要进行淬火和回火处理，则退火可以减小淬火变形和开裂的倾向。

（3）从经济上考虑，当零件采用退火或正火均能满足要求时，应选用正火，因为正火是在炉外冷却，不占用加热设备，工艺简单，经济，能量消耗少。

因此,热处理的方法选择如下。
① 新铸造的箱体(普通灰铸铁):去应力退火。
② 20钢螺栓锻件毛坯:正火。
③ ZG55钢起重机齿轮毛坯:完全退火。
④ T10钢模具毛坯:先正火再进行球化退火。

6.2 钢的淬火

将钢加热到相变温度以上,保温一定时间,然后以大于临界冷却速度快速冷却,以获得马氏体或下贝氏体组织的热处理工艺称为淬火。钢淬火后的组织主要是马氏体,或者下贝氏体,有时还有残余奥氏体和未溶碳化物。淬火是钢最重要的强化方法。钢通过淬火和随后的回火,可以获得各种所需的性能。

6.2.1 淬火加热温度的选择

淬火加热温度的选择应以获得均匀细小的奥氏体晶粒为原则,以便淬火后得到细小的马氏体组织。实践总结,钢合适的淬火加热温度如图6.3所示,即亚共析钢加热到Ac_3以上30~50 ℃;过共析钢加热到Ac_1以上30~50 ℃。亚共析钢加热到Ac_3以下时,淬火组织中会保留自由铁素体,使钢的硬度降低。过共析钢加热到Ac_1以上两相区时,组织中会保留少量二次渗碳体,有利于钢的硬度和耐磨性,并且,由于降低了奥氏体中碳的质量分数,可以改变马氏体的形态,从而降低马氏体的脆性。此外,还可减少淬火后残余奥氏体的量。若淬火温度太高,会使奥氏体晶粒粗化,淬火时形成粗大的马氏体,增加残余奥氏体量,使力学性能恶化;同时也增大淬火应力,增大变形和开裂倾向。

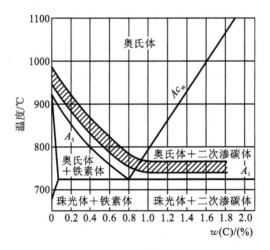

图6.3 钢的淬火加热温度

6.2.2 淬火冷却介质的选择

淬火冷却时,要保证获得马氏体组织,必须使奥氏体以大于马氏体临界冷却速度冷却,而快速冷却又会产生很大淬火应力,导致钢件的变形与开裂。因此,淬火工艺中最重要的一个问题是既能获得马氏体组织,又要减小变形,防止开裂。为此,合理选择冷却介质和冷却方法是十分重要的。

1. 理想淬火冷却曲线

图 6.4 所示的为理想淬火冷却曲线。从过冷奥氏体等温转变曲线示意图可以看出，过冷奥氏体在不同温度区间的稳定性不同，在 600~400 ℃ 温度区间，过冷奥氏体孕育期短，在此温度范围应当快冷，以避免发生珠光体或贝氏体转变，保证获得马氏体组织。而此温度范围上、下的区域孕育期都比较长，可以慢些冷却，以减小淬火应力，减小工件淬火变形和防止开裂，特别是在 Ms 点附近温度区间，过冷奥氏体进入马氏体相变区，应当缓慢冷却。

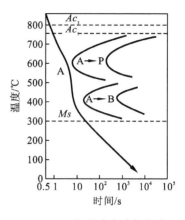

图 6.4 理想的淬火冷却曲线

2. 常用冷却介质

实际生产中，使用的冷却介质较多，到目前为止，尚未找到一种介质，能完全符合理想淬火冷却速度的要求。目前应用最广泛的淬火冷却介质是水和油。

水具有较强烈的冷却能力，其缺点是，在 500~650 ℃ 的高温范围内冷却能力不够强，而在 200~300 ℃ 低温范围内冷却能力又太强。在水中加入少量的碱或盐，如 5%~10% NaCl 的水溶液，可明显提高水在高温区的冷却能力。所以水、盐水类介质主要用于形状简单，截面尺寸大的碳素钢。

油（如机油、柴油等）在低温区冷却能力比较理想，但在高温区的冷却能力却太低，因此主要用于淬透性较好的合金钢或截面尺寸小的碳素钢。

熔融状态的盐也常用做淬火介质，称为盐浴，其加热熔融温度范围一般在 100~500 ℃ 间，有利于减少工件的变形，适用于形状复杂和要求严格变形量的小工件的分级淬火或等温淬火。

单从冷却介质入手，很难使淬火冷却达到理想淬火冷却速度，为了保证淬火质量，防止变形与开裂，就必须采取正确的淬火冷却方法。

6.2.3 常用淬火方法

常用的淬火方法如图 6.5 所示。

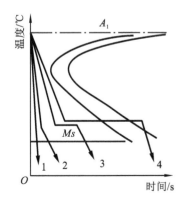

图 6.5 常用淬火方法示意图
1—单液淬火法；2—双液淬火法；
3—分级淬火法；4—等温淬火法

1. 单液淬火

单液淬火是将奥氏体状态的工件放入一种淬火介质中一直冷却到室温的淬火方法（见图 6.5 曲线 1）。这种方法操作简单，容易实现机械化，但淬火应力大，变形开裂倾向大，适用于形状简单的碳钢和合金钢工件的淬火。

2. 双液淬火

双液淬火是先将奥氏体状态的工件在冷却能力强的淬火介质中冷却至接近 Ms 点温度，再立即转入冷却能力较弱的淬火介质中冷却，直至完成马氏体转变的淬火方法（见图 6.5 曲线 2）。此法能有效减少淬火应力，但操作控制难度较大。

3. 分级淬火

分级淬火是将奥氏体状态的工件首先淬入略高于钢的 Ms 点的盐浴或碱浴炉中保温，当工件内外温度均匀后，再从浴炉中取出空冷至室温,完成马氏体转变的淬火方法(见图6.5曲线3)。此法能有效克服上述工艺的缺点。

4. 等温淬火

等温淬火是将奥氏体化后的工件在稍高于Ms温度的盐浴或碱浴中冷却并保温足够时间,从而获得下贝氏体组织的淬火方法(见图6.5曲线4)。此法能大大降低淬火应力,但生产周期长,效率低。

6.3 钢的淬透性

6.3.1 淬透性与淬硬性

钢件在淬火时,由于表层的冷却速度大于心部的冷却速度,其组织转变通常会出现两种情况:一种是工件从表面到心部都是马氏体组织,即"淬透";另一种是只有工件表层一定深度获得马氏体,而心部因冷速慢可能得不到马氏体,称为"未淬透"。图6.6所示的为两种成分不同的钢,加工成同样尺寸,奥氏体化淬火后的组织分布。因钢种不同,其临界冷却速度不同,就会有淬透和未淬透的不同结果。为了衡量钢在一定条件下淬火所获得的淬透层深度,便引入钢的淬透性。所谓淬透性就是钢在淬火时获得马氏体的难易程度。淬透性是钢的一种属性,其大小用钢在一定条件下淬火获得的淬硬层深度来表示。在相同的淬火条件下,钢的淬透性越好,其淬透层就越深。

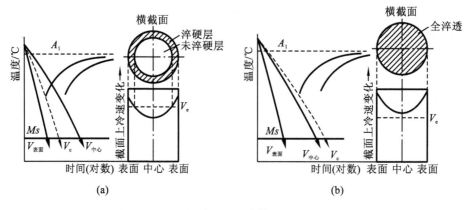

图6.6 不同钢淬火时零件截面上的组织变化
(a)未淬透;(b)淬透

淬透性与淬硬性是两个不同的概念,不可混淆。钢的淬硬性是指钢淬火后能够达到的最高硬度。它主要取决于马氏体的碳质量分数(见表6.2),而淬透性主要取决于溶入奥氏体中合金元素的含量。淬透性好的钢,它的淬硬性不一定高。如高碳工具钢与低碳合金钢相比,前者淬硬性高但淬透性低,后者淬硬性低但淬透性高。

表6.2 钢的马氏体和半马氏体组织的硬度与碳质量分数的关系

碳质量分数/(%)	马氏体硬度/HRC	碳钢半马氏体硬度/HRC	合金钢半马氏体硬度/HRC
0.1	20~30	—	—
0.2	39~46	32	32~37
0.3	49~55	35	35~40

续表

碳质量分数/(%)	马氏体硬度/HRC	碳钢半马氏体硬度/HRC	合金钢半马氏体硬度/HRC
0.4	54～60	39	39～44
0.5	58～62	44	44～49
0.6	61～64	47	47～52
0.7	62～66	51	51～56
0.8	63～67	53	53～58
0.9	64～67	54	54～59
1.0	65～67	—	—

6.3.2 影响钢淬透性的因素

钢的淬透性主要与其临界冷却速度（C曲线的位置）有关，临界冷却速度越小，C曲线的位置越右下移，钢的淬透性就越大。影响钢的淬透性的主要因素是奥氏体成分和奥氏体化的条件。

1. 奥氏体成分

除Co外，凡是能溶入奥氏体的合金元素均能增加过冷奥氏体的稳定性，使C曲线右移，钢的临界冷却速度越小，淬透性越好。

2. 奥氏体化条件

若奥氏体化温度越高，保温时间越长，钢中奥氏体成分越均匀，过冷奥氏体越稳定，使C曲线右移，临界冷却速度越小，淬透性越高。

6.3.3 淬透性的测定

测定钢的淬透性的常用方法有末端淬火法和临界直径法。末端淬火法是 W.E.Joming 提出的，也叫 Joming 法。根据 GB 25—1988，用标准尺寸的端淬试样（$\phi 25 \times 100$ mm），经奥氏体化后，对其端面喷水冷却，如图6.7(a)所示。冷却后沿轴线方向测出硬度-距水冷端距离的关系曲线，即淬透性曲线，如图6.7(b)所示。根据图6.7(b)、(c)所示曲线，还可找出钢的半马

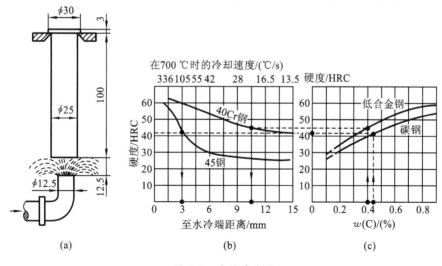

图 6.7 末端淬火法

(a)末端淬火法；(b)淬透性曲线；(c)半马氏体区硬度与钢中含碳量的关系

氏体区与水冷端的距离。该距离越大,钢的淬透性越好。例如,40Cr、45 两种钢的半马氏体区与距水端的距离分别是 10.5 mm、3 mm,即 40Cr 钢的淬透性高于 45 钢的淬透性。

临界淬透直径法将钢做成一组各种不同直径的圆棒试样,按规定的条件淬火以后,找出其中截面中心组织恰好是含 50% 马氏体组织的那根试样,该试样的直径就称为临界淬透直径,以 D_0 表示。表 6.3 所示的为部分常用钢的临界淬透直径。在同一介质中,钢的临界淬透直径越大,则钢的淬透性越好。

表 6.3 部分常用钢的临界淬火直径

钢号	半马氏体硬度/HRC	20~40℃水 D_0/mm	40~80 ℃矿油 D_0/mm
35	38	8~13	4~8
45	42	13~16.5	5~9.5
60	47	11~17	6~12
T10	55	10~15	<8
65Mn	53	25~30	17~25
20Cr	38	12~19	6~12
18CrMnTi	37	22~35	15~24
40Cr	44	30~38	19~28
35CrMo	43	36~42	20~28
60Si2Mn	52	55~62	32~46
60CrVA	48	55~62	32~40
38CrMoAlA	44	100	80

6.3.4 淬透性曲线的应用

淬透性曲线对于选材、预测钢的组织与性能、制定合理的热处理工艺有重要的实用价值。根据淬透性曲线可对不同钢种的淬透性进行比较、推算出钢的临界淬火直径,确定钢件截面上的硬度分布情况等。

1. 确定临界淬透直径

以 40Cr 钢为例。首先,在图 6.7 中依据碳含量找出 40Cr 钢的至水冷端距离为 10.5 mm。然后,在图 6.8 的上图(圆棒在静水中淬火)中找到距水冷端距离 10.5 mm,向上作垂线与中心曲线交点向左作水平线交于纵坐标轴一点 45 mm。此值就是 40Cr 钢理论计算的临界淬透直径。

2. 推算不同直径钢棒截面上的硬度分布曲线

以 45Mn2 钢 ϕ50 mm 的轴水淬为例,求其截面上的硬度分布曲线。首先在图 6.8 中找到 ϕ50 mm 钢棒水淬时的表面、3R/4、R/2、中心相当于距水冷端的距离分别是 1.5 mm、5.6 mm、9 mm、12 mm。再由 45Mn2 钢的淬透性曲线(见图 6.9),得出与水淬后各部位的相应硬度值分别为 55HRC、52HRC、40HRC、32HRC;最后画出硬度分布图曲线图,如图 6.10 所示。

3. 选择钢种及热处理工艺

钢的淬透性是选择材料的重要依据之一。依据工艺要求,合理地选择材料的淬透性,可以充分发挥材料的潜力,防止热处理变形、开裂,提高材料使用寿命。常用钢材的淬透性曲线和临界淬透性直径可查《合金钢手册》和《钢的淬透性手册》。

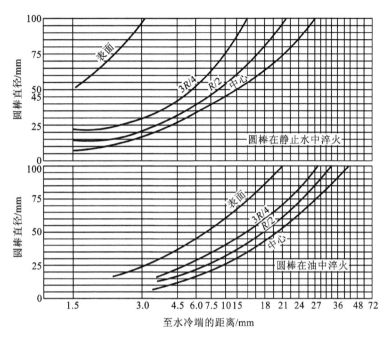

图 6.8 淬透试样各点与不同直径对应位置冷速的关系

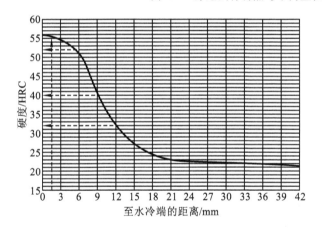

图 6.9 45Mn2 钢的淬透性曲线

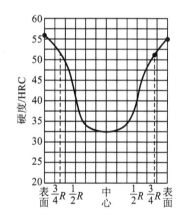

图 6.10 ϕ50 mm 的 45Mn2 钢水淬后的硬度分布曲线

6.4 淬火钢的回火

回火就是把经过淬火的零件重新加热到低于 A_1 的某一温度,保温适当时间后,冷却到室温的热处理工艺。

6.4.1 回火的目的

钢在淬火后一般很少直接使用,因为淬火后的组织是马氏体和残余奥氏体,它们是不稳定的组织,在室温下会缓慢分解并产生体积的变化,性能也会发生变化;马氏体虽然强度、硬度高,但塑性差,脆性大;此外,淬火过程会引起较大的内应力,在内应力作用下容易产生变形和开裂。因此,淬火后的零件必须进行回火才能使用。回火的作用就是创造一定的条件达到以下目的:①消除或降低内应力,降低脆性,防止变形和开裂。②稳定组织,稳定尺寸和形状,保证零件使用精度和性能。③通过不同回火方法,来调整零件的组织,获得强度、硬度和塑性、韧度的适当配合,满足各种工件不同的性能要求。

6.4.2 回火过程的组织转变

钢淬火后得到的马氏体和残余奥氏体在室温下都处于亚稳定状态,它们都有转变为稳定的铁素体和渗碳体的趋势。但在室温时这种转变很慢,回火将促进这种转变。随着回火温度升高和时间延长,将发生以下组织转变过程。

回火温度为 100～300 ℃,淬火马氏体发生分解,即从淬火马氏体内部会析出极细小的 ε 碳化物(分子式为 $Fe_{2.4}C$)薄片,马氏体的过饱和度有所减小,这种混合组织称为回火马氏体。与淬火马氏体相比,回火马氏体仍保持着淬火马氏体的高硬度(58～62HRC)和高耐磨性,但降低了淬火应力和脆性。回火温度为 200～300 ℃,残余奥氏体也发生分解,分解产物与过冷奥氏体在此温度范围内的产物相同,为下贝氏体或回火马氏体。

回火温度为 300～500 ℃,ε 碳化物($Fe_{2.4}C$)转变为细粒状渗碳体(Fe_3C),过饱和 α 固溶体中的含碳量恢复到正常饱和状态,但铁素体仍保留马氏体的片状或板条状形态。最终得到铁素体基体与大量弥散分布的细粒状渗碳体的混合组织,称为回火托氏体。

回火温度为 500～650 ℃,渗碳体聚集长大成尺寸较大的粒状渗碳体;铁素体形态由原片状或板条状转变成为多边形状。最终得到粒状渗碳体和铁素体基体的混合组织,称为回火索氏体。

6.4.3 回火过程的性能变化

淬火钢回火可消除淬火应力,并发生一系列组织转变。这些变化的综合结果使钢回火后性能变化总的规律是,随着回火温度的升高,钢的硬度、强度下降,而塑性、韧度提高。

钢的韧度随回火温度的上升而总体呈提高趋势,但在 250～350 ℃ 和 500～650 ℃ 两个温度范围内,出现明显的下降,如图 6.11 所示。这种随回火温度的提高而出现韧度下降的现象,称为钢的回火脆性。

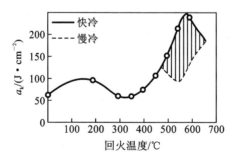

图 6.11 钢的韧度随回火温度变化图

出现在 250～350 ℃ 温度范围内的回火脆性,称为第一类回火脆性或低温回火脆性。几乎所有的钢都会出现这种脆性,而且很难消除。因此,淬火钢一般不在 250～350 ℃ 温度范围回火。

出现在 500～650 ℃ 温度范围内的回火脆性称为第二类回火脆性或高温回火脆性。一般认为此类脆性的原因与回火慢冷时 Sb、Sn、As、P 等杂质元素在晶界上偏析或以化合物形式析出有关。防止此类回火脆性,除了回火后采取较快速度冷却外,钢中加入 Mo、W 等合金元素可以有效抑制这类回火脆性的产生。

6.4.4 回火的种类及应用

根据回火温度的不同,回火方法主要有以下三种。

1. 低温回火

回火温度为150～250 ℃,回火后的组织为回火马氏体(过共析钢还有碳化物)。低温回火的主要目的是降低零件的淬火应力和脆性,而保持高硬度和高耐磨性。它主要用于各种齿轮、刃具、量具、冷冲压模具、滚动轴承和渗碳工件等。

2. 中温回火

回火温度为350～500 ℃,回火后的组织为回火托氏体。这种组织具有高的弹性极限和屈服强度,并具有一定的韧度,硬度一般为 35～45 HRC。主要用于处理弹簧等各类弹性元件和热锻模等。

3. 高温回火

回火温度为500～650 ℃,回火后的组织为回火索氏体。回火索氏体综合力学性能最好,即强度、塑性和韧度都比较好,硬度一般为 25～35HRC。广泛用于各种重要的机器结构件,特别是受力情况复杂的重要零件,如各种轴类、齿轮、连杆等。也可作为某些精密工件如量具、模具等的预先热处理,以获得均匀组织、减小淬火变形,为后续的表面淬火、渗氮等作好组织准备。生产中习惯上把淬火和高温回火相结合的热处理方法称为调质处理。

钢在 250～350 ℃回火时会产生回火脆性现象,应避免在此温度区间回火。

6.5 整体热处理新技术

随着工业生产和科学技术的发展,以及生产实际的需求,热处理技术得到很大的发展,出现了许多新的热处理工艺方法。新工艺方法的出现主要是为了进一步提高零件力学性能,挖掘材料的潜力;减少氧化和脱碳,改善表面质量;节约能源,降低成本,提高经济效益;以及减少或防止环境污染等。在此仅简要介绍以下几种整体热处理技术。

6.5.1 可控气氛热处理

在炉气成分可控制的炉内进行的热处理称为可控气氛热处理。把燃料气(天然气、城市煤气、丙烷)与一定比例空气混合后,通入发生器进行加热,或者靠自身的燃烧反应而制成的气体,也可用液体有机化合物(如甲醇、乙醇、丙酮等)滴入热处理炉内所得到的气体组成热处理的气氛,根据炉气的特性,可分为渗碳性气氛、还原性气氛和中性气氛等。可控气氛热处理用于保护气氛淬火和退火,也用于表面化学热处理等。

可控气氛热处理的技术经济优点是:能减少和避免钢件在加热过程中氧化和脱碳,节约钢材;可实现光亮处理,保证工件尺寸精度;可进行控制表面碳浓度的渗碳和碳氮共渗;可使已脱碳的工件表面复碳等等。

6.5.2 真空热处理

在环境压力低于正常大气压以下的减压空间中进行加热、保温的热处理工艺称为真空热处理。真空热处理具有如下优点。①可以减少变形。工件在真空中主要依靠辐射方式进行传热,升温速度很慢,工件截面温差小,工件变形小。②可以净化表面。在高真空中,表面的氧化物、油污发生分解,可获得光亮的工件表面,提高耐磨性、疲劳强度,防止工件表面氧化。③脱气作用。在真空热处理过程中,金属零件内外具有压差,溶解在金属中的气体会向金属表面进行扩散,并在表面脱附逸出,这有利于提高钢的韧度,提高工件的使用寿命。真空热处理工艺主要应用在以下几方面。

1. 真空退火

金属在进行真空热处理时,既可避免氧化,又有脱气、脱脂等作用。所以真空退火用于钢、铜及其合金,以及与气体亲和力强的钛、钽、铌、锆等合金。例如,硅钢片的真空退火可除去大部分气体和氮化物、硫化物等,可以消除应力和晶格畸变,甚至可以提高磁感应强度。结构钢、碳素工具钢等零件采用真空退火,均可获得满意的光亮度。钛及钛合金进行真空退火,可以消除极易与钛产生化学反应的各种气体和挥发性有机物的危害,并可获得合金的光亮表面。

2. 真空淬火

在真空中进行加热淬火已广泛应用于各种钢材和钛、镍、钴基合金等,真空淬火后钢件硬度高且均匀,表面光洁,无氧化脱碳,变形小。在真空加热时的脱气作用还可以提高材料的强度、耐磨性、抗咬合性和疲劳强度,使工件寿命提高。例如,模具经真空淬火后寿命可提高40%以上,搓丝板的寿命可提高 4 倍。淬透性小或截面较大的工件,适应采用真空淬火,油作为其冷却介质,而易淬透的零件可采用氮气淬火。

6.5.3 形变热处理

形变热处理是将材料塑性变形与热处理结合起来,同时发挥材料形变强化和相变强化作用的综合热处理工艺。这种工艺不仅可以获得比普通热处理更优异的强韧度,而且能省去热处理重新加热工序,简化生产流程,节约能源,具有较高的经济效益。

形变热处理对钢的强韧度来源于三方面原因:①在塑性变形过程中细化了奥氏体晶粒,从而使热处理后的组织为细小马氏体;②奥氏体在塑性变形时形成大量的位错,并成为马氏体转变核心,促使马氏体转变量增多并细化,同时又产生大量新的位错,使位错的强化效果更显著;③形变热处理中高密度位错为碳化物析出的高弥散度提供有利条件,产生碳化物弥散强化作用。

根据形变与相变的相互关系,形变热处理有相变前形变、相变中形变和相变后形变三种基本类型。下面就相变前变形热处理做简要介绍。

相变前形变热处理可分为高温形变热处理和低温形变热处理等两类。

1. 高温形变热处理

它是将钢件加热到 Ac_3 以上,在奥氏体区内进行塑性变形,在奥氏体转变前先进行塑性变形,变形后立即进行淬火使之发生马氏体转变并回火至所需的性能,其工艺如图 6.12 所示。高温形变热处理质量稳定,工艺简化,可减少工件的氧化、脱碳和变形,适用于形状简单的零件和工具的热处理,如连杆、曲轴、模具和刀具等。由于形变温度远高于钢的再结晶温度,形变强化的效果易于被高温再结晶所削弱,故应严格控制变形后至淬火前的停留时间,形变后要立即淬火冷却。淬火后根据性能要求,还需进行低温回火、中温回火或高温回火。

2. 低温形变热处理

低温形变热处理是将钢加热到奥氏体区域后急冷至珠光体与贝氏体形成温度范围内(在

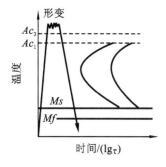
图 6.12 高温形变热处理工艺曲线

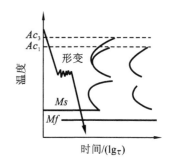
图 6.13 低温形变热处理工艺曲线

450~600 ℃),对过冷奥氏体进行大量塑性变形(变形量为 70%~80%),然后再进行淬火和低温回火的热处理工艺(见图 6.13)。低温形变热处理主要用于要求高强度和高耐磨性的零件和工具,如飞机起落架、高速切削刃具、模具和重要的弹簧等。它要求钢材具有较高的淬透性和较长的孕育期,如合金钢、模具钢。但由于变形温度较低,钢的形变抗力增大,故需用大功率的设备进行塑性变形。

第 7 章　材料的表面改性处理

【引例】　齿轮是工业生产中用来传递动力的零件,在交变载荷、冲击载荷以及摩擦条件下工作。图 7.1 所示的是一对相互啮合的齿轮,它们的表面承受着比心部更高的应力,而且相对运动部位在接触面还不断地受到磨损和接触疲劳破坏。因此,这类零件的表层必须具有高的强度、硬度、耐磨性及疲劳极限,而心部仍应保持足够的韧度以抵抗冲击载荷。通过整体热处理方法已无法满足它们的性能要求。鉴于以上情况,有必要对材料的表面进行特殊的强化或防护处理(或称为表面改性处理),以提高其表面硬度、耐磨性、耐蚀性,防止或减轻表面损伤,提高零件的可靠性和使用寿命。那么,有哪些方法能提高这类零件的表面质量,解决零件表层具有高硬度、高耐磨性而心部仍保持足够的韧度的矛盾呢?这些方法又是怎么解决这些矛盾的?这些方法有哪些特点和应用呢?

图 7.1　相互啮合的齿轮

本章介绍的材料表面改性处理技术旨在解决上述问题。表面改性技术运用各种物理的、化学的、冶金的以及机械的技术和方法,使材料表面获得与基体不同的化学成分、组织结构、性能或者外观,从而使表面和基体达到最佳的性能配合。按照作用原理,表面改性技术可分为以下三类。

(1) 表面处理技术　表面处理技术是通过加热或者机械处理,在不改变表层化学成分的前提下,使其组织结构发生变化,从而改变其性能的技术。常用的表面处理技术包括表面淬火热处理和表面形变强化技术。

(2) 表面扩渗技术　表面扩渗技术是将活性原子渗入或者离子注入金属表面层,改变金属表面层的化学成分,进而改变表面层组织和性能的工艺方法。这类表面改性技术包括化学热处理和离子注入技术等。

(3) 表面镀覆技术　表面镀覆技术是在材料表面上形成一层与基体材料的化学成分和组织结构几乎完全不同的涂覆层的工艺方法。这类表面改性技术包括化学溶液沉积、气相沉积、热喷涂和涂装等。这些方法将零件的表面用其他金属或非金属镀覆后,可赋予零件表面强烈的光和热的反射性、表面着色装饰性、耐磨、耐蚀及其他电、磁功能之效果。

7.1　表面淬火与表面形变强化

7.1.1　表面淬火

表面淬火热处理是通过对零件表面快速加热及快速冷却使零件表层获得马氏体组织,而不改变其成分的表面热处理工艺。依加热方式,表面淬火可分为感应加热表面淬火、火焰加热表面淬火和高能束(激光和电子束)加热表面淬火等。

1. 感应加热表面淬火

1) 感应加热表面淬火的基本原理

如图 7.2 所示,感应线圈中通以交流电,即在其内部和周围产生一个与电流相同频率的交变磁场。若把工件置于磁场中,则在工件内部产生感应电流,并由于电阻的作用而被加热。由于交流电的集肤效应,靠近工件表面的电流密度大,而中心几乎为零。工件表面温度快速升高到相变点以上,而心部温度仍在相变点以下。感应加热后,采用水、乳化液或聚乙烯醇水溶液喷射淬火,表层即可获得马氏体组织,然后进行 180~200 ℃低温回火,以降低淬火应力,并保持高硬度和高耐磨性。

2) 感应加热淬火的频率选择

根据电流频率的不同,感应加热表面淬火可分为三类。

(1) 高频感应加热表面淬火 常用电流频率为 80~1000 kHz,可获得 0.5~2 mm 厚的表面硬化层。常用于中小模数的齿轮或小轴等零件的淬火。

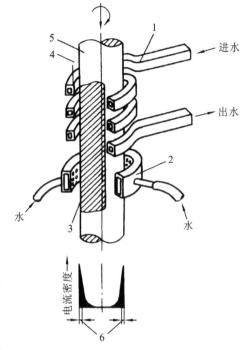

图 7.2 感应加热示意图
1—加热感应圈;2—淬火喷水套;
3—加热淬火层;4—间隙;5—工件

(2) 中频感应加热表面淬火 常用电流频率为 2500~8000Hz,可获得 3~6 mm 厚的表面硬化层。常用于中等模数的齿轮或较大尺寸的轴等零件的淬火。

(3) 工频感应加热表面淬火 常用电流频率为 50Hz,可获得 10~15 mm 厚的表面硬化层。常用于大模数的齿轮或大尺寸的轴等零件的淬火。

电流频率越高,感应电流透入深度越浅,加热层也越薄。因此,生产中选择不同频率可以得到不同工件所要求的淬硬层深度。

3) 感应加热表面淬火的特点

与普通淬火相比,感应加热表面淬火的主要优点是:加热温度高(Ac_3 以上 80~150 ℃)、加热速度快,没有保温时间,因而晶核多、不易长大,淬火组织细,淬火硬度比普通淬火高 2~3HRC;表面层淬得马氏体后比容增大,在工件表面层会造成较大的残余压应力,显著提高工件的疲劳强度;由于内部未加热,工件的淬火变形小;加热温度和淬硬层厚度容易控制,便于实现机械化和自动化。

2. 火焰加热表面淬火

火焰加热表面淬火是用乙炔-氧或煤气-氧等火焰加热工件表面,进行淬火的热处理工艺。如图 7.3 所示。火焰加热表面淬火与高频感应加热表面淬火相比,具有设备简单,成本低等优点。但生产效率低,零件表面存在不同程度的过热,质量控制比较困难。因此主要适用于单件、小批量生产及大型零件(如大型齿轮、轴、轧辊等)的表面淬火。

3. 激光和电子束表面淬火

激光表面淬火和电子束表面淬火是利用激光器产生的高功率密度(10^3~10^5 W/cm^2)的激光束或者电子枪发射的电子束照射、轰击工件表面而使表面温度迅速升高,再利用工件自身的导热性将热量从表面传向心部而达到自激冷冲击淬火的工艺方法。例如,43CrMo 钢电子束

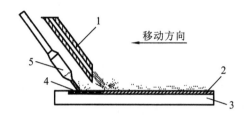

图 7.3 火焰加热表面淬火示意图
1—喷水管;2—淬硬层;3—工件;4—加热层;5—烧嘴

表面淬火,当电子束功率为 1.8 kW 时,其淬硬层深度达 1.55 mm,表面硬度为 606 HV。

激光表面淬火和电子束表面淬火得到的马氏体组织极细,比普通淬火的具有更高的硬度和耐磨性。由于光束的移动性,高能束淬火能对复杂工件的沟槽、盲孔底部和拐角等处进行硬化处理。电子束热处理的加热效率比激光的高,但需要在真空下进行,可控制性也较差,而且要注意 X 射线的防护。

4. 表面淬火的应用

表面淬火一般适用于中碳钢和中碳低合金钢,如 45、40Cr、40MnB 等材料制造的齿轮、轴类零件等的热处理。这些钢经预先热处理(调质处理或正火)后再表面淬火和低温回火。处理后的工件表层为回火马氏体组织,具有较高的硬度和耐磨性;而心部仍保留回火索氏体(或铁素体+珠光体),具有较高的综合力学性能。另外,铸铁也是适合于表面淬火的材料。

例 7.1 用 40Cr 钢制造模数为 3 的齿轮,其加工工艺路线为:下料(棒料)→锻造毛坯→热处理 1→粗加工齿形→热处理 2→精加工齿形→热处理 3→磨削。请说明各热处理工艺的名称、目的、加热温度范围及冷却方式,并说明各热处理工序在加工工艺路线中位置安排的理由。

解 热处理 1:安排在锻造之后,粗加工之前,应是预备热处理,其目的是消除锻造的缺陷,均匀化和细化组织,消除内应力,调整硬度,改善切削加工性能。达到此目的可采用完全退火或正火,由于所用材料为 40Cr 中碳合金钢,根据含碳量可以确定为正火。加热温度为 Ac_3 30~50 ℃,保温后空冷。

热处理 2:齿轮工作时承受冲击,要求轮齿根部的综合力学性能高。热处理 2 应为调质处理,因为钢的淬透性有限,调质处理组织的深度是一定的,为了避免把宝贵的调质处理组织层切除,调质处理应放在粗加工之后进行,后续精加工是为了修正调质处理引起的变形。淬火加热温度为 Ac_3+30~50 ℃(约 850 ℃),保温后油冷(40Cr 为合金钢),淬火后进行高温(约 500 ℃)回火。

热处理 3:齿轮工作时轮齿表面承受摩擦和挤压,要求轮齿表面有高的硬度。热处理 3 应为表面淬火,并随后进行低温回火(由于所用材料为中碳钢,不应采用渗碳处理)。热处理 3 后工件表面硬度很高,难于切削加工,所以应安排在精加工之后进行,最后的尺寸精度由磨削来完成。表面淬火可采用感应加热淬火,淬火加热温度为 Ac_3+80~150 ℃,实际温度由通电加热时间来控制。加热后水溶液喷射淬火,回火温度为 180~200 ℃。生产中也可以采用自回火,即在工件淬火冷却到 200 ℃ 左右时停止喷水,利用工件内部的余热来达到回火的目的。

7.1.2 表面形变强化

表面形变强化处理是利用机械能使工件表层产生冷塑性变形,引起加工硬化,造成表面残余压应力,从而提高表面层的强度和硬度的工艺方法。目前常用的方法有喷丸、滚压和内孔挤压等表面形变强化工艺。

以喷丸强化为例,它是将高速运动的弹丸流(如铸铁丸、钢丸或玻璃丸等)连续向工件喷射,使工件表面层产生强烈的塑性变形与加工硬化,强化层内位错密度剧增、晶粒破碎细化;由于表面塑性变形、尺寸变化,造成表面残余压应力,并可清除氧化皮,有效地提高零件的疲劳强度和腐蚀抗力。

表面形变强化工艺成为提高工件疲劳强度、延长使用寿命的重要工艺措施,已广泛用于弹簧、齿轮、链条、叶片、火车车轴、飞机零件等,特别适用于有缺口的零件、零件的截面变化处、圆角、沟槽及焊缝区等部位的强化。

7.2 表面化学热处理

化学热处理是将钢件置于一定温度的特定介质中保温,使介质中的活性原子渗入其表层,从而改变表层化学成分和组织,使表层获得与心部不同性能的热处理工艺。与表面淬火不同的是化学热处理同时改变了零件表层的组织和化学成分。

化学热处理包括加热、分解、吸收和扩散四个基本过程。加热——将工件加热到有利于吸收渗入元素活性原子的温度;分解——进入炉内的化合物分解生成具有渗入能力的活性原子;吸收——吸附在工件表面的活性原子渗入铁的晶格间隙;扩散——渗入原子由表层向内部扩散形成一定厚度的扩散层。根据渗入元素不同,化学热处理有渗碳、渗氮、渗硼、多元共渗和渗金属等。下面介绍几种工业生产中常用的化学热处理方法。

7.2.1 渗碳

渗碳是将低碳钢件放入渗碳介质中加热、保温,使碳原子渗入钢件表层的化学热处理工艺。

1. 渗碳方法

常用的渗碳方法有气体渗碳和固体渗碳两种。

1) 气体渗碳

采用液体或气体碳氢化合物(如煤油、丙酮、甲苯及甲醇等)作为渗碳剂。常用的滴注式气体渗碳法是将工件置于密封的加热炉中,如图7.4所示,密封后加热到900~950 ℃,滴入渗碳剂,分解形成含有CO、CH_4、少量H_2和CO_2的渗碳气氛,通过下列反应产生活性碳原子,吸附在工件表面并向钢的内部扩散而进行渗碳。

$$CH_4 \rightarrow 2H_2 + [C] \quad (7.1)$$
$$2CO \rightarrow CO_2 + [C] \quad (7.2)$$
$$CO + H_2 \rightarrow H_2O + [C] \quad (7.3)$$

气体渗碳生产效率高,渗碳层的质量好,渗碳过程容易控制,是目前最常用的渗碳方法。

2) 固体渗碳

将工件置于填满固体渗碳剂(木炭)和催渗剂(如碳酸钡)的

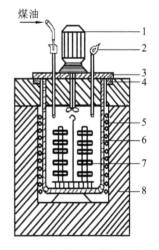

图7.4 气体渗碳装置示意图

1—风扇电动机;2—废气火焰;
3—炉盖;4—砂封;5—电阻丝;
6—耐热罐;7—工件;8—炉体

箱内密封，加热到 900～950 ℃，保温渗碳。在此高温下，木炭与氧气反应及碳酸钡分解，在工件接触表面得到活性碳原子[C]，其主要反应如下。

$$BaCO_3 \longrightarrow BaO + CO_2 \tag{7.4}$$

$$CO_2 + C \longrightarrow 2CO \tag{7.5}$$

$$2CO \longrightarrow CO_2 + [C] \tag{7.6}$$

随后，活性碳原子[C]被工件表面吸收，通过扩散渗入工件表面形成渗碳层。固体渗碳的优点是设备简单（密封箱），操作容易，但生产效率低，劳动条件差，质量不易控制，目前的应用没有气体渗碳的多。

2. 渗层的成分与缓冷后的组织

渗碳用钢为碳质量分数为 0.1%～0.25% 的低碳钢和低碳合金钢，如 20、20Cr、20CrMnTi、20CrMnMo、18Cr2Ni4W 等，以保证心部韧度。渗碳后的表层碳质量分数为 0.85%～1.05%，而心部保持低碳成分。缓冷到室温的显微组织如图 7.5 所示，表层为 P+Fe_3C_{II} 的过共析组织，心部为 F+P 的亚共析组织，中间为过渡区。这种组织仍然不能满足高硬度与高耐磨性的要求，还需进行淬火与低温回火处理才能使用。

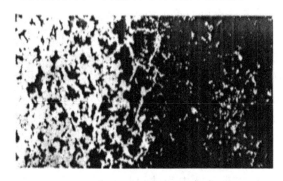

图 7.5 低碳钢渗碳缓冷后的显微组织

3. 渗碳后的热处理

为了满足零件表面高硬度、耐磨性，而心部高韧度的要求，渗碳后，一定要进行淬火与 150～200 ℃ 低温回火处理。渗碳后的淬火采用图 7.6 所示的三种方法。

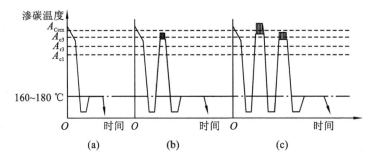

图 7.6 渗碳后的热处理示意图
(a)直接淬火；(b)一次淬火；(c)二次淬火

1）直接淬火

如图 7.6(a)所示，渗碳后直接淬火，由于渗碳温度高，奥氏体晶粒长大，淬火后马氏体较粗，残余奥氏体也较多，所以直接淬火只适用于本质细晶粒钢。为了减少淬火时的变形，渗碳后常将工件预冷到 830～850 ℃后淬火。

2) 一次淬火

如图 7.6(b)所示,在渗碳缓慢冷却之后,重新加热到临界温度以上保温后淬火。当心部组织要求高时,一次淬火的加热温度略高于 Ac_3。而对于受载不大但表面性能要求较高的零件,淬火温度应选用 Ac_1 以上 30～50 ℃,使表层晶粒细化,而心部组织无大的改变。

3) 二次淬火

如图 7.6(c)所示,对于力学性能要求很高或本质粗晶粒钢,应采用二次淬火。第一次淬火改善心部组织,加热温度为 Ac_3 以上 30～50 ℃。第二次淬火细化表层组织,获得细马氏体和均匀分布的粒状二次渗碳体,加热温度为 Ac_1 以上 30～50 ℃。

经过渗碳、淬火、回火后,心部为低碳回火马氏体(对于淬透性较低的低碳钢为珠光体和铁素体),表层为细小的高碳回火马氏体和碳化物,硬度高达 58～64 HRC 以上,耐磨性高。

一般渗碳零件的工艺路线为

锻造→正火→机械加工→渗碳→淬火→低温回火→精磨

7.2.2 渗氮

渗氮俗称氮化,是把钢件置于含氮气氛中加热到 500～590 ℃,保温一定时间,使活性氮原子渗入工件表层的热处理工艺。常用气体渗氮方法是将工件放入通有氨气(NH_3)的渗氮炉中,加热到使氨气分解出活性氮原子[N],吸附在工件表面并向钢的内部扩散形成渗氮层。

1. 渗氮的种类

根据渗氮的目的不同,有抗磨渗氮和抗蚀渗氮之分。

抗磨渗氮应用最广泛是 38CrMoAl 钢渗氮,其次是 35CrMo 钢渗氮。在这些钢中除了 Fe 的晶格间隙中可以溶入一定的 N 原子,与 N 原子形成氮化物外,钢中 Cr、Mo、Al 等元素都可以与 N 原子形成高度弥散、硬度很高的稳定氮化物(CrN、MoN、AlN)分布在渗氮层中,硬度可达 1000～1200 HV,(相当于 72 HRC),很耐磨。抗蚀氮化层厚度一般为 0.15～0.6 mm,渗氮时间为 10～80 h,渗氮温度为 550～570 ℃。

抗蚀渗氮的渗氮温度为 590 ℃左右,在零件表面形成一层耐蚀的、薄而致密的 $Fe_{2,3}N$ 白亮层。抗蚀氮化层厚度一般为 0.015～0.06 mm,渗氮时间为 0.5～3 h。抗蚀氮化层有效提高了工件对水、湿气、过热蒸汽以及碱溶液的耐蚀性,但不耐酸液的腐蚀。

2. 渗氮用钢与热处理工艺路线

渗氮常用于中碳低合金钢 38CrMoAl、35CrMo 等的表面热处理,零件渗氮的工艺路线为:

锻造→正火(或退火)→粗加工→调质→精加工(消除应力退火)→渗氮→精磨或研磨

氮化前零件须经调质处理,目的是改善机加工性能和获得均匀的回火索氏体组织,保证较高的强度和韧度。对于形状复杂或精度要求高的零件,在渗氮前精加工后还要进行消除内应力退火,以减少氮化时的变形。

3. 渗氮的特点及应用

与其他表面热处理相比渗氮具有很高的硬度、耐磨性和耐热性,这是由于工件表层稳定氮化物硬度很高,且在 600 ℃左右时,硬度无明显下降,故其热硬性高;由于零件渗氮前进行了调质处理和消除应力退火,所以渗氮前零件基本没有残余应力。而且渗氮温度低,渗氮后又没有其他热处理,所以渗氮后的零件变形很小;由于渗氮层体积增大,所以工件表层产生了残余压应力,渗氮后钢的疲劳强度高;由于氮化物组织致密,化学稳定性高,所以渗氮零件还有很高的耐蚀性,可代替镀镍、镀锌、发蓝等处理。但是,渗氮工艺最大的缺点是时间长,成本高,氮化层薄而脆。

渗氮主要用于受冲击力小的、耐磨性和精度都要求较高的零件,或要求耐热、耐蚀的耐磨件的表面热处理,如镗床主轴、镗床镗杆,精密机床丝杆,发动机汽缸、排气阀,汽轮机阀门等的表面热处理。

7.2.3 碳氮共渗

碳氮共渗就是在钢件表面同时渗入碳原子和氮原子的化学热处理工艺。

碳氮共渗按使用介质的不同可分为固体、液体和气体碳氮共渗三类,按共渗温度的不同可分为高温碳氮共渗、中温碳氮共渗和低温碳氮共渗等三类。由于固体碳氮共渗和液体碳氮共渗用到剧毒的氰盐,高温碳氮共渗又以渗碳为主,故目前以中温气体碳氮共渗和低温气体碳氮共渗应用较广。

1. 中温气体碳氮共渗

在改进的气体渗碳炉中同时滴入煤油和通入氨气,共渗剂还可用煤气和氨气,甲醇、内烷和氨气,三乙醇胺和20%尿素等,在共渗温度820~860 ℃下,共渗剂发生化学反应产生活性碳原子、氮原子,渗入钢件表层并向内部扩散形成碳氮共渗层。一般零件的碳氮共渗保温时间为4~6 h,碳氮共渗层深度为0.5~0.8 mm。

经碳氮共渗后,还需要进行淬火和低温回火。中温碳氮共渗温度较渗碳温度低,故碳氮共渗后一般可直接淬火并低温回火,其表层组织为含碳、氮的回火马氏体,少量残余奥氏体和碳-氮化合物,具有较高的硬度;心部组织为低碳或中碳马氏体或非马氏体组织,具有一定的强度和韧度。

中温碳氮共渗与渗碳相比,具有加热温度低、零件变形小,渗层的硬度和耐磨性、疲劳强度较高,又有一定的抗蚀能力等特点。常用于处理低、中碳的碳钢和合金钢制造的各种齿轮、蜗轮蜗杆和轴类零件等。

2. 低温气体碳氮共渗

低温气体碳氮共渗以渗氮为主,又称气体软渗氮。采用尿素或甲酰胺为渗剂,直接送入气体渗碳炉中,在碳氮共渗温度500~570 ℃下,渗剂分解产生活性碳、氮原子并渗入钢件。与一般气体渗氮相比,需要的时间短,渗氮层具有一定韧度,但渗氮层较薄,一般仅为0.01~0.02 mm,硬度为570~680 HV(相当于54~60 HRC)。

低温气体碳氮共渗处理的钢件变形很小,精度无明显变化,并能提高钢件的耐磨性、疲劳强度、抗咬合及擦伤等性能,并且钢件表层具有一定的韧度,不易剥落。常用于模具、量具、刀具及其他耐磨钢件的表面处理。低温碳氮共渗缺点是,渗层较薄,不适用于重载荷下工作的零件,另外,还应注意碳氮共渗分解产生的某些气体具有一定毒性。

7.3 离子渗入及注入处理

7.3.1 离子渗入

离子渗入热处理是利用阴极(工件)和阳极间的辉光放电产生的等离子体轰击工件,使工件表层的成分、组织及性能发生变化的热处理工艺。

下面以离子渗氮介绍离子渗入工艺的原理。

离子渗入装置如图 7.7 所示。在真空室内,工件接高压直流电源的负极,真空钟罩接正极。将真空室的真空度抽到 66.67 Pa 后,充入少量氨气或 H_2、N_2 的混合气体。当电压调整到 400~800V 时,氨即电离分解成氮离子、氢离子和电子,并在工件表面产生辉光放电现象。正离子受电场作用加速轰击工件表面,使工件升温到渗氮温度,氮离子在钢件表面获得电子,还原成氮原子而渗入钢件表面并向内部扩散,形成渗氮层。

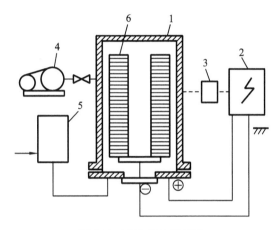

图 7.7 离子渗入示意图
1—真空容器;2—直流电源;3—测温装置系统;
4—真空泵;5—渗剂气体调节装置;6—待处理工件

离子渗氮表面形成的氮化层具有优异的力学性能,如高硬度、高耐磨性、高的韧度和疲劳强度等,并且离子渗氮零件的使用寿命能成倍提高。例如,W18Cr4V 刀具在淬火回火后再经 500~520 ℃ 离子氮化 30~60 min,使用寿命提高 2~5 倍。此外,离子渗氮节约能源,渗速是气体渗氮的 3~4 倍,渗氮气体消耗少,操作环境无污染。其缺点是,设备昂贵,工艺成本高,不宜于大批量生产。

离子渗氮可用于轻载、高速条件下工作的需要耐磨耐蚀的零件及精度要求较高的细长杆类零件,如镗床主轴、精密机床丝杠、阀杆、阀门等。

根据同样的原理,离子轰击热处理还可以进行离子碳氮共渗、离子硫氮共渗、离子渗金属等,在材料改性方面具有很大的发展前景。

7.3.2 离子注入

离子注入是利用加速器将需要注入的化学元素的原子电离成离子,获得高能量的离子轰击材料表面并强行注入,形成具有特殊功能渗层的技术。

离子注入机的结构如图 7.8 所示。离子注入时加速电压为 10~500 KEV,材料表面改性常用的离子有 N^+、C^+、B^+、P^+ 等,其基本过程是,在离子源形成的金属离子经过聚焦加速,形成离子束,并由质量分离器分离出所需离子,然后经过偏转、扫描等过程对工件进行轰击,利用电压梯度将离子加速射向工件表面,形成离子注入层,离子注入深度在 0.01~0.5 μm 之间。注入层一般为过饱和固溶度,有时也能获得非晶态结构或金属化合物。

离子注入可显著改善零件耐蚀性和抗疲劳能力、降低摩擦因数,大大提高金属的耐磨性,以及形成某些特殊功能。离子注入由于处理设备复杂、成本高,在生产中还没有推广应用。

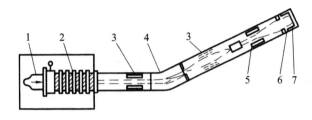

图 7.8 离子注入机的结构示意图
1—离子源；2—加速器；3—聚焦透镜；4—质量分离器
5—偏转和扫描系统；6—靶室；7—试样

7.4 气相沉积

气相沉积是通过物理的、化学的或物理化学的方法产生气体原子、离子或分子，直接沉积在基体材料上结合或凝固成固体膜的工艺方法。通常在工件表面覆盖一层 0.5～1.0 μm 的过渡族金属与 C、N、O 或 B 的化合物。气相沉积是气相-固相相变过程，遵守结晶规律和非晶化转变规律。气相沉积有物理气相沉积、化学气相沉积和物理化学气相沉积等三类。

7.4.1 物理气相沉积

物理气相沉积（PVD，physical vapour deposition）是在真空条件下，将放在真空室中的金属、合金或化合物，利用物理方法汽化为原子、分子或离子化为离子，直接沉积到基体表面形成

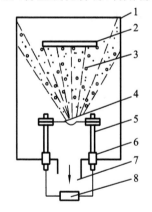

图 7.9 真空蒸镀原理图
1—蒸镀室；2—基片；
3—金属蒸气流；4—电阻蒸发源；
5—电极；6—电极密封绝缘；
7—排气；8—电源

膜或者涂层的方法。具体方法有真空蒸镀、溅射镀膜和离子镀等。真空蒸镀原理如图 7.9 所示。PVD 处理可在基体材料表面形成获得金属膜（或涂层）或者化合物膜（或涂层）。

PVD 处理可用于形成耐磨、耐蚀、耐热涂层、功能涂层和装饰涂层的处理。如在高速钢表面沉积 TiN、TiC 薄膜提高刀具的耐磨性，在塑料带沉积铁钴镍薄膜制作磁带等。

7.4.2 化学气相沉积

化学气相沉积（CVD，chemical vapour deposition）是将含有已被汽化的沉积元素的化合物、单质气体，使其在热基体（工件）表面产生化学反应而生成固体沉积薄膜的工艺方法。CVD 装置简图如图 7.10 所示，其基本原理是将含有涂层材料元素的反应介质置于较低温度下汽化，然后送入高温的反应室与工件表面接触产生高温化学反应，析出合金或金属及其化合物沉积于工件表面形成涂层。

CVD 法按主要特征进行综合分类，可分为热 CVD、低压 CVD、等离子体 CVD、激光（诱导）CVD、金属有机化合物 CVD 等，可沉积各种晶态或非晶态薄膜，所得沉积层纯度高，致密，与基体结合力强，而且设备和工艺操作简单。选择不同的基体材料、涂层材料，以及选择不同的工艺，可以得到许多特殊结构和特殊功能的涂层。目前主要用于制备绝缘体薄膜、导体和半

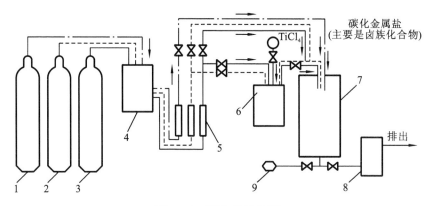

图 7.10 CVD 装置简图

1—反应调整器(碳化氢)瓶;2—非活性(N_2,Ar)瓶;3—活性气体(H_2)瓶;4—气体净化器;
5—流量计;6—蒸发装置;7—化学沉积反应室;8—废气处理;9—真空泵

导体薄膜,以及耐蚀和耐磨薄膜。

7.4.3 PVD 法与 CVD 法的比较

PVD 法与 CVD 法的特点比较如表 7.1 所示。

表 7.1 PVD 法与 CVD 法的特点比较

比较项目	PVD 法			CVD 法
	真空蒸镀	阴极溅射镀膜	离子镀膜	
镀膜材料	金属、合金、某些化合物(高熔点材料困难)	金属、合金、化合物、陶瓷、高分子	金属、合金、化合物、陶瓷	金属、合金、化合物、陶瓷
汽化方式	热蒸发	离子溅射、电离	蒸发、溅射、电离	单质、化合物、气体
沉积粒子能量/eV	原子、分子 0.1~1.0	主要为原子 1.0~10.0	原子、离子 30~1000	原子 0.1
基体温度/℃	零下至数百,一般为 200~600,不能超过 800			150~2000
镀膜沉积速度 /$\mu m \cdot min^{-1}$	0.1~75	0.01~2	0.1~50	0.5~50
镀膜致密度	较低	较高	高	最高
镀覆能力	烧镀性差,均镀性一般	烧镀性欠佳,均镀性较好	烧镀性、均镀性好	烧镀性、均镀性好
主要应用及其他特性	功能膜,装饰膜、耐蚀润滑膜。镀层结合力差,不用于耐磨件,设备简单,成本较低,可在金属、塑料、玻璃、陶瓷、纸上沉积	适用材料广泛,可大面积沉积,设备复杂,主要用于装饰及光电功能膜,也可用作耐蚀润滑膜	镀层结合力好,设备复杂,可在金属、塑料、玻璃、陶瓷、纸上沉积,用作耐蚀、耐磨及其他功能膜	镀层容易控制,适宜大批量生产,设备简单,用作耐蚀、耐磨、减磨、装饰、光学及其他功能膜,尽可在一定耐热性的金属及非金属上沉积

7.5 电镀和化学镀

7.5.1 电镀

电镀是利用直流电作用从电解液中析出镀敷金属,并在镀件表面沉积一层金属覆层的电化学方法,也称为槽镀。常用的有单金属电镀、合金电镀等,随着现代科学技术的发展,其镀层材料可以是金属、合金、半导体等,基体材料也由金属扩大到陶瓷、高分子材料等。

电镀的工作原理(以镀铜为例)如图7.11所示。在充入硫酸铜溶液的电镀槽中,放入分别接入直流源正负极的两洁净铜片,在外电场的作用下,阳极(接正极的铜片,即镀层金属)表面的铜原子失去电子,氧化成溶入溶液的铜离子;而运动到阴极(接负极的铜片,即被镀件)表面的铜离子却获得电子,还原成铜原子沉积在阴极表面形成铜镀层。

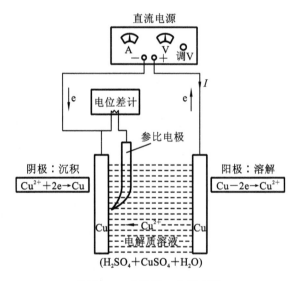

图 7.11 电镀的工作原理图

采用这种方法可以进行镀锌、镀锡、镀铬、镀镍、镀铜、镀锌锡合金等20多种单金属电镀、20种左右的合金电镀及复合电镀,不仅可以获得耐蚀、耐磨或具有其他功能的表面层,还可修复失效的零件。其主要局限性是,电镀液和蒸气污染环境,形状复杂零件不易得到均匀的镀层,电镀过程析出的氢引起氢脆和疲劳强度下降。

7.5.2 电刷镀

电刷镀是依靠一个与阳极接触的垫或刷提供电镀需要的电解液,电镀时,垫或刷在被镀的阴极上移动的一种电镀方法。

电刷镀使用专门研制的系列电刷镀溶液、各种形式的镀笔和阳极,以及专用的直流电源。电刷镀工作原理如图7.12所示。工作时,工件接电源的负极,镀笔接电源的正极,靠包裹着的浸满溶液的阳极在工件表面擦拭,溶液中的金属离子在零件表面与阳极相接触的各点上发生放电结晶,并随时间增长镀层逐渐加厚。由于工件与镀笔有一定的相对运动速度,因而对镀层上的各点来说,是一个断续结晶过程。

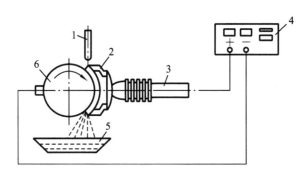

图 7.12　电刷镀工作原理图
1—注液管；2—阳极及包套；3—镀笔；4—电源；5—溶液；6—工件

电刷镀镀层的形成从本质上讲和槽镀的相同,都是溶液中的金属离子在负极(工件)上放电结晶的过程。但是,与槽镀相比,电刷镀中的镀笔和工件有相对运动,因而被镀表面不是整体同时发生金属离子还原结晶,而是被镀表面各点在镀笔与其接触时发生瞬时放电结晶。

电刷镀技术在工艺方面有其独特之处,其特点可归纳如下:设备便宜,轻便简单,不用镀槽,可在现场流动作业,特别适用于大重型零件现场就地修复;工艺灵活,操作方便,可沉积多种用途的单金属、合金镀层和复合镀层,不需要镀的部分不要用很多材料保护;环境污染小,刷镀溶液不含剧毒物,溶液的使用量少并可循环使用,产生的废液很少;刷镀质量高,水溶液操作,不会引起被修复工件的变形和内部组织的变化,镀层通常不需再机械加工;沉积速度快,最快时可达 0.05 mm/min,成本低。

7.5.3　化学镀

化学镀是将被镀工件放入含有镀层金属盐类的水溶液中,经氧化还原反应在工件表面沉积形成镀层的方法。化学镀是一个无外加电场的电化学过程,其基本原理是将被镀件置于镀液中,镀液中的金属离子获得从镀液的化学反应中产生的电子,在工件表面被还原、沉积,形成镀层。主要工艺参数有溶液成分、pH 值和反应温度。

例如,Ni-P 化学镀以次亚磷酸盐为还原剂,将镍盐还原成镍,同时使镀层具有一定量的磷,沉积的镍膜具有自催化性,可使反应继续进行下去。化学镀又称为自催化镀、无电解镀。采用 Ni-P 化学镀强化,既能提高零件表面的硬度和耐磨性,又能改善表面的自润滑性能,提高零件表面的抗擦伤能力和耐蚀性能,适于各种工模具和结构件的表面处理。

化学镀可获得单一金属镀层、合金镀层、复合镀层和非晶态镀层。与电镀相比,其均镀能力好,仿形性良好,镀层致密,设备简单,操作方便。复杂零件的化学镀,还可以避免热处理引起的变形。

7.6　表面涂覆处理

表面涂覆处理方法很多。表面涂覆处理包括热喷涂、堆焊、热镀、真空熔烧、重熔合金化、电火花强化、搪瓷、上釉等。加热方法有:常规速度加热方法,如真空熔烧、热镀;较高能量密度加热方法,如火焰喷涂、电弧喷涂、电火花强化;高能量密度加热方法,如等离子弧、激光束和电子束等。下面介绍两类常用方法。

7.6.1 热浸镀

热浸镀简称热镀,是一种早已使用、世界上目前仍然公认的金属制品表面防护最有效而经济实惠的工艺之一。该工艺将熔点高的被镀金属工件浸入低熔点熔融金属液中,在工件表面发生一系列物理和化学反应,取出冷却后在工件表面附着(凝固)一层固态金属涂层。

热浸镀主要用于提高工件的防护能力,提高零件的使用寿命。它通常以钢、铸铁和铜作为基体材料(被镀材料),用比基体金属的熔点低得多的金属及其合金,如锡、锌、铝、铅和 Al-Sn、Al-Si、Pb-Sn 合金等,作为镀层材料。锌是热浸镀工艺应用最多的镀层金属。将钢板、钢带和型钢热浸锌,形成防腐蚀涂层;薄钢板浸锡与电镀锌具有同样的性能,用于食品包装、制作容器及装饰等;浸铝可提高钢的耐热性、耐蚀性和抗氧化性。

7.6.2 热喷涂

热喷涂是采用一定热源将涂层材料加热到熔融或半熔融状态,再通过高速气流将其雾化成极细颗粒,然后喷射到经过预处理的工件表面上形成涂层的工艺方法。热喷涂的原理如图 7.13 所示。选用不同的涂层材料,可以获得耐磨损、耐腐蚀、抗氧化、耐热等方面的一种或多种性能涂层,也可以获得其他特殊性能的涂层。这些涂层不仅可以使普通材料制成的零件获得特殊的表面性能,延长零件的使用寿命,还可以对报废的零件进行修复和再制造。

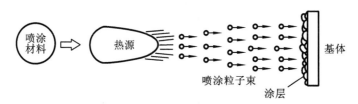

图 7.13 热喷涂原理图

与其他表面改性技术相比,热喷涂技术具有下列特点:基体材料不受限制,可在各种金属、陶瓷、玻璃、木材、塑料、石膏、布等材料上喷涂涂层;喷涂材料广泛,几乎所有的金属、陶瓷、塑料、金属和非金属矿物以及这些材料组合成的复合材料等固态工程材料;涂层广泛,可以制备单一种类材料的涂层,也可以把性能截然不同的两种以上的材料制备成具有优异综合性能,并满足导电、绝缘、辐射及防辐射等特殊功能要求的涂层;涂层厚度可控,可从几微米到几毫米。

根据喷涂使用的热源,热喷涂可分为火焰热喷涂、电弧热喷涂、等离子热喷涂、激光热喷涂等。

1. 火焰粉末热喷涂

火焰热喷涂采用氧-乙炔作为热源,根据喷涂材料的性状不同有火焰粉末热喷涂(见图 7.14)和火焰线材热喷涂等。火焰粉末热喷涂装置可以喷涂纯金属粉、合金粉、复合粉、碳化物粉、陶瓷粉或塑料粉末等;火焰线材热喷涂使用的材料主要是金属或合金线材。丝材的传送靠喷枪中空气涡轮或电动机带动,其转速可以调节,以控制送丝速度。火焰热喷涂设备轻便简单,可移动,价格低于其他喷涂设备的价格,经济性好,是目前喷涂技术中使用较广泛的一种方法。但是,火焰热喷涂也存在如喷出的颗粒速度较小,火焰温度较低,涂层的黏结强度及涂层本身的综合强度都比较低,且气孔率较高等明显不足。

2. 电弧热喷涂

电弧热喷涂是将两根被喷涂的金属丝作为自耗性电极,输送直流或交流电,利用丝材端部

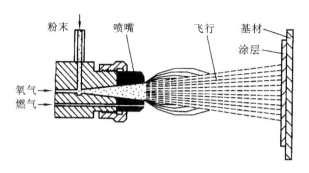

图 7.14 火焰粉末热喷涂

产生的电弧作热源来熔化金属,用压缩气流雾化熔滴并喷射到工件表面形成涂层的技术,如图 7.15 所示。该技术有生产效率高、能源利用率高、操作简便、维护容易、形成的涂层结合强度高于火焰热喷涂层的强度等优点。电弧热喷涂的明显不足是喷涂材料必须是导电的焊丝,因此只能使用金属丝和金属包覆的粉芯丝,限制了它的应用范围。另外,由于电弧热源温度高,造成元素的烧损量大于火焰热喷涂的烧损量,导致涂层硬度降低。

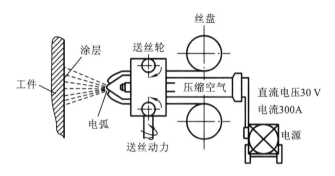

图 7.15 电弧热喷涂示意图

3. 等离子热喷涂

等离子热喷涂是以电弧放电产生的等离子体作为高温热源,将送入这个等离子体中的喷涂粉末加热至熔化或熔融状态,在等离子射流加速下获得很高的速度,喷射到工件表面形成涂层的技术。如图 7.16 所示。等离子温度高,可熔化目前已知的固体材料,喷射出的微粒具有高温、高速,形成的喷射涂层结合强度高、质量好。缺点是,等离子热喷涂设备投资大,成本也

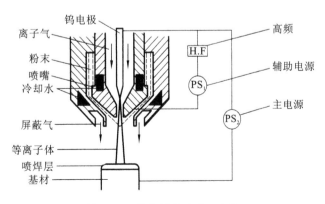

图 7.16 等离子热喷涂示意图

高;由于喷枪尺寸及喷距的限制,小口径孔内表面难以喷涂;高速等离子焰流会产生剧烈噪声、强光辐射和有害气体等。

4. 激光熔覆技术及激光热喷涂

激光熔覆也称激光包覆,是利用激光束照射(扫描)使被覆工件(基材)表层上的外加特殊性能材料完全熔化,而被覆工件表层微熔,冷凝后在基材表面形成一层低稀释度的包覆层,从而达到改善工件性能的工艺。根据熔覆材料的送料方式不同,激光熔覆技术可分为预置涂层法和同步送料法等两类。

激光熔覆原理示意图如图 7.17 所示。预置涂层法工艺过程如图 7.17(a)所示,是采用电镀、真空蒸镀、等离子喷涂、火焰喷涂、黏结等方法将要熔覆的金属粉末事先涂覆在基材表面,然后用激光重熔,获得与基材冶金结合的熔覆层;同步送料法工艺过程如图 7.17(b)所示,是在激光照射过程中,将粉末或条状、丝状纯金属或合金连续送入熔池内,经熔融、冷凝后形成熔覆层,其中用气体将粉末以一定角度吹入熔池的方法称为激光热喷涂。

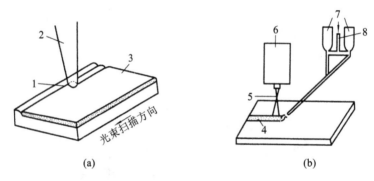

图 7.17　激光熔覆原理示意图
(a)预制涂层法;(b)同步送粉法
1—熔池;2,5—激光束;3—预制粉末层;4—熔覆层;6—激光器;7—送粉器;8—气体入口

激光熔覆与合金化类似,可根据要求在表面性能差的低成本材料(基材)上制成耐磨、耐蚀、耐热、耐冲击等各种高性能表面,来代替昂贵的整体高级合金,以节约贵重材料;包覆层组织细小,一般无气孔和空穴。此外,激光熔覆工艺还具有以下独到的优点:可控制稀释度,减少局部加热时的热变形,精确控制零件外形尺寸,可获得良好热结合性和精细淬火组织。

第 8 章 合 金 钢

【引例】 图 8.1 所示的是某汽车的变速箱。其中齿轮要求高硬度、高耐磨性和高韧度,选用低碳钢制造;传动轴要求高的综合力学性能,选用中碳钢制造。这是为什么呢?用低碳钢来制造传动轴有什么不好呢?而用中碳钢制造变速箱齿轮行不行呢?还有哪些钢可以制造这类零部件?这些钢还可以制造哪些零部件?加工这类零部件的刀具用哪些钢可以制造呢?

图 8.1 某汽车变速箱

钢铁材料是钢和铸铁的总称。钢铁材料具有多种多样的性能,能适应各种不同的应用要求,而且钢铁材料冶炼便利,加工制造方便,价格低廉,是工业上使用量最大、应用范围最广的金属材料。钢有碳素钢和合金钢之分。在冶炼过程中有目的地加入一些化学元素(合金元素),以提高和改善钢的性能,所冶炼的钢称为合金钢。本章主要介绍合金钢的分类、牌号、性能及应用等方面的知识。

8.1 合金钢的分类及编号

由于合金钢品种繁多,性能各异,为了便于钢产品的生产、使用和研究,需要对工业用钢进行分类和编号。

8.1.1 合金钢的分类

1. 按用途分类

(1) 合金结构钢　合金结构钢是用于制造各种工程结构和机器零件的钢种,包括普通低合金钢、渗碳钢、调质钢、弹簧钢、滚动轴承钢等。

(2) 合金工具钢　合金工具钢是用于制造各种加工工具的钢种,包括刃具钢、模具钢、量具钢。

(3) 特殊性能钢　特殊性能钢是指具有某种特殊的物理性能或化学性能的钢种,包括不锈钢、耐热钢、耐磨钢、电工钢等。

2. 按化学成分分类

(1) 低合金钢　低合金钢是合金元素总质量分数小于5%的钢种。
(2) 中合金钢　中合金钢是合金元素总质量分数为5%～10%的钢种。
(3) 高合金钢　高合金钢是合金元素总质量分数大于10%的钢种。

另外,根据钢中所含主要合金元素的种类,也可分为锰钢、铬钢、铬镍钢、硼钢等。

3. 按显微组织分类

(1) 根据室温平衡状态下的显微组织,钢可分为亚共析钢、共析钢、过共析钢和莱氏体钢等。
(2) 根据正火状态的显微组织,钢可分为珠光体钢、贝氏体钢、马氏体钢、奥氏体钢、铁素体钢、复相钢等。

8.1.2 合金钢的编号

我国钢的编号由三大部分组成:化学元素符号、汉语拼音字母和阿拉伯数字。其化学元素符号表示钢中所含合金元素的种类;汉语拼音字母用来对钢的种类、性质、特点等内容加以说明;阿拉伯数字用来表示碳及合金元素的质量分数或钢力学性能。

1. 合金结构钢的编号方法

合金结构钢的牌号采用"2位数字+元素符号+数字"表示。前面2位数字表示钢的平均碳质量分数的万分数,元素符号表示钢中所含的合金元素,而后面数字表示该元素的质量分数。当合金元素质量分数小于1.5%时,牌号中只标明元素符号,而不标明含量,如果质量分数大于1.5%、2.5%、3.5%等,则相应地在元素符号后面标注2、3、4等;若为高级优质钢,在其牌号后面加标"A"。例如60Si2Mn,表示碳质量分数为0.6%,硅的质量分数为1.5%～2.4%,含锰质量分数小于1.5%;38CrMoAlA,在其牌号后面加标了"A",则为高级优质钢。

2. 合金工具钢与特殊性能钢的编号方法

合金工具钢的牌号表示方法与合金结构钢的相似,其区别在于用1位数字表示平均碳质量分数的千分数,当碳质量分数大于或等于1.0%时则不予标出。如9SiCr,表示平均碳质量分数为0.9%,Si、Cr的质量分数都小于1.5%;Cr12MoV,表示平均碳质量分数 $w(C)$ 大于1%,铬质量分数约为12%,Mo、V的质量分数都小于1.5%的合金工具钢。合金工具钢一般都是高级优质钢,所以其牌号后面都不再标"A"。

特殊性能钢的编号方法与合金工具钢的相同。

3. 特殊专用钢的编号方法

这类钢是指某些用于专门用途的钢种。为了突出钢的用途,在其钢号前面再冠以汉语拼音。如GCr15为滚珠轴承钢,"G"为"滚"的汉语拼音字首。还应注意在滚珠轴承钢中,铬元素符号后面的数字表示铬质量分数的千分数,其他元素仍用百分数表示。如GCr15SiMn,表示铬质量分数为1.5%,硅、锰质量分数均小于1.5%的滚珠轴承钢。

再如易切削钢号前标以"Y"字。Y40Mn表示碳质量分数为0.4%,锰质量分数小于1.5%的易切削钢,铸钢钢号为ZG200—400,ZG为"铸钢"的汉语拼音字首,200、400分别表示钢的屈服强度和抗拉强度。

8.2 合金元素在钢中的分布及作用

合金元素在钢中可以与Fe和C形成固溶体和化合物,从而改善钢的组织性能。它们在钢中的分布及作用可以归纳如下。

8.2.1 合金元素对钢的性能的影响

合金元素在钢中的主要存在形式是：①溶入基体中，形成固溶体，对基体起强化作用，即固溶强化，合金元素溶入铁素体对其性能的影响如图8.2、图8.3所示；②形成强化相，形成金属间化合物，或溶入碳化物中形成合金碳化物。

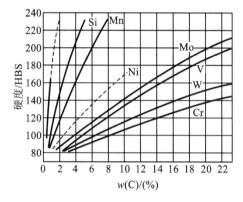

图8.2 合金元素对纯铁硬度的影响

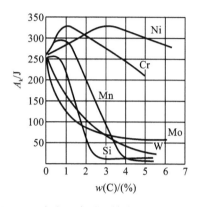

图8.3 合金元素对纯铁冲击韧度的影响

由于合金元素的作用，合金钢具有碳钢所不具备的优良的力学性能，或其他特殊性能，例如，合金钢具有较高的强度和韧度，良好的耐蚀性，良好的耐热性等。此外，合金元素使钢具有某些较好的工艺性能，如冷变形性、淬透性、回火稳定性等。合金钢之所以具有这些优异性能，主要是因为合金元素与铁、碳及合金元素之间能产生相互作用，使钢内部组织结构发生改变。

8.2.2 合金元素与铁的相互作用

合金元素与铁相互作用的结果，会对 Fe-Fe$_3$C 相图产生不同的影响。按照影响规律的不同，可将合金元素分为两类：一类是缩小奥氏体相区的元素，包括 Cr、Mo、W、Ti、Si、Al、B 等，又称为铁素体形成元素，如图8.4(a)所示；另一类是扩大奥氏体相区的元素，包括 Ni、Mn、Co、Cu、Zn、N 等，又称为奥氏体形成元素，如图8.4(b)所示。如欲得到室温奥氏体钢，则需向钢中加入奥氏体形成元素；如欲得到铁素体钢，则需向钢中加入铁素体形成元素。

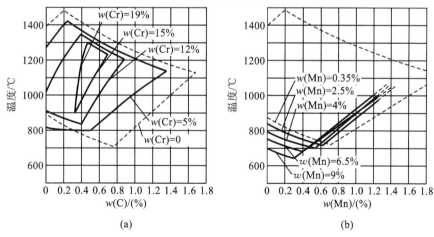

图8.4 合金元素对奥氏体区的影响

(a)铬的影响；(b)锰的影响

同时,大部分合金元素使 Fe-Fe₃C 相图中的 S 点和 E 点左移,即降低了共析点的碳质量分数及碳在奥氏体中的最大溶解度,从而使碳质量分数相同的碳钢和合金钢具有不同的组织。

8.2.3 合金元素与碳的相互作用

钢中有些合金元素常与碳发生反应,形成合金碳化物,称为碳化物形成元素。它们形成碳化物的能力由强到弱的顺序为

$$Zr \rightarrow Ti \rightarrow Nb \rightarrow Mo \rightarrow Cr \rightarrow Mn \rightarrow Fe$$

强碳化物形成元素多形成简单而稳定的碳化物,如 VC、NbC、TiC 等,这些碳化物熔点及硬度都很高。但某些碳化物形成元素可形成复杂碳化物,如 Cr_7C_3、$Cr_{23}C_6$。而其他元素形成碳化物的能力低于铁,在钢中无法形成碳化物,称为非碳化物形成元素,如 Ni、Al、Si、Co、Cu 等。

碳化物以微细质点分布于基体上,能产生弥散强化作用,而且合金碳化物有极高的硬度和熔点,显著提高了钢的耐磨性和耐热性。当难熔的稳定碳化物分布在奥氏体晶界上时,能阻碍奥氏体的晶粒长大,可有效地细化晶粒,提高钢的韧度。

8.2.4 合金元素对热处理工艺的影响

1. 合金元素减缓钢中奥氏体的形成过程

大部分合金元素,特别是强碳化物形成元素,能阻碍 Fe 原子和 C 原子的扩散,从而减缓加热时奥氏体的形成过程。因此,合金钢热处理时的加热温度较高、保温时间较长。

不同合金元素对奥氏体晶粒度有不同的影响,如 P、Mn 能促使奥氏体晶粒长大;Ti、Nb、N 能强烈阻止奥氏体晶粒长大;W、Mo、Cr 等对奥氏体晶粒长大起到一些阻碍作用。

2. 合金元素提高钢的淬透性

除 Co、Al 外能溶入奥氏体中的合金元素,均可减慢奥氏体的分解速度,使 C 曲线向右下移并降低 Ms 点,减小淬火临界冷却速度,如图 8.5 所示,提高钢的淬透性。除 C 外,常用来提高淬透性的合金元素有 Cr、Mn、Ni、W、Mo、V、Ti。合金元素使碳的析出和扩散速度减慢,减缓奥氏体转变速度,提高淬透性。合金钢淬硬层深度较大,淬火时可用冷却能力较弱的淬火介质(如油等),以减小工件变形与开裂倾向。

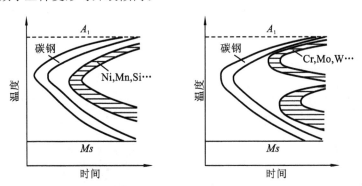

图 8.5 合金元素对 C 曲线的影响示意图

3. 合金元素减慢回火转变过程

合金元素能提高淬火钢的回火稳定性。合金元素能使铁碳原子扩散速度减慢,使淬火钢回火时马氏体分解减慢,析出的碳化物也难于聚集长大,保持一种较细小、分散的状态,从而使钢具有一定的回火稳定性。与碳钢相比,在同一温度回火时,合金钢的硬度和强度高,这有利

于提高结构钢的强度、韧度和工具钢的红硬性。

合金元素能使钢产生二次硬化现象。高合金钢在 500～600 ℃度范围回火时,其硬度并不降低,反而升高,这种现象称为二次硬化。产生二次硬化的原因,是合金钢在该温度范围内回火时,析出细小、弥散的特殊化合物,如 Mo_2C、W_2C、VC 等,这类碳化物硬度很高,在高温下非常稳定,难以聚集长大,提高了合金强度和硬度。

8.3 工程结构用钢

工程结构用钢冶炼简单,成本低,具有良好的焊接性、冲压成形性及较高强度,能满足建筑工程、交通运输及机械制造业的基本性能要求而被广泛采用。它包括普通碳素钢和低合金钢等。普通碳素结构钢有 Q195、Q215、Q235、Q255、Q275 五种强度等级,在第 3 章已经有简单介绍。下面介绍低合金高强度结构钢。

低合金高强度结构钢是在普通碳素结构钢的基础上加入少量合金元素(质量分数小于3%)制成的。其力学性能优于普通碳素结构钢。与同规格的普通碳素结构钢比,对强度要求相同的构件,可节省钢材 20%～30%。且这类钢生产过程简单,价格低廉,一般在热轧或正火状态下使用。

低合金高强度结构钢,碳质量分数一般小于 0.2%,锰、硅为主加元素,钒、钛、铜、铌、磷等为辅加元素。其中锰、硅、铜、磷等溶入铁素体,提高钢的强度,尤其是屈服强度;钛、钒、铌等加入后形成特殊碳化物,起弥散强化作用,同时可细化晶粒;铜、磷可提高其抗腐蚀能力。其显微组织为铁素体、珠光体的混合组织。

由于低合金高强度结构钢具有较高的强度和良好的工艺性能,近年来,发展非常迅速,其主要发展方向是通过合金化和热处理改变基体组织(如马氏体、贝氏体等),以提高强度,同时采用超低碳,以充分保证韧度和工艺性能。

按国标 GB/T 1591—1994 规定,低合金高强度结构钢有 Q295、Q345、Q390、Q420 和 Q460 五个强度级别。其中如强度级别较低的 Q295 钢,常用于制造冲压件、建筑构件、低压锅炉汽包等。强度级别较高的 Q345、Q390 钢,常用于制造工程建筑、船舶、车辆、桥梁、管道、压力容器、厂房钢架等。强度级别更高的 Q420、Q460 钢可用于制造大型或高载荷的焊接构件,如压力容器、起重及矿山机械、电站设备、水轮机涡壳、中高压石化容器等。

8.4 机器结构用钢

8.4.1 渗碳钢

渗碳钢是经过渗碳处理以后使用的钢种,主要应用于工作条件比较复杂,即承受交变应力的作用,或承受较强的冲击载荷,同时又遭受强烈的摩擦磨损的零件,如汽车、拖拉机上的变速齿轮,内燃机上的凸轮轴、活塞销、气门顶杆等。

1. 性能要求

(1) 表面渗碳层具有高的硬度,以保证优异的耐磨性和较高的接触疲劳抗力。

(2) 心部具有足够高的韧度和强度。在心部韧度不足时,构件在冲击载荷或交变载作用下容易断裂;在心部强度不足时,表面较脆的渗碳层容易剥落和碎裂,失去抗磨损能力。

(3) 具有良好的淬透性和热处理工艺性,要求渗碳容易、淬火方便,以及在渗碳高温(900～950 ℃)下,奥氏体晶粒不能过分长大。

2. 化学成分特点

碳质量分数对马氏体的性能有重要的影响,渗碳钢的碳质量分数对零件心部的强度和韧度直接相关。过高的碳质量分数会使零件心部的韧度降低,不适宜在冲击载荷下使用。因此,渗碳钢都是低碳钢,碳质量分数一般为 0.10%～0.25%。

由于低碳钢的淬透性差,在渗碳钢中须加入合金元素来提高淬透性,提高心部的综合性能。常用的合金元素有 Mn、Ni、Cr、B、W、Si 等。从合金化的角度考虑,Cr-Mo 钢的性能更为优越。重要用途的、高质量要求的渗碳钢一般均含有一定量的钼。根据使用性能要求,渗碳钢的淬透性高低不同,加入的合金元素质量分数不同。

为防止高温渗碳过程中晶粒过分长大,须在钢中加入少量 Ti、V、W、Mo 等强碳化物形成元素,使它们与碳形成稳定的合金碳化物,在高温渗碳过程中阻止奥氏体晶粒过分长大。

3. 热处理与组织性能特点

渗碳钢的常用热处理工艺为,在渗碳前采用正火处理作为预备热处理,进行渗碳,渗碳后直接淬火,再低温回火作为最终热处理。

淬火回火后,表面渗碳层为合金渗碳体、马氏体、少量残余奥氏体组织,表面层硬度达 58～64 HRC,具有相当高的耐磨性。心部组织受钢的淬透性以及零件截面尺寸影响,在完全淬透时为低碳回火马氏体,硬度为 40～48 HRC;在未完全淬透时为托氏体、回火马氏体和少量铁素体,硬度为 25～40 HRC。心部韧度一般都高于 700 kJ/m^2。

4. 常用渗碳钢

根据淬透性大小,渗碳钢可分为三类。

(1) 低淬透性渗碳钢　这类钢的淬透性低,心部强度较低。主要应用于制造承载较低、要求耐磨并承受冲击的小型零件,如机床齿轮、齿轮轴、蜗杆活塞销及气门顶杆。

(2) 中淬透性渗碳钢　这类钢淬透性较高,过热敏感性较小,渗碳过渡层比较均匀,具有良好的力学性能和工艺性能。主要应用于制造尺寸较大、承载较大、要求耐磨并承受冲击的零件,如汽车、拖拉机的变速箱齿轮、凸轮等。

(3) 高淬透性渗碳钢　这类钢含有较多的 Cr、Ni 等元素,淬透性很高,且具有较高的韧度和低温冲击韧度。主要应用于大型渗碳齿轮、轴及飞机发动机齿轮等。

常用渗碳钢的热处理、性能及用途举例如表 8.1 所示。

表 8.1　常用渗碳钢的热处理、性能及用途举例

种类	钢号	900～950 ℃渗碳后的热处理工艺		回火温度	力学性能					用途举例
		第一次淬火温度	第二次淬火温度		σ_{el}/MPa	σ_m/MPa	δ/MPa	ψ/(%)	a_K/(J/cm^2)	
低淬透性钢	15Cr	水 880 油	780～820 水、油	200	490	735	11	45	70	船舶主机螺钉、活塞销、凸轮、机车小零件及心部韧度高的渗碳零件
	20Cr	水 880 油	780～820 水、油	200	540	835	10	40	60	机床齿轮、齿轮轴、蜗杆活塞销及气门顶杆
	20MnV	水 880 油	—	200	590	785	10	40	70	代替 20Cr

续表

种类	钢号	900~950 ℃渗碳后的热处理工艺		回火温度	力学性能					用途举例
		第一次淬火温度	第二次淬火温度		σ_{el}/MPa	σ_m/MPa	δ/MPa	ψ/(%)	a_K/(J/cm²)	
中淬透性钢	20CrMnTi	880 油	870 油	200	853	1080	10	45	70	工艺性优良,用作汽车、拖拉机的齿轮、凸轮,是Cr-Ni钢代用品
	20CrMnMo	850 油	—	200	885	1175	10	45	70	代替含镍较高的渗碳钢作大型拖拉机齿轮、活塞销等大截面渗碳件
	20MnVB	860 油	—	200	885	1080	10	45	70	代替20CrNi、20CrMnTi
高淬透性钢	12Cr2Ni4	860 油	780 油	200	835	1080	10	50	90	大齿轮、轴
	20Cr2Ni4	880 油	780 油	200	1080	1175	10	45	80	大型渗碳齿轮、轴及飞机发动机齿轮
	18Cr2Ni4WA	950 空气	850 空气	200	835	1175	10	45	100	同12Cr2Ni4,用作高级渗碳零件

8.4.2 调质钢

调质钢一般是指经调质处理后使用的碳素结构钢和合金结构钢。调质处理后获得回火索氏体组织,使钢在保持较高强度的同时,具有较高的塑性和韧度。因此,调质钢具有优越的综合力学性能,广泛应用于制造汽车、拖拉机、机床和其他机器上各种重要零件,如齿轮、轴类件、连杆、高强度螺栓等。

1. 性能要求

调质件大多承受多种各样的载荷,受力情况比较复杂,尤其适用在承受较大动载荷或复合应力的场合。调质件要求高的综合力学性能,即具有高的强度和较高的塑性、韧度。出于调质处理的需要,调质钢还要求有很好的淬透性。调质钢最终要采用高温回火,能使钢中应力完全消除,钢的氢脆破坏倾向性小,缺口敏感性较低,脆性破坏抗力较大,但也存在特有的高温回火脆性。

2. 化学成分特点

调质钢中碳质量分数在中碳钢范围,0.35%~0.55%(碳素钢),或0.25%~0.50%(合金钢),可同时兼顾强度和韧度。而碳质量分数过高则强度较高而韧度、塑性偏低;碳质量分数偏低,则韧度、塑性较高而强度不足。

调质钢可加入Cr、Mn、Ni、Si、Mo、B等合金元素来提高淬透性,并起固溶强化作用。在钢中加入质量分数0.15%~0.30%的Mo,质量分数0.8%~1.2%的W可以降低第二类回火脆性,并增加回火稳定性。加入V、Ti可细化晶粒。

3. 热处理与组织性能特点

调质钢锻造毛坯应进行正火或退火作为预备热处理,以调整硬度,便于切削加工,然后再进行淬火+高温回火,回火温度一般为500~600 ℃,以获得回火索氏体组织,使钢件具有高强度、高韧度相结合的良好综合力学性能。

40CrNiMo钢正火后硬度在400 HBS以上,经正火+高温回火后硬度降低到207～240 HBS,满足切削要求。45钢淬火后的硬度应该达到55～58 HRC,在560～600 ℃高温回火后硬度为25～32 HRC。

从制造工艺考虑,希望零件在毛坯状态调质,而后进行切削加工和装配,这样零件热处理时产生的变形和脱碳在以后的切削加工中加以消除。但是对于硬度更高的零件,切削加工困难,只能先切削加工,然后再进行调质处理。

4. 常用调质钢

合金调质钢按淬透性和强度分为三类。

1) 低淬透性调质钢

该类钢的油淬临界直径不超过30 mm,常用的有碳钢、铬钢、锰钢和硼钢等。碳钢淬透性低,力学性能差,一般用来制造截面小以及不重要的零件。铬钢、锰钢具有较好的淬透性,具有比碳钢高的回火稳定性,淬火温度宽、不易过热、变形开裂倾向小,故应用十分广泛。硼钢油淬临界直径在20～30 mm,常用作汽车半轴、蜗杆、花键轴等。

2) 中淬透性调质钢

该类钢的油淬直径为40～60 mm,常用的钢种有铬钼钢、铬锰钢等。铬钼钢具有高的淬透性,高温强度高和组织稳定性好,消除回火脆性等特点,35CrMo可代替40CrNi制作大断面齿轮与轴、汽轮发电机转子、480 ℃以下工件的紧固件等;铬锰钢的淬透性和强度较高,韧度没有降低,30CrMnSi为高强度钢,具有较好的焊接性,用于制造高压鼓风机的压缩片、高速载荷砂轮轴等重要的零件。

3) 高淬透性调质钢

该类钢的油冷临界直径为60～100 mm。40CrMnMo是常用的高淬透性钢,具有回火脆性小、过热倾向小等特点,用来制作截面积大、高强度和高韧度的零件,如大型重载汽车半轴、叶轮、航空发动机曲轴等。

常用调质钢的热处理、性能及其应用见表8.2。

表8.2 常用调质钢的热处理、性能及其应用

种类	牌号	热处理		力学性能					用途举例
		淬火温度/℃	回火温度/℃	σ_{el}/MPa	σ_m/MPa	δ/(%)	ψ/(%)	a_K/(J/cm²)	
低淬透性钢	45	840 水	600 水、油	335	600	16	40	50	形状较简单、中等强韧度零件,如机床中轴、齿轮、曲轴、螺栓、螺母
	40Cr	850 油	520 水、油	785	980	9	45	60	重要调质零件,如齿轮、轴、曲轴、连杆、螺栓
	35SiMn	900 水	570 水、油	735	885	15	45	60	除要求-20 ℃以下的低温韧度很高情况外,可全面代替40Cr作调质零件
	40MnB	850 油	500 水、油	785	980	10	45	60	代替40Cr

续表

种类	牌号	热处理		力学性能					用途举例
		淬火温度/℃	回火温度/℃	σ_{el}/MPa	σ_m/MPa	δ/(%)	ψ/(%)	a_K/(J/cm²)	
中淬透性钢	40CrMn	840 油	550 水、油	835	980	9	45	60	代替40CrNi、42CrMo作高速载荷而冲击不大的零件
	40CrNi	820 油	500 水、油	785	980	10	45	70	汽车、拖拉机、机床、柴油机的轴、齿轮、连接螺栓、电动机轴
	35CrMo	850 油	550 水、油	835	980	12	45	80	代替40CrNi制作大断面齿轮与轴、汽轮发电机转子、480℃以下工件的紧固件
	38CrMoAlA	940 水、油	640 水、油	835	980	14	50	90	高级渗氮钢,制作大于900HV氮化件如镗床镗杆、蜗杆、高压阀门
高淬透性钢	40CrNiMoA	850 油	600 水、油	835	980	12	55	100	受冲击的高强度零件,如锻压机床传动偏心轴、压力机曲轴等大断面重要零件
	40CrMnMo	850 油	600 水、油	785	980	10	45	80	40CrNiMoA的代用钢

8.4.3 弹簧钢

用来制造各种弹簧和弹性元件的钢称为弹簧钢,一般为中碳钢或高碳钢、低合金钢。广泛应用在冲击、振动、周期性扭转、反复弯曲等交变应力为主的工况下的重要零件。

1. 性能要求

弹簧利用材料的弹性变形来吸收和释放能量,以达到减轻振动、减轻冲击的效果。在弹性变形范围内,弹性元件的形状可以恢复,其力学性能没有损害。因此,首先要求弹簧材料具有高的弹性极限;为防止弹簧在交变应力下疲劳破坏和断裂,弹簧材料还应具有高的疲劳强度和适度的塑性和韧度。

2. 化学成分特点

碳素弹簧钢碳质量分数在0.6%~0.9%范围内。更低的碳质量分数会使钢的力学性能变差,淬透性降低。碳素弹簧钢的屈服强度为800~1000 MPa,淬透性较差,只能应用于截面尺寸小15 mm的小型弹簧。

合金弹簧钢中常加入Si、Mn、Cr、V、Mo、W等合金元素。由于合金元素的作用,合金弹簧钢的碳质量分数可降低到0.5%~0.7%。Si、Mn等元素主要用来提高淬透性,并强化铁素体,提高弹簧钢的屈强比和弹性极限;Si的不足会促使钢表面脱碳;Mn的不足会使钢过热以及回火脆性倾向增大。因此,为减小硅锰弹簧钢的脱碳和过热倾向,弹簧钢中还加入Cr、V、Mo、W等,同时它们可进一步提高弹性极限、屈强比、耐热性和耐回火性;V还能细化晶粒,提

3. 热处理与组织性能特点

弹簧钢的热处理一般采用淬火加中温回火,以获得回火托氏体组织。

截面尺寸在 10~15 mm 的弹簧,其冷成形困难,通常要进行热轧成形,利用热轧成形后的余热立即淬火并中温回火,使钢获得回火托氏体组织,此时其屈服强度大于 1200 MPa。

截面尺寸小于 8~10 mm 的弹簧,其制备方法通常如下。

(1) 对于 55Si2Mn、60Si2MnA、50CrVA 弹簧钢,制造弹簧时,常采用退火状态的钢丝冷绕成形后,对螺旋弹簧进行淬火加中温回火。

(2) 对于碳素弹簧钢和 65Mn 等弹簧钢,制造弹簧时,常在冷拔前对钢材进行索氏体化处理,然后进行多次冷拔,反复加工硬化使钢的屈服强度提高,再冷绕成弹簧。弹簧成形后在 250~300 ℃进行去应力退火,以防止弹簧变形。这里的索氏体化处理是指在奥氏体化后,在 500~550 ℃下于铅浴炉或盐浴炉中进行等温冷却,使钢材形成索氏体组织。

(3) 对于动力机械阀门弹簧等不重要零件,也可将冷拔到规定尺寸的钢丝先进行淬火和中温回火,再冷绕成弹簧,然后再进行去应力退火。这样处理的弹簧缺少反复加工硬化的过程,强度稍低。

4. 常用弹簧钢

常用弹簧钢的牌号、热处理、性能及用途如表 8.3 所示。

表 8.3 常用弹簧钢的牌号、热处理、性能及用途

种类	牌号	热处理		力学性能(不小于)				用途举例
		淬火温度/℃	回火温度/℃	σ_{el}/MPa	σ_m/MPa	δ/(%)	ψ/(%)	
碳素弹簧钢	65	840 油	500	800	1000	9	35	小于 ϕ12 mm 的一般机器、小型机械上的弹簧
	85	820 油	480	1000	1150	6	30	小于 ϕ12 mm 的汽车、拖拉机等机械上承受振动的螺旋弹簧
	65Mn	830 油	540	800	1000	8	30	小于 ϕ12 mm 各种弹簧,如弹簧发条、刹车弹簧等
合金弹簧钢	55Si2MnB	870 油	480	1200	1300	6	30	ϕ25~30 mm 减振板弹簧与螺旋弹簧,工作温度低于 230 ℃
	60Si2Mn	870 油	480	1200	1300	5	25	同 55Si2MnB
	50CrVA	850 油	500	1150	1300	10	40	ϕ30~50 mm 承受大应力的各种螺旋弹簧,工作温度低于 400 ℃ 的气阀弹簧、喷油嘴弹簧等
	60Si2CrVA	850 油	410	1700	1900	6	20	ϕ<50 mm 弹簧,工作温度低于 250 ℃ 的重载荷板簧与螺旋弹簧
	30W4Cr2VA	1050~1100 油	600	1350	1500	7	40	工作温度低于 500 ℃ 的弹簧,如锅炉安全阀用弹簧等

8.5 专用结构钢

8.5.1 滚动轴承钢

滚动轴承钢是用来制造滚动轴承的滚动体以及内外套圈等零件的钢材,由于其硬度高,也可用于制造精密量具、机床丝杠、冷冲模等耐磨件。

1. 性能要求

轴承在周期载荷的作用下,接触表面很容易发生疲劳破坏,即出现龟裂剥落,这是轴承的主要损坏形式。因此,轴承钢必须具有很高的接触疲劳强度。

轴承工作时,套圈、滚动体和保持架之间会发生滚动摩擦和滑动摩擦,使轴承零件不断地磨损。为了减少轴承零件的磨损,保持轴承精度和稳定性,延长使用寿命,轴承钢应有很好的耐磨性能,因此,要求轴承钢在使用状态下的硬度须达到 61~65 HRC。为防止轴承零件的腐蚀,还要求轴承钢具一定的耐蚀性能。

总之,轴承钢必须具有高的硬度和耐磨性,高的抗压强度和接触疲劳强度,足够的韧度和对大气、润滑油的耐腐蚀能力。

轴承零件在生产过程中,要经过许多道冷、热加工工序,为了满足大批量、高效率、高质量生产的要求,轴承钢应具备良好的加工性能,如冷热成形性能、切削性能、淬透性等。

2. 化学成分特点

为获得上述性能,滚动轴承钢一般 $w(C)$ 为 $0.95\%\sim1.15\%C$,$w(Cr)$ 为 $0.4\%\sim1.65\%$。高碳是为了获得高的强度和硬度、耐磨性,Cr 的作用是提高淬透性,提高回火稳定性和耐蚀性。为进一步提高淬透性,还可以加入 Si、Mn 等元素,以适于制造大型轴承。

对轴承钢的冶炼质量要求很高,需要严格控制硫、磷和非金属夹杂物的质量分数和分布,轴承钢的 P、S 质量分数范围为:$w(S)<0.020\%$、$w(P)<0.027\%$,以提高轴承钢的接触疲劳强度。

3. 热处理与组织性能特点

轴承钢的热处理包括预备热处理、球化退火和最终热处理(淬火加低温回火)。

球化退火的目的是获得球状珠光体组织,以降低钢的硬度,利于切削加工,并为淬火作好组织准备。淬火加低温回火可获得极细的回火马氏体和均匀、细小的粒状合金碳化物及少量残余奥氏体组织,硬度为 61~65 HRC。对于精密轴承;为了稳定组织,必要时可在淬火后进行冷处理(-60~-80 ℃),以减少残余奥氏体,然后再进行低温回火和磨削加工。

GCr15 钢的热处理过程为,锻压成形后球化退火,经机械加工后再进行淬火和回火,其热处理工艺路线如图 8.6 所示。

4. 常用滚动轴承钢

GCr15 钢合金质量分数较小、具有良好的使用性能和工艺性能,是应用最广泛的高碳铬轴承钢,广泛用于制造内燃机、电动机车、汽车、拖拉机、机床、轧钢机、钻探机、矿山机械、通用机械,以及高速旋转的高载荷机械传动轴承的钢球、滚子和套圈。经过淬火加回火后具有高而均匀的硬度、良好的耐磨性、高的接触疲劳性能。GCr15SiMn 用于制造大型轴承。常用轴承钢及其应用如表 8.4 所示。

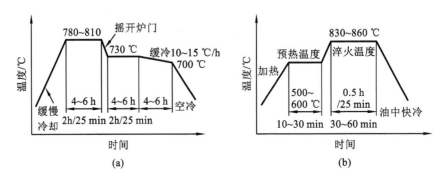

图 8.6 GCr15 钢的热处理工艺
(a)球化退火工艺；(b)淬火工艺曲线

表 8.4 常用滚动轴承钢

牌号	热处理		回火后硬度 /HRC	用途举例
	淬火温度/℃	回火温度/℃		
GCr9	810~830 水、油	150~170	62~64	直径<20 mm 的滚珠、滚柱及滚针
GCr9SiMn	810~830 水、油	150~160	62~64	壁厚<12 mm、外径<250 mm 的套圈，直径<50 mm 的钢球，直径<22 mm 的滚子
GCr15	820~840 水、油	150~160	62~64	与 GCr9SiMn 同
GCr15SiMn	820~840 水、油	150~170	62~64	壁厚≥12 mm、外径大于 250 mm 的套圈，直径>50 mm 的钢球，直径>22 mm 的滚子

8.5.2 易切削钢

易切削钢是在钢中加入易切削元素的钢。易切削元素本身的特性和所形成的化合物能起润滑切削刀具的作用，使这一类钢切削时切屑易脆断，切削抗力减小，从而能提高工件的表面加工质量，提高切削速度和延长刀具寿命。

易切削钢中含有较多的 S、P、Pb、Ca 等元素，如 Y15Pb 的化学成分为：$w(C)=0.10\%\sim0.18\%$，$w(Si)\leqslant0.15\%$，$w(Mn)=0.80\%\sim1.2\%$，$w(S)=0.23\%\sim0.33\%$，$w(P)=0.05\%\sim0.10\%$，$w(Pb)=0.15\%\sim0.35\%$。S 在钢中形成(Mn,Fe)S 和 MnS 夹杂，Pb 在钢中呈细小的、均匀分布的金属颗粒，P 可降低铁素体的塑性和韧度，Ca 在切削时能在刀具表面形成具有减摩作用的保护膜。切削时，它们使切屑容易碎断而易于排除，降低摩擦，从而减少刀具磨损，提高加工表面的质量，提高刀具寿命。

常用的易削结构钢有 Y12、Y12Pb、Y15、Y15Pb、Y25、Y30、Y35、Y40Mn 和 Y45Ca 等(GB 8731—1988)，主要用于制造受力较小，但尺寸精度较高，在自动机床上大批量生产的零件，如螺栓、螺母、管接头等标准件、紧固件及自行车、缝纫机、汽车零件及要求表面质量较高的车床丝杠、手表和照相机等零件。

易切削钢的硬度在 152~223HBS 的范围，在切削加工前不进行锻造和热处理，以免损害其切削加工性，但可进行最终热处理，如 Y40Mn 和 Y45Ca 常在调质热处理后使用。

8.5.3 铸钢

铸钢是指用铸造方法成形的结构钢。按其化学成分分类,铸钢可分为碳素铸钢和合金铸钢两大类。

碳素铸钢碳质量分数为 0.15%～0.6%,碳质量分数过高会造成塑性不足,易产生裂纹;钢中锰的成分与结构钢的相近,硅比结构钢的稍高,而磷和硫略高,质量分数为 0.04%～0.06% 之间。常用碳素铸钢有 ZG200—400、ZG230—450、ZG270—500、ZG310—570 和 ZG340—640 等,其应用已在第 3 章介绍。

合金铸钢是为了改善铸钢的力学性能,在碳钢的基础上加入 Mn、Cr、Ni、Mo、V、Ti 等合金元素形成的钢。合金元素总质量分数低于 5%的铸造低合金钢,如 ZG20SiMn、ZG40Cr、ZG35CrMo 等,具有较大的冲击韧度,并能通过热处理获得更好的力学性能。铸造低合金钢比碳钢具有较优的使用性能,能减轻零件质量,提高零件使用寿命。

要求耐磨、耐腐蚀、耐热或其他特殊性能时,可加入多种的高含量合金元素形成特种铸钢。例如,锰的质量分数为 11%～14% 的高锰钢能耐冲击磨损,多用于矿山机械、工程机械的耐磨零件;以铬或铬镍为主要合金元素的各种铸造不锈钢和耐热钢(参见 GB 8492—1987),用于制造腐蚀介质下工作或用于 650 ℃温度以上工作的零件,如化工用阀体、泵、容器或大容量电站的汽轮机壳体等。

铸钢具有适应性广、成本低等的优势,但铸钢是由液态钢水直接凝固而得的,不经过变形加工及再结晶过程,因此铸钢组织比锻钢组织更粗大一些,其性能也稍差一些。铸钢件一般应进行正火或退火处理,以改善组织,消除应力,重要铸钢件还应进行调质处理及其他表面热处理。

8.6 工 具 钢

工具钢是用以制造各种加工工具的钢种。根据用途不同分类,工具钢可分为刃具用钢、模具用钢和量具用钢;按化学成分不同分类,工具钢又可分为碳素工具钢和合金工具钢。

8.6.1 工具钢的特点

与结构钢相比,除了热作模具钢以外,工具钢具有以下突出特点。

1. 性能特点和性能要求

1) **高硬度和高耐磨性**

工具在对工件的成形和切削过程中,其刃部与工件及坯料、切屑之间的强烈摩擦将导致严重的磨损。因此,工具必须具有比坯料或被切削材料高得多的硬度,一般应在 60HRC 以上,才能保证有高的耐磨性。

2) **高热硬性**

钢的热硬性是指钢在受热条件下,仍能保持足够高的硬度和切削加工能力的性能。工具在对工件的切削和成形过程中,刃部与工件及切屑之间的强烈摩擦不仅导致严重的磨损,还会产生很大的摩擦热和切削热(这可使工具刃部温度升高至 600 ℃以上)。因此,为了防止在使用过程中因温度升高而导致硬度下降,要求刀具有高的热硬性。

3) 一定的强韧度

由于在各种成形和切削加工过程中,工具的刃具承受着冲击、振动等作用,将可能导致工具的崩刃、折断或变形。因此,要求工具钢具有足够的强度和韧度,以防止使用中变形或崩刃、折断等失效。

此外,选择工具钢时,还应当考虑工艺性能的要求。例如:具有良好的淬透性、较小的淬火变形和开裂敏感性等。

2. 化学成分特点

工具钢的成分特点可概括为三高。

一是含碳量高。工具钢含碳量一般在 0.7%～1.35%,冷作模具钢甚至高达 2.0%。足够的碳在淬火加热时溶入奥氏体中,提高基体中碳的浓度,可提高钢的淬硬性,又可获得高碳马氏体。碳与合金元素形成合金碳化物,可提高钢的硬度、耐磨性和红硬性。

二是合金元素含量高。如高速钢中合金元素含量高达 20% 以上,主加合金元素有 Cr、W、Mo、V 等。合金元素在钢中形成大量细小、弥散、坚硬而又不易聚集长大的合金碳化物,可提高钢的硬度和耐磨性,还可提高马氏体的高温稳定性。

三是纯度高。合金工具钢的杂质少,硫、磷含量均≤0.03%,都属于高级优质钢,但牌号表示都不加 A。低的杂质含量,有利于提高钢的力学性能,特别是提高钢的强韧度。

3. 锻造及热处理特点

1) 锻造特点

工具钢中的碳和合金元素含量很高,形成大量粗大、稳定的合金碳化物,高速钢铸态组织中含有大量粗大共晶碳化物,并呈鱼骨状分布,大大降低钢的性能。通过热处理很难把这些碳化物细化,共晶碳化物不能通过热处理来消除,只有通过锻造把碳化物碎化。因此,工具钢锻造具有成形和改善碳化物形态和分布的双重作用,是一道不可缺少的工序。一般要求低合金工具钢的锻造比要大于 4,而高合金工具钢的锻造比要大于 6。

2) 热处理特点

锻造以后的工具钢坯料和工具还要经过预先热处理和最终热处理。

(1) 预先热处理:球化退火,目的是消除锻造应力,改善切削加工性能等。

(2) 最终热处理:低合金工具钢采用淬火+低温回火,获得细针状回火马氏体、粒状合金碳化物及少量残余奥氏体的组织,硬度约为 60～64 HRC;高合金钢工具钢可以采用淬火+低温回火,也经常采用高温淬火后 500～560 ℃ 的多次回火,淬火回火后的组织为回火马氏体、碳化物及少量残余奥氏体,硬度一般为 63～66 HRC。

8.6.2 常用工具钢

1. 低合金工具钢

常用低合金工具钢的牌号、成分、热处理及用途见表 8.5。这类钢广泛用于制造各种低速切削的刃具如板牙、丝锥等,也常用作冷冲模,典型钢种是 9SiCr 和 CrWMn。为改善刃具的切削效率和提高耐用度,生产上经常采用表面强化处理。

低合金工具钢基本上解决了碳素工具钢淬透性低、耐磨性不足的缺点,但仍然不能满足高速切削时的红硬性要求。

表 8.5 常用低合金工具钢的牌号、成分、热处理及用途

牌号	化学成分					试样淬火		退火 HB≥	用途举例
	$w(C)$/%	$w(Mn)$/%	$w(Si)$/%	$w(Cr)$/%	其他/%	淬火温度/℃	HRC≥		
Cr06	1.30~1.45	≤0.40	≤0.40	0.50~0.70	—	780~810 水	64	241~187	锉刀、刮刀、刻刀、刀片、剃刀
Cr2	0.95~1.10	≤0.40	≤0.40	1.30~1.65	—	830~860 油	62	229~179	车刀、插刀、铰刀、冷轧辊等
9SiCr	0.85~0.95	0.30~0.60	1.20~1.60	0.95~1.25	—	830~860 油	62	241~179	丝锥、板牙、钻头、铰刀、冷冲模等
8MnSi	0.75~0.85	0.80~1.10	0.30~0.60	—	—	800~820 油	62	≤229	长铰刀、长丝锥
9Cr2	0.85~0.95	≤0.40	≤0.40	—	Cr1.30~1.70	820~850 油	62	217~179	尺寸较大的铰刀、车刀等刃具
W	1.05~1.25	≤0.40	≤0.40	0.10~0.30	W0.80~1.20	800~830 水	62	229~187	低速切削金属刃具如麻花钻、车刀和特殊切削工具

2. 高速钢

高速钢是一种高合金工具钢,其切削速度比碳素工具钢和低合金工具钢相比提高 2~4 倍,刃具寿命提高 8~15 倍,故有高速钢之称。高速钢广泛用于制造尺寸大、负荷重、切削速度快及工作温度高的各种机加工工具,如车刀、刨刀、拉刀、铣刀、钻头等,约占刃具材料总量的 65%。

1) 常用高速钢

表 8.6 列出了我国常用的高速钢。钨系 W18Cr4V 钢是发展最早、应用最广泛的高速工具钢,它具有较高的热硬性,过热和脱碳倾向小,但碳化物较粗大,韧度较差。钨钼系 W6Mo5Cr4V2 钢用钼代替了部分钨。钼的碳化物细小,韧度较好,耐磨性也较好,但热硬性稍差,过热与脱碳倾向较大。近年来我国研制的含钴、含铝高速工具钢已用于生产,其淬火回火后硬度可达 60~70 HRC,热硬性高,但脆性大,易脱碳,不适宜制造薄刃刀具。

表 8.6 常用高速钢的热处理及性能

种类	牌号	热处理			硬度		热硬性*[①] HRC
		预热温度/℃	淬火温度/℃	回火温度/℃	退火 HBS	淬火+回火 HRC 不小于	
钨系	W18Cr4V (18-4-1)	820~870	1270~1850	550~570	≤255	63	61.5~62
钨钼系	CW6Mo5Cr4V2	730~840	1190~1210	540~560	≤255	65	
	W6Mo5Cr4V2 (6-5-4-2)	730~840	1210~1230	540~560	≤255	64	60~61
	W6Mo5Cr4V3 (6-5-4-3)	840~885	1200~1240	560	≤255	64	64

续表

种类	牌号	热处理			硬度		热硬性*① HRC
		预热温度 /℃	淬火温度 /℃	回火温度 /℃	退火 HBS	淬火+回火 HRC 不小于	
超硬系	W13Cr4V2Co8	820~870	1270~1290	540~560	≤285	64	64
	W6Mo5Cr4V2Al	850~870	1220~1250	540~560	≤269	65	65

* 热硬性是将淬火回火试样在600℃加热4次,在每次1h的条件下测定的。

2) 热处理及组织特点

高速钢的典型热处理工艺曲线见图8.7,其要点如下。

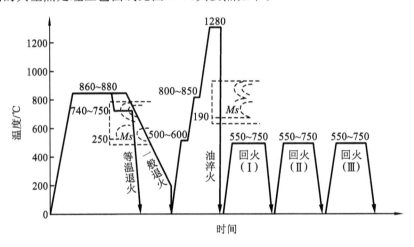

图 8.7 W18Cr4V 钢热处理工艺曲线示意图

高速钢淬火+回火的特点是:淬火加热需要预热,而且温度非常高(1 200~1 280 ℃);回火温度也很高(560 ℃),而且还进行3次。

淬火加热的预热是因为高速钢的合金元素含量高,导热性很差,通常需要在500~600 ℃预热和800~850 ℃进行两次预热;淬火温度高是因为要使钢中碳化物充分溶解到奥氏体中,提高淬火马氏体的合金化程度,以提高钢的热硬性。淬火后的组织为隐针马氏体、残余合金碳化物和大量残余奥氏体(见图8.8(c))。

回火温度高是因为高速钢通常在550~570 ℃下回火会出现二次硬化。回火三次是因为W18Cr4V 钢淬火后约有30%残余奥氏体,经一次回火后约剩15%~18%,二次回火后降到3%~5%,第三次回火后才降低到1%~2%。回火后的组织为回火马氏体、碳化物及少量残余奥氏体(见图8-8(d)),正常回火后硬度一般为63~66 HRC。

3. 冷作模具钢

冷作模具钢用于制造各种冷冲模、冷镦模、冷挤压模和拉丝模等,工作温度不超过300 ℃。冷作模具工作时,承受很大压力、弯曲力、冲击载荷和摩擦。主要损坏形式是磨损,也常出现崩刃、断裂和变形等失效现象。因此冷作模具钢应具有高硬度、高耐磨性、足够的韧度与疲劳抗力、热处理变形小等基本性能。

最常用的专用冷作模具钢是Cr12型钢,常用牌号如Cr12和Cr12MoV等。其碳的质量分数 $w(C)=1.45\%\sim2.30\%$,铬质量分数 $w(Cr)=11\%\sim13\%$。加入Cr、Mo、V等合金元素

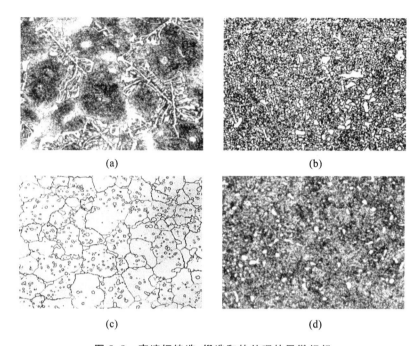

图 8.8 高速钢铸造、锻造和热处理的显微组织
(a)铸态;(b)铸造和球化退火后;(c)淬火后;(d)淬火回火后

强化基体,形成合金碳化物,提高硬度和耐磨性等。常用冷作模具钢的牌号、成分、热处理、性能及用途列于表 8.7 中。

4. 热作模具钢

热作模具钢用于制造经加热的固态或液态金属在压力下热成形的模具。前者称为热锻模(包括热挤压模),后者称为压铸模。热作模具工作时承受很大的冲击载荷、强烈的摩擦,模具型腔表面温度高、剧烈的冷热循环,造成较大的热应力,常出现高温氧化、磨损、塌陷、龟裂、崩裂等失效现象。因此,热作模具钢的主要性能要求是:①高的热硬性和高温耐磨性;②高的抗氧化性、高的热强性和足够高的韧度;③高的热疲劳抗力。此外,由于热作模具体积较大,还要求有较高的淬透性和导热性。

热作模具钢的碳质量分数 $w(C)=0.3\%\sim0.6\%$,属于中碳钢,以保证经淬火、中温或高温回火后具有足够的强韧度;加入 W、Mo、V 等元素,防止回火脆性、提高热稳定性及热硬性;适当提高 Cr、Mo、W 在钢中的含量,还可提高钢的热疲劳抗力。

热锻模具对强度、韧度和耐热疲劳性能要求较高,而耐磨性的要求没有冷作模具钢突出。典型钢种有 5CrNiMo 和 5CrMnMo 等。压铸模具受的冲击载荷较小,但对热强度要求更高,常用钢种有 3Cr2W8V 等。目前国内许多厂家用 H13(4Cr5MoSiV1)钢代替 3Cr2W8V 制造热作模具,效果良好。

热作模具钢的最终热处理一般为淬火+高温(或中温)回火,以获得均匀的回火索氏体(或回火屈氏体)组织,硬度在 40 HRC 左右,并具有较高的韧度。

常用热作模具钢的牌号、成分、热处理、性能及用途列于表 8.7 中。

表 8.7 常用模具钢的热处理工艺及应用

类别	钢号	热处理					应用举例
		淬火			回火		
		加热温度/(℃)	冷却介质	硬度/HRC	回火温度/(℃)	硬度/HRC	
冷模具钢	Cr12	980	油	62～65	180～220	60～62	冷冲模冲头、冷切剪刀、钻套、量规。落料模、拉丝模、木工工具
		1080	油	45～50	500～520（三次）	59～60	
	Cr12MoV	1030	油	62～63	160～180	61～62	冷切剪刀、圆锯、切边模、滚边模标准工具与量规、拉丝模等
		1120	油	41～50	510（三次）	60～61	
热模具钢	5CrNiMo	830～860	油	≥47	530～550	364～402(HBS)	料压模、大型锻模等
	5CrMnMo	820～850	油	≥50	560～580	324～364(HBS)	中型锻模等
	6SiMnV	820～860	油	≥56	490～510	374～444(HBS)	中、小型锻模等
	3Cr2W8V	1050～1100	油	>50	560～580（三次）	44～48	高应力压模、螺钉或铆钉热压模、热剪切刀、压铸模等

5. 量具钢

量具钢用于制造各种测量工具,如卡尺、千分尺、螺旋测微仪、块规和塞规等。测量工具在使用过程中要求自己不变形,在与测量对象接触过程中耐磨损。因此,要求量具具有高的硬度(通常大于 56 HRC)和耐磨性、高的尺寸稳定性。

量具钢没有专用牌号。对尺寸较小、形状相对简单、精度较低的量具,通常可以用高碳钢制造,优点是成本较低;对较精密的形状复杂的量具,可以用低合金刃具钢制造;含有 Cr、W、Mn 的刃具钢淬透性较高,淬火变形小,可用于精度要求高,形状复杂的量规和块规;GCr15 钢的耐磨性和尺寸稳定性较好,可用于制造高精度量具,如块规、螺旋塞头、千分尺等。在腐蚀介质中应用的量具,则可用马氏体不锈钢 9Cr18、4Cr13 制造。

量具钢热处理的主要任务是保证量具的耐磨性和尺寸稳定性,通常采取下列措施:①通过适当降低淬火温度来减少量具变形,防止制造后残余奥氏体转变而影响尺寸;②在量具钢淬火后,立即进行温度为 -70～-80 ℃ 的冷处理,尽可能地使残余奥氏体转变为马氏体,然后再进行低温回火;③对精度要求高的量具,在淬火、冷处理、低温回火后,还需要进行时效处理后再进行精加工。

8.7 特殊性能钢

特殊性能钢是指具有某些特殊的物理性能或化学性能为主的钢种。其种类很多,本书仅介绍在机械工程中应用较多的不锈钢、耐热钢、耐磨钢。

8.7.1 不锈钢

不锈钢是指在各种腐蚀性介质中有高度化学稳定性的合金钢。在酸、碱、盐等强腐蚀性介质中使用的钢,又可进一步称为耐酸钢(又称耐蚀钢)。不锈钢通常具有良好的抗大气腐蚀性能,在空气中不易生锈。此外,不锈钢还具有其他力学性能要求,例如制作工具的不锈钢,要求高硬度和高耐磨性;制作各种结构零件时,通常还有强度和韧度方面的要求。

不锈钢常用于制造在各种腐蚀性气体或酸碱盐等腐蚀溶液中应用的零部件或工具,比如化工装置中的各种泵件、容器、管道和阀门,各种医疗手术器械、防锈刃具和量具等。

1. 金属的腐蚀与抗腐蚀

材料在环境作用下由外部介质引起的破坏或变质过程称为腐蚀。金属腐蚀可分为化学腐蚀和电化学腐蚀。化学腐蚀是指合金与介质间发生纯化学反应而导致的破坏,例如钢在燃气中腐蚀、高温氧化、脱碳等;电化学腐蚀是指在腐蚀溶液中,产生原电池作用而引起的材料腐蚀,是对金属破坏力最大的腐蚀。

金属材料由不同的组织或相组成。不同相的电极电位不同,造成不同微观区域间产生电位差。如图8.9所示,Ⅰ区的电极电位低,是阳极;Ⅱ区的电极电位高,是阴极。在这两个区上,电介质溶液发生不同的反应,在Ⅰ区上发生阳极氧化反应:$Fe \rightarrow Fe^{2+} + 2e$,使铁原子变成铁离子进入溶液;在Ⅱ区,溶液中的氢离子得到阳极流来的电子发生阴极还原反应:$2H^+ + 2e = H_2 \uparrow$。显然,这种以原电池作用为特征的电化学腐蚀的结果,阳极区由于电位较低而不断被腐蚀,而阴极区电位较高而受到保护。但是,组成合金的各种组元中,金属的电极电位低,总会成为阳极而被优先腐蚀。因此合金的腐蚀原电池是由于合金的组元电化学性质不均匀引起的,不同组元间的电极电位相差越大,尤其是阳极的电极电位越低,合金的腐蚀速度越大。

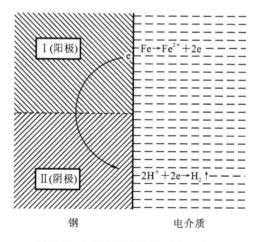

图8.9 金属电化学腐蚀过程示意图

由上述分析可知,可以采用以下主要途径提高金属抗电化学腐蚀能力:①形成均匀的单相组织,消除原电池;②提高阳极的电极电位,缩小金属组元间或各相组成物之间的电极电位相差;③在金属表面形成致密的、稳定的的保护膜,将金属与介质隔离。

2. 不锈钢的成分特点

根据上述抗腐蚀途径,为了提高不锈钢的抗蚀能力,一方面应尽量使钢在室温下获得单相组织,如:通过添加 Ni、Mn 等奥氏体形成元素使钢的组织转化为奥氏体组织;另一方面通过提高钢的基体组织在腐蚀介质中的电极电位。实践证明,铬是提高钢抗蚀能力的基本元素,它在氧化介质中能很快形成一层氧化膜(Cr_2O_3),以保护金属内部不受腐蚀。同时,当钢中铬质量分数大于12.5%时,钢的基体组织的电极电位发生跃增(由 -0.56 V 上升到 $+0.21$ V),抗蚀性显著提高。因此,不锈钢中铬的质量分数都大于12.5%。

不锈钢中的碳对提高其强度有作用,但对耐蚀性有不利的影响。当碳以碳化物形式存在于合金中时,不仅造成基体的含铬量降低,还使产生电化学腐蚀的原电池数量增加。因此不锈钢中碳含量尽可能地低。

3. 常用不锈钢

不锈钢按正火状态的组织不同分为铁素体不锈钢、马氏体不锈钢和奥氏体不锈钢等。常用不锈钢见表8.8。

1) 马氏体型不锈钢

马氏体型不锈钢的碳质量分数 $w(C)=0.1\%\sim 0.4\%$,铬质量分数 $w(Cr)=12\%\sim 14\%$,属于铬不锈钢。因为钢中存在多相组织,存在原电池,所以其耐蚀性能较其他不锈钢差,只能在氧化性介质中或弱腐蚀工况下使用。但是马氏体不锈钢的强度硬度高,适用制造力学性能要求高,同时有耐蚀性要求的汽轮机部件、结构架、螺栓、医疗工具、量具、剪切刃具等。

表8.8 不锈钢的牌号、成分、热处理、性能及用途

类别	钢号	热处理温度/℃ A:油或水淬 B:油淬 C:回火	力学性能					特性及用途
			σ_m/MPa	σ_{el}/MPa	A/%	Z/%	HRC	
马氏体型	1Cr13	A:1000～1050 C:700～790	≥600	≥420	≥20	≥60		制造能抗弱腐蚀性介质、能受冲击载荷的零件,如汽轮机叶片、水压机阀、结构架、螺栓、螺帽等
	2Cr13	A:1000～1050 C:700～790	≥660	≥450	≥16	≥55		
	3Cr13	B:1000～1050 C:200～300					48	制造较高硬度和耐磨性的医疗工具、量具、滚珠轴承等
	4Cr13	B:1000～1050 C:200～300					50	
	9Cr18	B:950～1050 C:200～300					55	不锈切片机械刃具、剪切刃具、手术刀、高耐磨、耐蚀件
铁素体型	1Cr17	750～800 空冷	≥400	≥250	≥20	≥50		制造硝酸工厂设备,如吸收塔,热交换器、酸槽、输送管道,以及食器工厂设备等
奥氏体型	0Cr18Ni9	固溶处理:1050～1100 水淬	≥500	≥180	≥40	≥60		具用良好的耐蚀及耐晶间腐蚀性能,为化学工业用的良好耐蚀材料
	1Cr18Ni9	固溶处理:1100～1150 水淬	≥560	≥200	≥45	≥60		制造耐硝酸、冷磷酸、有机酸及盐、碱溶液腐蚀的设备零件
	0Cr18Ni9Ti 1Cr18Ni9Ti	固溶处理:1100～1150 水淬	≥560	≥200	≥40	≥55		耐酸容器及衬里,输送管道等设备和零件,抗磁仪表,医疗器械

续表

类别	钢号	热处理温度/℃ A:油或水淬 B:油淬 C:回火	力学性能					特性及用途
			$\sigma_m/$ MPa	$\sigma_{el}/$ MPa	A/ %	Z/ %	HRC	
奥氏体铁素体型	1Cr21Ni5Ti	950～1100 水或空淬	≥600	≥350	≥20	≥40		硝酸及硝铵工业设备及管道,尿素液蒸发部分设备及管道
	1Cr18Mn10 Ni5Mo3N	1100～1150 水淬	≥700	≥350	≥45	≥65		尿素及尼龙生产的设备及零件,其他化工、化肥等部门的设备及零件

2)铁素体型不锈钢

铁素体型不锈钢碳质量分数较低,含铬量较高,不含其他合金元素,为单相铁素体组织。它的耐蚀性比马氏体型不锈钢高,适合用于氧化性介质或中性介质中。主要用于强度要求不高的硝酸工业设备及食品工业设备中。

3)奥氏体型不锈钢

奥氏体不锈钢的铬质量分数 $w(Cr)=17\%\sim19\%$,镍质量分数 $w(Ni)=8\%\sim11\%$,属于镍铬不锈钢。由于镍含量高,扩大了奥氏体区,可在室温下得到稳定的单相奥氏体组织,铬还可提高钢的钝化能力,因而有更好的耐蚀性和高温抗氧化性。代表钢种是18-8型不锈钢,如0Cr18Ni9,1Cr18Ni9,1Cr18Ni9Ti等。为保证获得单相奥氏体组织,可将该钢加热到高温奥氏体区,使合金元素及晶间杂质溶解到基体中,并快速冷却下来,即进行固溶处理。固溶处理能显著提高钢的耐晶间腐蚀能力。

奥氏体不锈钢主要用于制造耐蚀性要求很高及冷变形成形后焊接的工件,如化工设备及管道、医疗器械等;也用于仪表、发电等行业制作无磁性的耐蚀零件。须指出,这类钢不能通过热处理强化,经冷变形强化或焊接后,为避免应力腐蚀,要进行消除应力处理。

4)奥氏体-铁素体双相不锈钢

在18-8型钢的基础上,降低碳质量分数提高铬质量分数,并加入其他铁素体形成元素,使合金具有(奥氏体+铁素体)双相组织,就是奥氏体-铁素体双相不锈钢。双相钢同时具有奥氏体型和铁素体型的优点,耐蚀性能优异,而且具有更加优异的综合力学性能。

8.7.2 耐热钢

耐热钢是高温下具有化学稳定性和热强性的特殊钢。根据使用工况的不同,耐热钢可分为热稳定钢和热强钢。热稳定钢指在高温下抗氧化或抗高温介质腐蚀而不易破坏的钢。热强钢指在高温下具有足够强度,而不产生大量变形、不开裂的钢。耐热钢主要用于火力发电设备的锅炉和汽轮机、高温反应设备和加热炉、飞机的喷气发动机、汽车和船舶的内燃机、热交换器等设备。

1. 性能要求及强化途径

钢在高温下长期工作很容易出现两个突出问题:一是严重氧化,在钢的表面生成疏松多孔的氧化亚铁(FeO),氧化亚铁容易剥落,而且氧原子通过 FeO 扩散,使钢继续氧化;二是强度急剧下降,出现应力松弛和蠕变(随着时间的延长,金属发生极其缓慢的变形或者伸长的现象）。因此，对耐热钢的主要性能要求是：①高的抗氧化性；②高的高温强度；③高的组织稳定性；④膨胀系数小，导热性好。

在钢中加入 Cr、Si、Al 等合金元素，可在表面上形成致密的高熔点的 Cr_2O_3、SiO、Al_2O_3 等氧化膜，使钢在高温气体中的氧化过程难以继续进行，同时提高基体的电极电位，可提高抗氧化性；钢中加入合金元素 Cr、Ni、Mo、W、V、Nb、Ti 等合金元素，通过固溶强化和第二相强化，能增强原子间的结合力，提高再结晶温度，弥散分布的第二相粒子既作为强化相，又阻止高温下的滑移变形，从而提高热强性。

2. 常用耐热钢

耐热钢根据正火组织不同可分为珠光体型、铁素体型、马氏体型、奥氏体型耐热钢。其常用钢的牌号、性能及应用见表 8.9。

表 8.9 常用耐热钢的牌号、性能及应用

分类	牌号	部分力学性能≥			应 用
		热处理状态	σ_{el}/MPa	σ_m/MPa	
铁素体型	1C17	退火	400	250	汽轮机耐热紧固件、转子、主轴、叶轮
	0Cr13Al	退火	500	350	汽轮机耐热紧固件、转子、主轴、叶轮
马氏体型	4Cr9Si2	淬火 回火	590	885	有较高的热强性，作内燃机进气阀，轻负荷发动机的排气阀
	4Cr10Si2Mo	淬火 回火	685	885	有较高的热强性，作内燃机进气阀，轻负荷发动机的排气阀
	1Cr11MoV	淬火 回火	490	685	有较高的热强性，良好的减震性及组织稳定性，用于透平叶片及导向叶片
	1Cr12WMoV	淬火 回火	585	735	有较高的热强性、良好的减震性及组织稳定性。用于透平叶片、紧固件、转子及轮盘
马氏体型	1Cr13	淬火 回火	345	540	作 800 ℃ 以下耐氧化用部件
	2Cr13	淬火 回火	440	635	淬火硬度高，耐蚀性良好。汽轮机叶片
	4Cr9Si2	淬火 回火	590	885	有较高的热强性，作内燃机进气阀，轻负荷发动机的排气阀
	4Cr10Si2Mo	淬火 回火	685	885	有较高的热强性，作内燃机进气阀，轻负荷发动机的排气阀
	1Cr11MoV	淬火 回火	490	685	有较高的热强性，良好的减震性及组织稳定性，用于透平叶片及导向叶片
	1Cr12WMoV	淬火 回火	585	735	有较高的热强性、良好的减震性及组织稳定性。用于透平叶片、紧固件、转子及轮盘
奥氏体型	5Cr21Mn9Ni4N	固溶 时效	560	885	以经受高温强度为主的汽油及柴油机用排气阀
	2Cr21Ni12N	固溶 时效	430	820	以抗氧化为主的汽油及柴油机用排气阀
	2Cr23Ni13	固溶	205	560	承受<980 ℃加热的抗氧化钢。加热炉部件，燃烧器
	2Cr25Ni20	固溶	205	590	承受<1 035 ℃加热的抗氧化钢、炉用部件、喷嘴、燃烧室

珠光体型耐热钢使用温度为 450~600 ℃。常用珠光体型耐热钢的牌号有 12CrMo、15CrMo、12CrMoV,主要用于制造锅炉、管道等负荷较小的耐热零件;30CrMo、35CrMoV、25Cr2MoVA,用来制造汽轮机转子、叶轮、耐热紧固件等负荷较大的耐热零件。

马氏体型耐热钢使用温度为 550~650 ℃。在 Cr13 型不锈钢的基础上添加 Si、Mo、V、W 等元素形成马氏体耐热钢,如 4Cr9Si2、4Cr10Si2Mo,经淬火回火后,常用于制作发动机和柴油机的排气阀等。

奥氏体型耐热钢中添加有大量的 Cr、Si、Ni、Mn、N 等奥氏体形成元素和提高抗氧化性的元素,具有较高组织稳定性和高温强度,有强度要求时可在 600~700 ℃ 工作,无强度要求时可在 1 000 ℃ 以下工作。

奥氏体型耐热钢在固溶处理和时效处理后,其耐热性、冷作成形性、可焊性均较好,常用于制造比较重要的承受载荷的高温零件,如叶片发动机、燃气轮机轮盘和气阀、喷气发动机部件等。

8.7.3 耐磨钢

耐磨钢主要用于承受严重磨损的零件,如车辆履带板、挖掘机铲斗、破碎机颚板和铁轨分道叉、防弹板等,要求耐磨钢具有很高的耐磨性。耐磨钢使用于工程机械中,除耐磨性要求外,也要求其他的如耐冲击性、强度等力学性能。

高锰钢是工程上常用的耐磨钢,其主要牌号有 ZGMn13-1、ZGMn13-2、ZGMn13-3、ZGMn13-4、ZGMn13-5。高锰钢的锰质量分数为 11%~14%,碳质量分数为 1.0%~1.3%。

由于锰是奥氏体形成元素,室温下高锰钢为单相奥氏体组织。为使碳化物溶解到基体中从而提高韧度,将高锰钢加热到 1 000~1 100 ℃ 保温,碳化物溶解后迅速水淬,获得奥氏体组织,称为水韧处理。水韧处理后高锰钢韧度很高,而硬度很低。

在工作时高锰钢承受强烈冲击或者强大压力发生剧烈变形时,钢的表面层不仅产生形变硬化,并且发生马氏体转变,使钢的硬度及耐磨性显著提高,而心部仍然保持为高韧度状态。因此高锰耐磨钢只能应用于承受冲击负荷并要求耐磨性的工况。

第9章 铸 铁

【引例】 如图9.1所示的是金工实习使用的数控车床。它的底座、导轨、箱体等部件都是铸铁制造的,而主轴、丝杆、变速箱齿轮等重要部件却是用钢制造的。这是为什么呢？底座、导轨、箱体之类部件为什么不用钢制造呢？如果用钢制造这类部件,车床的性能是更好还是更差呢？如果用铸铁制造主轴、丝杆、变速箱齿轮等重要部件行不行呢？铸铁有哪些种类和性能？它们还有哪些用途？哪些铸铁可以用来制造底座、箱体、导轨之类的部件？

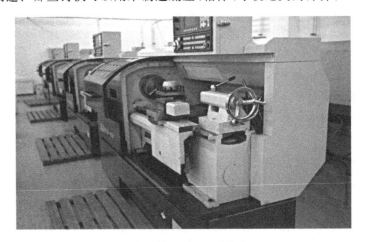

图 9.1 CK6132 数控车床

铸铁是 Fe、C 元素为主、碳质量分数大于 2.11% 的铁基材料。常用铸铁的成分大致为：$w(C)=2.5\%\sim4.0\%$,$w(Si)=1.0\%\sim3.0\%$,$w(Mn)=0.5\%\sim1.4\%$,$w(P)=0.01\%\sim0.5\%$,$w(S)=0.02\%\sim0.20\%$。与钢相比,铸铁中 C、Si、S、P 含量较高,有时为了保证铸铁的某些性能要求,还加入一定量的合金元素,如 Cr、Mo、V、Cu、Al 等,形成合金铸铁。

根据铸铁在结晶过程中石墨化程度的不同,铸铁可以分为白口铸铁、灰口铸铁、麻口铸铁三类。白口铸铁以莱氏体为基体,断口呈现银白色；灰口铸铁中的碳主要以游离态石墨存在,断口呈现暗灰色；麻口铸铁的组织介于上述两者之间,碳以渗碳体和石墨的形式同时存在。

白口铸铁以莱氏体为基体,性能硬而脆,工业上除了制造一些耐磨部件(如农业机械的犁铧、矿山机械的磨球等)外,很少作为机械零件使用,而主要作为炼钢和铸造的原料。麻口铸铁具有较大的硬脆性,工业上使用较少。灰口铸铁中的石墨又软又脆,对铸铁的基体组织产生割裂作用和造成应力集中,使灰口铸铁的强度、塑性和韧度远不如钢的。

然而,石墨却赋予灰口铸铁另一些钢所不能及的优良性能,例如,石墨本身有润滑作用,石墨脱落后形成的空洞能够吸附和储存润滑油,使灰口铸铁件具有良好的耐磨性；石墨可以阻止振动波的传播,因此灰口铸铁具有良好的减振性能；此外,灰口铸铁还具有较低的缺口敏感性和良好的切削加工性能；灰口铸铁的熔点低、铁水流动性好,具有优良的铸造性能,可以铸造形状非常复杂的零件,铸件凝固后不易形成集中缩孔和分散缩孔。

由于灰口铸铁的性能优良,价格便宜,因而广泛应用于工业领域。如果按质量计算,铸铁件在农业机械中占40%～60%,拖拉机中占50%～70%,机床中占60%～90%,可见铸铁在机械工业中应用的重要性。

9.1 铸铁的石墨化

铸铁中碳原子的析出,并形成石墨的过程称为石墨化过程。石墨的结构和组织对铸铁的性能有很大的影响,下面用铁碳合金相图来分析石墨是如何形成的。

9.1.1 Fe-Fe₃C 与 Fe-C 双重相图

石墨的晶体结构是变态六方晶格,原子呈层状排列(见图9.2)。同一层晶面上的碳原子间以共价键结合,但原子层间呈分子键结合。这种结构使石墨本身的强度非常低,塑性和韧度接近于零。

铸铁从液态冷却时,除了少数的碳溶于铁素体外,大部分碳既可以形成石墨,也可以形成渗碳体。对于同一成分的铁碳合金在完全相同的冶炼条件下,冷却速度非常缓慢时,合金的结晶遵循 Fe-C 相图的规律,大部分碳形成石墨;当冷却速度较快,过冷度较大时,合金的结晶遵循 Fe-Fe₃C 相图的规律,大部分碳形成渗碳体。如果把 Fe-Fe₃C 相图与 Fe-C 相图重合就构成了如图 9.3 所示的铁碳合金双重状态图。图 9.3 中 Fe-Fe₃C 系用实线表示,Fe-C 系用虚线表示,两系重合部分也用实线表示。

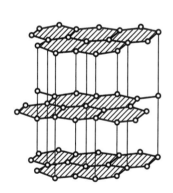

图9.2 石墨的晶体结构

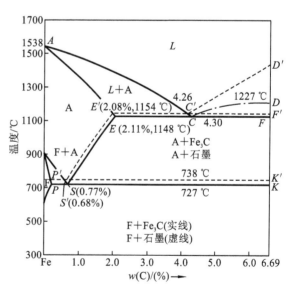

图9.3 Fe-Fe₃C/Fe-C 双重相图

9.1.2 石墨化过程

根据铁碳合金双重相图和结晶条件,铸铁的石墨化过程可分为两个阶段。第一阶段,即从液相至共晶阶段,包括,从过共晶合金液相中直接析出一次石墨、共晶成分液相在共晶反应时结晶出共晶石墨、在铸铁凝固过程中一次渗碳体和共晶渗碳体在高温下分解出石墨。第二阶段,即从共晶阶段至共析阶段,包括,从奥氏体中直接析出二次石墨、共析转变时形成石墨、二次渗碳体和共析渗碳体在共析温度附近及以下温度分解出石墨。第二阶段石墨化形成的石墨大都依附在第一阶段形成的石墨上。铸铁的组织与石墨化过程进行的程度有关,如表 9.1 所示。

表 9.1 铸铁的铸态组织与石墨化进行程度的关系

石墨化进行程度		铸铁的显微组织	铸铁名称
第一阶段	第二阶段		
完全石墨化	完全石墨化	铁素体＋石墨	灰口铸铁
	部分石墨化	铁素体＋珠光体＋石墨	
	未石墨化	珠光体＋石墨	
部分石墨化	未石墨化	莱氏体＋珠光体＋石墨	麻口铸铁
未石墨化	未石墨化	莱氏体	白口铸铁

在实际铸铁的生产中,往往既不是完全按 Fe-Fe_3C 相图结晶凝固,也不是完全按 Fe-C 相图结晶凝固,这使铸铁的组织与性能具有多样性。

9.1.3 影响石墨化的因素

生产实践证明,化学成分和冷却条件是影响铸铁石墨化的主要因素。

1. 化学成分

铸铁中常见的元素可分为促进石墨化的元素和阻止石墨化的元素等两类,即

$$+\underset{Al,C,Si,Ti,Cu,Ni,P}{\underline{促进石墨化元素}} \underset{Nb}{0} \underset{W,Mn,Mo,S,Cr,V,B}{\underline{阻止石墨化元素}}$$

铸铁中促进石墨化元素的含量越高,石墨化程度就越充分。碳是主要的石墨化元素,硅是强烈促进石墨化的元素。实践表明,硅的质量分数每增加 1%,共晶点的碳质量分数相应降低 0.33%,即 1 份硅的作用相当于 1/3 份碳的作用。为综合考虑碳和硅的影响,通常把硅质量分数折算成相当作用的碳质量分数,称为碳当量 $[C]_E$,即

$$[C]_E = w(C)\% + 1/3\, w(Si)\% \tag{9.1}$$

因此,调整铸铁的碳当量,是控制其石墨化程度、组织及性能的基本措施之一。普通铸铁中碳质量分数 $w(C)=2.5\%\sim 4.0\%$,硅质量分数 $w(Si)=1.0\%\sim 3.0\%$,碳当量一般配制在 4% 左右。

磷是微弱促进石墨化元素,能提高铁水的流动性,形成的 Fe_3P 能显著提高铸铁硬度和耐磨性。但 Fe_3P 常以共晶体形式分布在晶界上,增加铸铁的脆性。所以普通铸铁控制 $w(P)<0.5\%$,高强度铸铁 $w(P)<0.2\%\sim 0.3\%$。

硫是强烈阻止石墨化的元素。锰也是阻止石墨化的元素,锰增加铁、碳原子的结合力,降低共析转变温度,不利于石墨的析出,但锰与硫能形成硫化锰,减弱硫对石墨化的阻止作用,又能间接地促进石墨化。因此,铸铁中锰的质量分数通常为 $0.5\%\sim 1.4\%$,硫的质量分数应严格控制在 0.15% 以下。

综上所述,C、Si、Mn 等为调节组织元素,P 是控制使用元素,硫属于限制使用元素。因此,控制不同化学成分的含量,可控制石墨化程度。

2. 加热温度和冷却速度

高温下缓慢冷却时,由于碳原子能充分扩散,铸铁结晶通常按 Fe-G 相图转变,即碳以石

墨形式析出。另一方面,因渗碳体的碳质量分数比石墨的碳质量分数小很多,析出渗碳体所需碳原子少,所以,当冷却速度较快时,液体中结晶出渗碳体更容易。所以,加热温度越高,保温时间越长,生产中铸件的冷却速度越缓慢,越有利于石墨化。

生产中铸件的冷却速度主要取决于铸型材料和铸件壁厚。图 9.4 所示的是一般砂型铸造时,铸铁中的碳、硅含量和铸件壁厚(反映冷却速度)对石墨化及基体组织的影响。

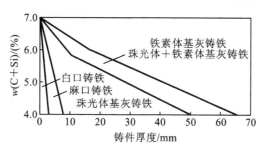

图 9.4 铸铁壁厚及 C、Si 含量对铸铁组织的影响

9.2 常用灰口铸铁

灰口铸铁中石墨形态可归纳为片状、团絮状、球状和蠕虫状四大类,如图 9.5 所示。据此,灰口铸铁又可相应分为灰铸铁、可锻铸铁、球墨铸铁和蠕墨铸铁。下面分别介绍它们的组织特点、性能特点、牌号表示及其应用。

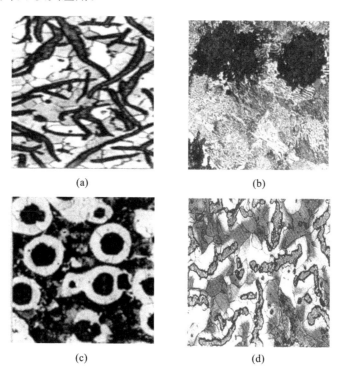

图 9.5 铸铁的石墨形态
(a)片状;(b)团絮状;(c)球状;(d)蠕虫状

9.2.1 灰铸铁

灰铸铁的断面呈烟灰色,是应用最广泛的一种灰口铸铁。灰铸铁的显微组织是由片状石墨和钢基体组成的,基体组织可以分为铁素体基体、铁素体+珠光体基体和珠光体基体三种,如图 9.6 所示。铁素体基体的灰铸铁软而强度低(见图 9.6(a));珠光体基体的灰铸铁强度、硬度较高(见图 9.6(b));铁素体+珠光体基体灰铸铁的性能介于二者之间(见图 9.6(c))。

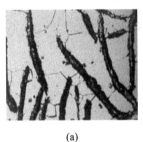  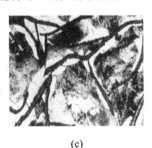

(a)　　　　　　　　　(b)　　　　　　　　　(c)

图 9.6　灰铸铁的显微组织

(a)铁素体基体灰铸铁;(b)珠光体基体灰铸铁;(c)铁素体+珠光体基体灰铸铁

我国灰铸铁的牌号、性能及用途如表 9.2 所示。其中"HT"是"灰铁"两字汉语拼音字首,"HT"后边的数字代表该铸铁的最低抗拉强度。

表 9.2　灰铸铁的牌号、不同壁厚灰铸铁的抗拉强度及用途举例

铸件牌号	基体组织	铸件壁厚/mm				用途举例
		2.5～10	10～20	20～30	30～50	
		抗拉强度 σ_m/MPa				
HT100	铁素体基体	130	100	90	80	低载荷和不重要零件,如重锤、盖板、外罩、支架、手轮等
HT150	珠光体+铁素体基体	175	145	130	120	承受中等载荷的零件,如支架、机座、箱体、阀体、泵体、工作台、刀架及一般无工作条件要求的零件
HT200	珠光体基体	220	195	170	160	承受中等载荷的重要零件,如气缸体、齿轮、机座、机床床身、缸套、飞轮、中等压力阀阀体等
HT250		270	240	220	200	承受较大载荷的零件,如机体、阀体、油缸、床身、凸轮、衬套、联轴器、轴承座等
HT300	孕育铸铁	—	290	250	230	承受较大载荷的零件,如齿轮、凸轮、车床卡盘、剪床和压力机机身、重型机械床身、高压油缸、液压件等
HT350		—	340	290	260	

注:上表 HT250 一栏中,270 MPa 指铸件壁厚为 4～10 mm。

因为石墨本身的强度很低,石墨镶嵌在金属基体上,割裂了金属基体的连续性,使铸铁抗拉强度、塑性和韧度都比同样基体的钢要低得多。但是,灰铸铁的抗压强度一般比其抗拉强度高出 3～4 倍,还具有石墨赋予的一系列优良性能,因而是应用最多的铸铁。

9.2.2 可锻铸铁

可锻铸铁是先浇铸成白口铸铁,再经高温长时间的退火而获取的具有团絮状石墨的一种铸铁。为了获得白口组织,碳硅含量不能太高;为了使石墨化过程顺利进行,碳硅含量也不能太低。可锻铸铁的成分一般控制在:$w(C)=2.2\%\sim2.8\%$,$w(Si)=1.0\%\sim1.8\%$,$w(Mn)=0.4\%\sim1.2\%$,$w(P)\leqslant0.3\%$,$w(S)\leqslant0.2\%$。

白口铸铁的石墨化退火是制造可锻铸铁最主要的工艺,其工艺如图9.7所示,石墨化过程的总周期约为40~70 h。如果在退火过程中第一阶段石墨化和第二阶段石墨化都能充分进行,则退火后得到铁素体+团絮状石墨的组织,如图9.8(a)所示,称为铁素体可锻铸铁。其断口心部因存在大量的石墨而呈烟灰色,表层因退火时脱碳而呈灰白色,故又称为黑心可锻铸铁。如果退火过程中第二阶段石墨化不进行,则退火后的组织为珠光体+团絮状石墨的组织,称为珠光体可锻铸铁,如图9.8(b)所示。

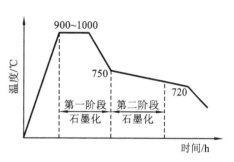

图9.7 白口铸铁石墨化退火

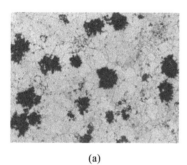

(a)　　　　　　　　　　(b)

图9.8 可锻铸铁的显微组织

(a)铁素体可锻铸铁;(b)珠光体可锻铸铁

"KT"为"可铁"二字汉语拼音字首,"KTH"表示黑心可锻铸铁,"KTZ"表示珠光体可锻铸铁,后面的两组数字分别表示该铸铁的最低抗拉强度(MPa)和最低伸长率的值。

石墨呈团絮状减轻了石墨对基体的割裂作用,同时减轻了石墨片尖端引起的应力集中现象,因此可锻铸铁的强度和韧度均比灰铸铁的高。通常用于铸造形状复杂、要求承受冲击载荷的薄壁零件,如汽车、拖拉机的前后轮壳、减速器壳及转向节壳等。可锻铸铁的主要特性和用途如表9.3所示。但由于其生产周期长,成本较高,部分可锻铸铁零件已逐渐被球墨铸铁零件所代替。

表9.3 可锻铸铁的主要特性和应用举例

牌　号	主要特性	用　途
KTH300-06	具有一定的韧度和强度,气密性好	管道配件,中低压阀门等
KTH330-08	具有一定的韧度和强度,能承受中等动载荷和静载荷	农机具中的犁刀、犁柱、车轮壳,机床用的扳手等

续表

牌　号	主　要　特　性	用　途
KTH350-10 KTH370-12	较高的韧度和强度,能承受较高的冲击、振动及扭转负荷	汽车、拖拉机上的前后轮壳、差速器壳、转向节壳、制动器等
KTZ450-06 KTZ550-04 KTZ650-02 KTZ700-02	低韧度,高强度、高硬度、耐磨性好,切削加工性良好	曲轴、凸轮轴、连杆、齿轮、摇臂、活塞环、轴承、犁刀、耙片、万向接头、扳手、传动链条等

9.2.3 球墨铸铁

球墨铸铁是向出炉的铁水中加入球化剂(如 Mg、稀土元素等)和孕育剂(硅铁等)而得到球状石墨的铸铁。球状石墨对金属基体的割裂作用减小,使基体强度的利用率达到70%～90%。因此,球墨铸铁具有远高于灰铸铁的力学性能,而且还保留了灰铸铁的一系列优点。球墨铸铁在机械制造中得到了广泛的应用,可以部分代替调质钢、锻钢,应用于载荷较大、受力复杂的零件,如汽车、拖拉机中的曲轴、连杆、凸轮等,还可以做大型水压机的工作缸、缸套及活塞,受压阀门,汽车后桥壳体等。

球墨铸铁的显微组织是由球状石墨和金属基体组成的。基体组织可以分为铁素体基体、铁素体＋珠光体基体和珠光体基体三种,如图9.9所示。

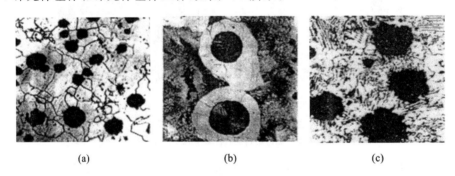

图 9.9　球墨铸铁的显微组织
(a)铁素体球墨铸铁;(b)铁素体＋珠光体球墨铸铁;(c)珠光体球墨铸铁

球墨铸铁分为八个牌号,其主要特性和应用举例如表9.4所示。球墨铸铁牌号中的"QT"是"球铁"两字汉语拼音的字首,后续的两组数据分别表示该铸铁的最低抗拉强度(MPa)和最低伸长率的值。

表 9.4　球墨铸铁的特性和应用举例

牌　号	主　要　特　性	用　途
QT400-18 QT400-15	焊接性及切削加工性良好,韧度高,脆性转变温度低	农机具中的犁铧、犁柱等,汽车、拖拉机的轮毂、驱动桥壳体、离合器壳、差速器壳等,压缩机上的高低压气缸等
QT450-10	焊接性及切削加工性良好,韧度高,脆性转变温度低,但塑性略低,而强度和小能量冲击力较高	

续表

牌 号	主 要 特 性	用 途
QT500-7	中等强度与塑性,切削加工性较好	内燃机的机油泵齿轮,汽轮机中温气缸隔板,机器底座、传动轴、飞轮、电动机架等
QT600-3	中高强度,低塑性,耐磨性较好	部分柴油机和汽油机的曲轴、凸轮轴、气缸套、连杆等,农机具的轻载荷齿轮,部分磨床、铣床、车床的主轴等
QT700-2 QT800-2	较高的强度和耐磨性,塑性及韧度较低	
QT900-2	高的强度和耐磨性,较高的弯曲疲劳强度、接触疲劳强度和一定的韧度	农机具的犁铧、耙片,汽车上的转向节、传动轴,拖拉机上的减速齿轮,内燃机曲轴、凸轮轴等

9.2.4 蠕墨铸铁

蠕墨铸铁是在浇注灰口铸铁前向铁水中加入一定量的蠕化剂(Mg、Ca、Ti、Re 等)和少量的孕育剂(Si 铁或 Si-Ca 合金等)而制得。蠕墨铸铁的显微组织由金属基体和蠕虫状石墨组成。

与灰铸铁的片状石墨相比,蠕虫状石墨的长宽比明显减小,端部变圆变钝,对基体的割裂作用减小,故蠕墨铸铁的抗拉强度、塑性、疲劳强度等均优于灰铸铁,而接近铁素体基体的球墨铸铁。同时蠕墨铸铁的导热性、铸造性、可切削加工性均优于球墨铸铁,而与灰铸铁接近。因此,蠕墨铸铁是一种具有良好综合性能的铸铁,常用于制造在热循环载荷条件下工作的零件,如钢锭模、玻璃模具、柴油机气缸、气缸盖、排气管、刹车件等,以及结构复杂、要求强度较高的铸件,如液压阀的阀体、耐压泵的泵体等。蠕墨铸铁的牌号、主要特性和应用举例如表 9.5 所示。其中"RuT"是"蠕铁"两字汉语拼音字首,"RuT"后边的数字代表该铸铁的最低抗拉强度。

表 9.5 蠕墨铸铁的牌号、主要特性和应用举例

牌 号	主 要 特 性	用 途
RuT420 RuT380	强度高、硬度高,高耐磨性和较高导热率	活塞环、气缸套、制动盘、玻璃模具等
RuT340	强度和硬度较高,具有较高耐磨性和导热率	大型龙门铣横梁,大型齿轮箱体、盖、座,飞轮等
RuT300	强度和硬度适中,有一定的塑性和韧度,具有较高导热率,致密性较好	排气管、变速箱体、气缸盖、液压件等
RuT260	强度一般,硬度较低,由较高的塑性、韧度和热导率	增压器废气进气壳体,汽车某些底盘零件等

9.3 灰口铸铁的热处理

按工艺目的,灰口铸铁热处理主要可以分为去应力热处理、石墨化热处理、改变基体组织热处理等。

9.3.1 去应力退火

铸件在凝固和随后的冷却过程中,由于壁厚不同,冷却条件不同,其各部分的温度和相变程度都会有所不同,因而造成铸件各部分体积变化量不同,而产生热应力和组织应力。去应力退火可以消除铸件中的铸造残余应力,稳定铸件几何尺寸,减小切削加工后的变形。

普通灰口铸铁去应力退火的加热温度为 550 ℃,低合金灰口铸铁的为 600 ℃,高合金灰口铸铁的可提高到 650 ℃;加热速度一般为 60~100 ℃/h;保温时间为 2~8 h;随炉冷却速度应控制在 30 ℃/h 以下,一般铸件冷至 150~200 ℃ 出炉,形状复杂的铸件冷至 100 ℃ 出炉。

9.3.2 石墨化退火

石墨化退火的目的是使铸铁中渗碳体分解为石墨和铁素体。这种热处理工艺是可锻铸铁件生产的必要环节。在灰铸铁生产中,为降低铸件硬度,便于切削加工,有时也采用这种工艺方法。在球墨铸铁生产中常用这种处理方法获得高韧度铁素体球墨铸铁。

铸铁中渗碳体是亚稳定相,石墨是稳定相。加热到一定温度,渗碳体就可能分解为石墨和铁碳固溶体,而且温度越高时,原子的扩散越容易,渗碳体的分解就越容易。可锻铸铁的石墨化退火已在前面作了介绍;灰铸铁的石墨化退火是将出现白口组织的铸件加热到 850~900 ℃,保温 2~3 h,使铸件中白口组织中的共晶渗碳体分解成石墨,然后随炉冷却至 400~500 ℃ 再出炉空冷;球墨铸铁的石墨化退火是将存在自由渗碳体的铸件加热到 900~950 ℃ 温度,保温 2~5 h,随炉冷却至 600 ℃ 左右出炉空冷。

9.3.3 改变基体组织的热处理

灰口铸铁的力学性能主要取决于石墨形态,但是也可以通过热处理来改变基体组织以得到所需的性能,其热处理方法与钢的基本相同,常用的有以下方法。

1. 正火

正火的目的是增加基体组织中珠光体的数量,并细化基体组织,提高强度和耐磨性。

灰铸铁共晶渗碳体较少时,正火加热温度一般为 850~900 ℃;共晶渗碳体较多时,加热温度一般为 900~950 ℃。加热温度高,可提高奥氏体的碳质量分数,使冷却后珠光体含量提高。保温时间 3 h,保温后实施空冷,或采用风冷和喷雾冷却。

球墨铸铁正火分高温正火和低温正火等两类。高温正火温度一般不超过 950~980 ℃,低温正火一般加热到共析温度区间 820~860 ℃。正火之后一般需要进行回火处理,以消除正火时产生的内应力。

2. 调质

要求综合力学性能较高的球墨铸铁件,如连杆、曲轴等,可采用调质处理。其工艺为,加热到 850~900 ℃,保温 2~4 h 后淬入油中,得到马氏体组织,再经 500~600 ℃ 高温回火,回火组织为回火索氏体和球状石墨。QT600-2 经 900 ℃ 加热淬火,600 ℃ 回火的显微组织如图 9.10 所示。

3. 等温淬火

对于要求高韧度和高耐磨性的球墨铸铁件需要采用等温淬火。其工艺是,将铸铁加热到 850~900 ℃,保温 2~4 h 后迅速移入 250~300 ℃ 盐浴中进行 30~90 min 的等温处理,然后取出空冷,获得贝氏体和残余奥氏体基体组织和球状石墨。由于等温盐浴的冷却能力有限,一般用于横截面比较小的零件,如连杆、曲轴、齿轮等。QT600-2 经 920 ℃加热,280 ℃等温淬火的显微组织如图 9.11 所示。

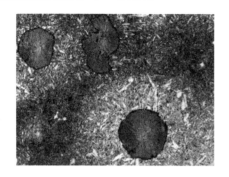

图 9.10　QT600-2 调质显微组织

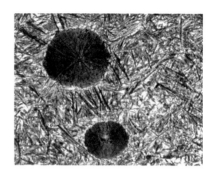

图 9.11　QT600-2 等温淬火显微组织

4. 表面淬火

表面淬火用于处理要求表面具有高硬度和高耐磨性的铸件,如机床导轨、缸体内壁等。其方法有高频表面淬火、火焰加热表面淬火及接触电热表面淬火等。图 9.12 所示的为接触电热表面淬火示意图。

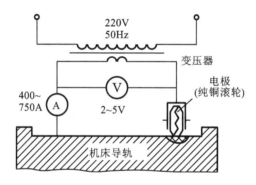

图 9.12　接触电热表面淬火示意图

9.4　合金铸铁

通过合金化获得耐热、耐磨、耐蚀等特殊性能的铸铁称为合金铸铁。常用的合金铸铁有以下几种。

9.4.1　耐热铸铁

在铸铁中加入 Si、Al、Cr 等合金元素,可提高铸铁在高温下的抗氧化和抗蠕变能力,这种铸铁称为耐热铸铁。常用耐热铸铁有、中硅耐热铸铁、硅球墨铸铁、高铝球墨铸铁、铝硅球墨铸铁和高铬耐热铸铁等。主要用于制造加热炉底板、换热器、坩埚、烟道挡板、热处理炉内运输链条等。

9.4.2　耐磨铸铁

耐磨铸铁分为抗磨铸铁和减摩铸铁等两类。

抗磨铸铁通常是在普通白口铸铁中,加入 Cr、Mo、Ni 等合金元素而制得的。主要用于在耐磨粒磨损条件下工作的部件，如轧辊、车轮、球磨机的衬板及粉碎机的锤头等。

减摩铸铁是在珠光体灰铸铁中，加入 Cr、Mo、W、Cu 等合金元素而制得的，它可进一步提高耐磨性，改善基体强度和韧度。这类铸铁如高铬耐磨铸铁、奥-贝球铁等，主要用于制造在润滑条件下受黏着磨损的铸件，如机床导轨、气缸套、活塞环、轴承等。

9.4.2 耐蚀铸铁

在铸铁中加入大量的 Si、Al、Cr、Ni、Cu 等元素，可提高铸铁基体组织的电极电位，或在铸铁表面形成致密的保护膜，从而提高起耐蚀性。耐蚀铸铁主要用于制造化工机械的阀门、管道、泵及相关容器。

第 10 章　非铁金属材料

【引例】　大家对电插座(见图 10.1)很熟悉。除了塑料外壳外,其插孔里的弹簧片、插头的插板、导线都是用铜制造的,插板与导线的连接是用锡焊的,有时导线也用铝来制造。这是为什么呢? 为什么不用铁制造? 与铁相比,这类非铁金属有哪些特别的性能呢? 非铁金属有哪些种类? 除了做这些导体之类的元器件,非铁金属还可以有哪些性能和用途?

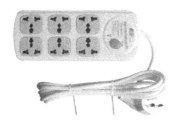

图 10.1　家用电插座

非铁金属(nonferrous metals)是指钢铁材料以外的各种金属材料,习惯上称为有色金属材料。与钢铁材料相比,非铁金属具有许多特殊性能,因而成为现代工业中不可缺少的工程材料。例如,铝、镁、钛等金属及其合金具有密度小、比强度高的特点,在航天航空、汽车制造、船舶制造等方面广泛应用;银、铜、铝等金属的导电性能和导热性能优良,是电器和仪表不可缺少的材料;钨、钼、铌是制造高温零件的重要材料。非铁金属的种类很多,在此仅就工业中应用较广的铝、铜、镁、钛及其合金,以及轴承合金做简要介绍。

10.1　铝及其合金

10.1.1　纯铝及其应用

铝以其资源丰富,成本较低,在工业中成为仅次于钢铁的一种重要金属材料。

纯铝呈银白色光泽,其熔点为 660 ℃,密度为 2.72 g/cm^3,属于轻金属,具有良好的导电性和导热性;在大气中其表面易生成 Al_2O_3 薄膜,使其内部金属不致受到氧化,故具有良好的耐大气腐蚀性;纯铝具有面心立方结构,塑性极好(伸长率为 35%～40%、断面收缩率达到 80%)。

纯铝中含有 Fe、Si、Cu、Zn 等杂质元素,性能会略微降低。纯铝材料按纯度,可分为高纯铝、工业高纯铝、工业纯铝三类。高纯铝的纯度为质量分数 99.93%～99.99%,牌号有 L01、L02、L03、L04 等四种;工业高纯铝的纯度为质量分数 98.85%～99.9%,牌号有 L0、L00 等,编号越长,纯度越高。工业纯铝纯度为质量分数 98.0%～99.0%,牌号有 L1、L2、L3 等,其后所附顺序号越大,其纯度越低。

纯铝的强度很低,不适合制造结构件和机器零件,主要通过冷压力加工或热压力加工制成线、板、带、管等型材,用来制造电线、电缆、散热器及要求不锈、耐蚀而强度要求不高的日用品或配制合金。

10.1.2 铝合金的强化

为了提高纯铝强度,通常在其中加入一定量的合金元素形成铝合金,再通过一些强化方法进一步改善其性能,使铝合金可用于制造承受较大载荷的机器零件和构件。常用的强化方法有以下几种。

1. 固溶强化

固溶强化是加入合金元素,形成铝基固溶体,提高铝合金强度的方法,通常加入的合金元素有 Si、Cu、Mg、Zn、Mn 等。这些元素有较好的固溶强化效果,成为铝合金的主要合金元素。

2. 时效强化

固溶处理(淬火)加时效是铝合金的主要热处理方法。现以 Al-Cu 系合金为例说明铝合金的热处理方法。从 Al-Cu 合金相图(见图 10.2)可见,将铜的质量分数为 0.5%～5.65%的 Al-Cu 合金(组织为 α+CuAl$_2$)加热到 α 相区,并保温一段时间,使化合物 CuAl$_2$ 溶解,形成单相 α 固溶体组织,随后进行水冷,得到过饱和的 α 固溶体组织,它的强度和硬度变化不大,但塑性却较高。过饱和的 α 固溶体并不稳定,在室温下放置或低温加热时,会形成富铜区,析出细小弥散的第二相,这可有效地强化铝合金。这种淬火后的铝合金随时间延长而发生强化的现象称为时效强化或时效硬化。在室温下进行的时效称为自然时效,在加热条件(100～200 ℃)下进行的时效称为人工时效。

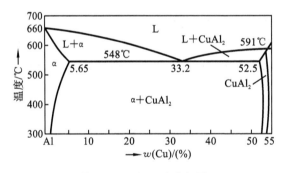

图 10.2 Al-Cu 合金相图

例如,Cu 的质量分数为 4%的 Al-Cu 合金加热到 550 ℃ 保温一段时间淬火,并在水中快冷,第二相(CuAl$_2$)来不及析出,得到的是过饱和的固溶体,强度仅为 250 MPa,在室温下放置,随时间延长合金的强度逐渐升高,4～5 天以后,强度可升至 400 MPa。淬火后,开始放置的数小时内,合金的强度变化不大,这段时间称为孕育期。时效时间超过孕育期后,强度迅速升高。因此,铝合金一般要在孕育期内进行冷变形成形。

3. 细晶强化

为了改善铸造铝合金的组织和性能,工业上采用变质处理来细化晶粒,称为细晶强化。例如,在铸造铝硅合金液体中加入钠盐、锑、锶等作为变质剂,可以有效细化 α 固溶体组织,并阻止初晶硅的生长,从而提高铝合金的力学性能。

10.1.3 铝合金的种类及应用

根据铝合金的成分和工艺特点,铝合金可分为形变铝合金和铸造铝合金两大类。形变铝合金又可分为可热处理强化形变铝合金和不可热处理强化的形变铝合金等两类。

1. 形变铝合金

根据 GB/T16474—2011 规定，我国形变铝合金牌号采用 4 位字符体系命名，即用 2×××～8××× 系列表示。牌号的第 1 位数字表示合金组别；第 2 位字母表示合金的改型；最后 2 位数字用于标识同一组中不同的铝合金或表示铝的纯度。如 2A11 表示以铜为主要合金元素的形变铝合金。

根据主要的性能特点和用途，变形铝合金可分为防锈铝、硬铝、超硬铝和锻铝等四类，其中后三类为可热处理强化的铝合金。

1）防锈铝

这类合金有铝-锰系（3×××）合金和铝-镁系（5×××）合金，常用牌号如 3A21、5A02、5A05 等。其中锰、镁的主要作用是提高耐蚀性和产生固溶强化。防锈铝的塑性和焊接性好，切削加工性较差，不能进行热处理时效强化，常采用冷变形强化。主要用于制造各种高耐蚀性容器、防锈蒙皮、管道、窗框等受力小、质轻的冲压件与焊接构件。

2）硬铝

属于 Al-Cu-Mg 系（2×××）三元合金，还含有少量 Mn。其中 Cu 和 Mg 的主要作用是在时效过程中形成强化相 $CuAl_2$ 和 $CuMgAl_2$，强化效果随 Cu 和 Mg 含量比值的增大而增大。硬铝的特点是强度高，退火及淬火状态塑性好，焊接性好，可在冷态下进行压力加工，多数硬铝在淬火与自然时效状态下使用。但硬铝的耐蚀性较差，常采用加入适量的 Mn 提高耐蚀性，或在硬铝表面包一层纯铝或包覆铝，以提高其耐蚀性。常用的牌号如 2A01、2A10、2A12 等。主要用于制造飞机上常用的铆钉、螺栓、螺旋桨叶片、飞机翼肋、翼梁等受力构件。

3）超硬铝

属于 Al-Cu-Mg-Zn 系合金，是目前强度最高的铝合金。常用的超硬铝有 7A04、7A09 等，时效过程除了析出 θ 相和 S 相外，还能析出强化作用更大的 $MgZn(\eta$ 相) 和 $Al_2Mg_3Zn_3$（T 相）。经时效处理后，可得到铝合金中的最高强度。超硬铝热塑性较好，但是耐蚀性较差，也可以通过包铝的方法加以改善。主要用于制造质量轻、受力大的重要结构件，如飞机大梁、起落架、飞机的蒙皮等。

4）锻铝

有 Al-Cu-Mg-Si 系普通锻铝及 Al-Cu-Mg-Ni-Fe 系耐热锻铝等两大类，元素种类较多，但含量小，因而有良好的热塑性，适于锻造。常用牌号有 2A50、2A14 等。主要用于制造航空及仪表工业中各种形状复杂、受力较大的锻件或模锻件，如各种叶轮、框架、支杆等，也可制造要求耐热的内燃机活塞及气缸头等。锻铝常采用淬火和人工时效处理。

2. 铸造铝

铸造铝代号以汉语拼音字母字首"ZL"（表示"铸铝"）+3 位数字表示，第 1 位数字表示合金的类别（1 为 Al-Si 系，2 为 Al-Cu 系，3 为 Al-Mg 系，4 为 Al-Zn 系），后 2 位数字是合金的顺序号，以区别不同的化学成分。如 ZL301 代表顺序号为 3 的 Al-Mg 系铸造铝。其牌号用"Z"和基本元素的化学成分+主要合金化学元素符号+数字（合金元素的质量分数，用（%）表示）。牌号后面加"A"表示优质。

铸造铝的力学性能不如形变铝，但铸造性能好，适合铸造成形形状复杂的铸件。为了提高合金的铸造性能和使用性能，加入比形变铝更多的合金元素，种类有 Si、Cu、Mg、Zn、Cr、Ni、Mn 等，总的质量分数达 5%～25%。铸造铝合金的种类很多，主要有 Al-Si 系、Al-Cu 系、Al-

Mg 系、Al-Zn 系等四大类,其中以 Al-Si 系应用最多。

常用铸造铝合金牌号及用途如表 10.1 所示。

表 10.1　常用铸造铝合金牌号及用途

类别	牌号	代号	用途
铝硅合金	ZAlSi7Mg	ZL101	形状复杂的零件,如飞机、仪器零件等
	ZAlSi12	ZL102	仪表、抽水机壳体等外型复杂件
	ZAlSi9Mg	ZL104	形状复杂工作温度为 200 ℃ 以下的零件,如电动机壳体、气缸体等
	ZAlSi5Cu1Mg	ZL105	形状复杂工作温度为 250 ℃ 以下的零件,如风冷发动机气缸头、机匣、油泵壳体等
	ZAlSi7Cu4	ZL107	强度和硬度较高的零件
	ZAlSi12Cu1Mg1Ni1	ZL109	较高温度下工作的零件,如活塞等
	ZAlSi9Cu2Mg	ZL111	活塞及高温下工作的其他零件
铝铜合金	ZAlCu5Mn	ZL201	砂型铸造工作温度为 175～300 ℃ 的零件,如内燃机气缸头、活塞等
	ZAlCu10	ZL202	高温下工作不受冲击的零件
	ZAlCu4	ZL203	中等载荷、形状比较简单的零件
铝镁合金	ZAlMg10	ZL301	大气或海水中工作的零件,承受冲击载荷、外形不太复杂的零件,如舰船配件、氨用泵体等
	ZAlMg5Si1	ZL303	
铝锌合金	ZAlZn11Si7	ZL401	结构形状复杂的汽车、飞机、仪器仪表零件,也可制造日用品
	ZAlZn6Mg	ZL402	

10.2　铜及其合金

铜及铜合金具有优异的物理化学性能、良好的加工性能,以及特殊的使用性能,广泛应用于电工电气、仪器仪表及机械制造等工业部门。但铜的储量较少,价格较贵,只有在特殊需要的情况,例如,要求有特殊的磁性、耐蚀性、加工性能、力学性能以及特殊的外观等的情况下,才考虑使用。

10.2.1　纯铜及其应用

纯铜常称为紫铜,密度为 8.96 g/cm^3,熔点为 1083 ℃。纯铜的晶体结构为面心立方晶格,塑性好,容易进行冷、热加工。纯铜强度较低,不能通过热处理强化,但是能通过冷变形加工硬化。

纯铜中含有 Bi、Pb、O、S 和 P 等杂质,它们降低了铜的导电性,必须严格控制。微量杂质 Bi、Pb 会与 Cu 形成低熔点共晶组织,导致"热脆性"。O、S 则易与铜形成脆性化合物 Cu_2O 和 Cu_2S,在冷加工时产生破裂,即所谓"冷脆性"。

工业纯铜按含杂质的量可分为 T1、T2、T3、T4 等四种。其牌号以"铜"的汉语拼音字首

"T"+顺序号表示,顺序数字越大,纯度越低(见表10.2)。

表10.2 工业纯铜的牌号、成分及用途

牌号	代号	纯度(Cu质量分数)/(%)	杂质的质量分数/(%)		杂质总的质量分数/(%)	用途
			Bi	Pb		
一号铜	T1	99.95	0.002	0.003	0.05	导电材料和配制高纯度合金
二号铜	T2	99.90	0.002	0.005	0.1	导电材料,制作电线、电缆等
三号铜	T3	99.70	0.002	0.01	0.3	铜材、电气开关、垫圈、铆钉、油管等
四号铜	T4	99.50	0.003	0.05	0.5	铜材、电气开关、垫圈、铆钉、油管等

10.2.2 铜合金及其应用

在纯铜中加入合金元素,可以熔炼成铜合金。根据主加合金元素的不同,铜合金可分为黄铜、白铜、青铜等三大类。

1. 黄铜

黄铜即Cu-Zn系铜合金,其色泽美观,加工性能好,在工业中有着广泛的应用。黄铜可分为普通黄铜、特殊黄铜、铸造黄铜等三类。

1) 普通黄铜

普通黄铜是铜锌二元合金,含锌量与黄铜的力学性能的关系如图10.3所示。当锌的质量分数小于32%,锌溶入铜中形成面心立方晶格的α固溶体,并随着锌的质量分数的增加,合金的强度和塑性都提高,适合于冷热加工。在锌的质量分数大于32%后,其组织出现体心立方晶格的β'相(以化合物Cu-Zn为基的固溶体),合金的塑性下降,而强度在锌的质量分数为45%时出现最大值。在锌的质量分数超过45%以后,铜合金组织全部为β'相,强度和塑性急剧下降。因此,工业上使用的黄铜,Zn的质量分数一般不超过47%,否则因性能太差而无使用价值。

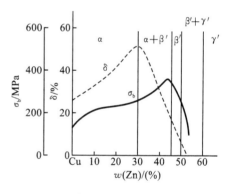

图10.3 黄铜含锌的质量分数与力学性能的关系

普通黄铜分为单相黄铜(组织为α)和双相黄铜(组织为α+β')两大类。常用的单相黄铜有H68、H70、H90等,牌号中"H"为"黄"的汉语拼音字首,数字表示铜的含量,其余为Zn的含量。单相黄铜具有较高的强度和塑性,可以进行冷、热压力加工制造冷凝管、散热器及机械及电气零件、供水及排水管等,也可以制造奖章、装饰品等;常用的双相黄铜有H59、H62等,由于室温β'相比较脆,冷变形能力差,因此通常要进行加热成形,用于制造受力件,如螺母、垫圈、导管、散热器等。

2) 特殊黄铜

为了改善普通黄铜的某些性能,常加入少量的合金元素形成多元铜合金,这类黄铜称为特殊黄铜。合金元素除了提高强度外,加入Al、Sn、Si、Mn等,还可提高抗蚀性能,加入Pb、Si等,可改善耐磨性,Pb还能改善切削性能,加入Fe可细化晶粒。特殊黄铜的编号方法是"H+除Zn外的第二个主加元素符号+铜质量分数+第一合金元素质量分数+第二合金元素质量分数(除 Zn 外的第二个主加元素的质量分数)",数字之间用"-"分开,如 HAl59-3-2,表示 w(Cu)为 59%,w(Al)为 3%,w(Ni)为 2%,余量为 Zn 的特殊黄铜。特殊黄铜的牌号及用途如表 10.3 所示。

表 10.3 特殊黄铜牌号及用途

类别	代号	用 途
铅黄铜	HPb63-3	钟表、汽车、拖拉机及一般机器零件
	HPb59-1	适于热冲压及切削加工零件,如销子、螺钉、垫圈等
铝黄铜	HAl77-2	海船冷凝器管及耐蚀零件
	HAl59-3-2	船舶、电机、化工机械等常温下工作的高强度耐蚀零件
硅黄铜	HSi80-3	耐磨锡青铜的代用材料,船舶及化工机械零件
锰黄铜	HMn58-2	船舶零件及轴承等耐磨零件
铁黄铜	HFe59-1-1	摩擦及海水腐蚀下工作的零件
锡黄铜	HSn90-1	汽车、拖拉机弹性套管
	HSn62-1	船舶、热电厂中高温耐蚀冷凝器管
镍黄铜	HNi65-5	压力计管、船舶用冷凝管

3) 铸造黄铜

铸造黄铜含有较多的 Cu 及少量合金元素。其熔点比纯铜低,液固相线间隔小,流动性较好,铸件致密,具有良好的铸造成形能力。铸造黄铜的耐磨性、耐大气性能好,耐海水的腐蚀性能也较好,适用于泵体、叶轮等耐蚀零件。

铸造黄铜的牌号的表示形式以"铸"字汉语拼音字首"Z"+铜锌元素符号"ZCuZn"表示,具体为"ZCuZn+锌质量分数+第二合金元素符号+第二合金元素质量分数",如 ZCuZn40Mn2 表示 w(Zn)为 40%,w(Mn)为 2%,余量为 Cu 的铸造黄铜。铸造黄铜的牌号及用途如表 10.4 所示。

表 10.4 常用铸造黄铜牌号及用途

牌 号	用 途
ZCuZn16Si4	接触海水工作的配件以及水泵、叶轮和在空气、淡水、油、燃料以及工作压力在 4.5 MPa,工作温度在 225 ℃以下蒸汽中工作的零件
ZCuZn40Pb2	一般用途的耐磨、耐蚀零件,如轴套、齿轮等
ZCuZn25Al6Fe3Mn3	高强度、耐磨件,如桥梁支承板、螺母、螺杆、滑块和蜗轮等
ZCuZn31Al2	压力铸造件,如电动机、仪表等以及造船和机械制造中的耐蚀零件
ZCuZn40Mn3Fe1	耐海水腐蚀零件,300 ℃以下工作的管件,船舶用螺旋桨等大型铸件
ZCuZn40Mn2	在空气、淡水、海水、蒸汽和各种液体、燃料中工作的零件

2. 白铜

白铜是以 Ni 为主加元素的铜合金,具有较高的耐蚀性以及优良的冷、热加工性能。根据性能和应用,分为耐蚀白铜和电工白铜等两类,按化学成分和组元数目,可分为普通白铜和特殊白铜等两类。特殊白铜是在普通白铜(Cu-Ni 合金)基础上加入 Al、Zn、Mn 等合金元素形成的,相应称为铝白铜、锌白铜、锰白铜等。白铜主要用在精密机械、医疗器材、电工器材等方面。

普通白铜的牌号以"白"字汉语拼音字首"B"+数字表示,数字代表 Ni 的质量分数,如 B19 表示 $w(Ni)$ 为 19% 的普通白铜。特殊白铜的代号表示形式是:"B+第二合金元素符号+镍的质量分数+第二合金元素质量分数",数字之间以"-"隔开,如 BMn3-12 表示 $w(Ni)$ 为 3%、$w(Mn)$ 为 12%、$w(Cu)$ 为 85% 的锰白铜。

3. 青铜

青铜原指人类最早使用的 Cu-Sn 合金,也叫锡青铜。但如今习惯上把工业生产中除了黄铜、白铜以外的铜合金都称为青铜。按主加合金元素的不同,可分为锡青铜和特殊青铜等两类;按生产方式的不同,可分为压力加工青铜、铸造青铜等两类。青铜具有良好的耐蚀性、耐磨性、导电性、切削加工性、导热性能、较小的体积收缩率。

压力加工青铜的编号方法是,以"青"字汉语拼音字首"Q"开头,后面是主加元素符号及质量分数,其后是其他元素的质量分数,数字间以"-"隔开,如 QSn6.5-0.4 表示 $w(Sn)$ 为 6.5%,含其他元素,$w(P)$ 为 0.4%,余为 Cu 的锡青铜。铸造青铜表示方法是,"ZCu+第一主加元素符号+质量分数+合金元素+质量分数+…"如 ZCuSn10Pb1 表示铸造锡青铜,平均 $w(Sn)$ 为 10%,$w(Pb)$ 为 1%,余量为 Cu 的铸造锡青铜。常用青铜的牌号及用途如表 10.5 所示。

表 10.5 常用青铜的牌号及用途

类 别	牌 号	用 途
压力加工锡青铜	QSn4-3	弹性元件、化工机械耐磨零件和抗磁零件
	QSn6.5-0.1	精密仪器中的耐磨零件和抗磁元件,弹簧
	QSn4-4-2.5	飞机、汽车、拖拉机用轴承和轴套的衬垫
铸造锡青铜	ZCuSn10Zn2	在中等及较高载荷下工作的重要管配件,阀、泵体等
	ZCuSn10P1	重要的轴瓦、齿轮、连杆和轴套等
特殊青铜	ZCuAl10Fe3	重要的耐磨、耐蚀重型铸件,如轴套、蜗轮等
	ZCuAl9Mn2	形状简单的大型铸件,如衬套、齿轮、轴承
	QBe2	重要仪表的弹簧、齿轮等
	ZCuPb30	高速双金属轴瓦、减摩零件等

10.3 其他非铁金属

10.3.1 钛及钛合金

钛的资源丰富,在地球中的储量位于铁、铝、镁之后居第四。钛及其合金具有比强度高、耐高温、耐腐蚀以及良好低温韧度等突出优点,抗拉强度最高可达 1400 MPa。所以有着广泛应用前景。但钛及钛合金的加工条件较复杂、严格,成本较昂贵,因此,在很大程度上限制了它们的应用。

1. 纯钛

纯钛是灰白色轻金属,密度小($4.507\ g/cm^3$),熔点高(1668 ℃),固态下有同素异构转变:882.5 ℃ 以下为 α-Ti 固溶体,呈密排六方晶格,在 882.5 ℃ 转变为 β-Ti 固溶体,呈体心立方晶格。钛的热胀系数小,塑性好,容易加工成形,可制成细丝和薄片,但导热性差,加工钛的摩擦因数大,使切削、磨削加工困难。

工业纯 Ti 中含有 N、H、C、O、Fe 和 Mg 等杂质元素,它们明显降低钛的塑性和韧度。工业纯钛有 TA1、TA2、TA3 三个牌号,编号越大,杂质越多,可制作在 350 ℃ 以下工作、强度要求不高的零件,例如,石油化工用热交换器、海水净化装置和舰船零部件。

2. 钛合金

合金元素加入纯钛中可形成 α 固溶体和 β 固溶体。Al、N 和 B 等使 α-Ti ⇌ β-Ti 转变温度升高,称为 α 稳定化元素;Fe、Mo、Mg、Cr、Mn 和 V 等使同素异构转变温度下降,称为 β 稳定化元素。因此,钛合金在室温下呈现不同的组织。可依次将钛合金分为三类:α 钛合金、β 钛合金和 (α+β) 钛合金,牌号分别以 TA、TB、TC 加上编号来表示。

1) α 钛合金

钛中加入 Al、B 等 α 稳定化元素获得 α 钛合金。α 钛合金的室温强度比 β 钛合金和 (α+β) 钛合金的低,但高温(500~600 ℃)强度比它们的高,并且组织稳定,抗氧化性能和抗蠕变性能好,焊接性能也很好。α 钛合金不能进行相变强化,主要依靠固溶强化和冷变形强化。热处理只进行消除应力退火或消除加工硬化的再结晶退火。

α 钛合金的典型的牌号是 TA7,成分为 Ti-5Al-2.5Sn。加入 Al 和 Sn 除产生固溶强化外,还提高抗氧化和抗蠕变能力,使钛合金还具有优良的低温性能。其使用温度不超过 500 ℃,主要用于制造导弹的燃料罐、航空发动机压气机叶片和管道、超音速飞机的涡轮机匣和宇宙飞船的高压低温容器等。

2) β 钛合金

钛中加入 Mo、Cr、V 等 β 稳定化元素得到 β 钛合金。β 钛合金有较高的强度、优良的冲压性能,并可通过热处理进行强化。在时效状态下,合金的组织为 β 相基体上弥散分布着细小 α 相粒子。

β 钛合金的典型牌号为 TB2,成分为 Ti-5Mo-5V-8Cr-3Al。β 钛合金应用不如 α 钛合金和 (α+β) 钛合金的广泛,一般在 350 ℃ 以下使用,适于制造压气机叶片、轴、轮盘等重载的回转件,以及飞机构件等。

3) (α+β) 钛合金

钛中通常加入 Al、V 和 Mn 等元素,在室温下可得到 (α+β) 钛合金。其塑性很好,容易锻造、压延和冲压,并可通过淬火和时效进行强化,热处理后强度可提高 50%~100%。

TC4 是应用最广的 (α+β) 钛合金,成分为 Ti-6Al-4V,经淬火及时效处理后,显微组织为块状 α+β+针状 α,其中针状 α 是时效过程中从 β 相中析出的。由于强度高、塑性好、抗蠕变、耐腐蚀,低温时有较高的韧度,并有良好的抗海水腐蚀及抗热盐腐蚀的能力,主要适用于制造在 400 ℃ 以下长期工作的零件,例如,低温下使用的火箭、导弹的液氢燃料箱部件等。

10.3.2 镁及镁合金

镁的自然储量仅次于铝和铁,是继钢铁和铝合金之后发展起来的第三类金属结构材料。与其他金属结构材料相比,镁及镁合金具有密度最低、比强度和比刚度高,减振性、电磁屏蔽和抗辐射能力强,易切削加工,易回收等一系列优点,在工业中具有广阔的应用前景,被称为 21 世纪的绿色工程材料。

1. 纯镁

纯镁呈银白色,密排六方结构,相对密度为 1.74,熔点 650 ℃,沸点 (1 103±10) ℃;镁的抗蚀性差,在空气中极易被氧化形成松散的氧化物,高温时更易氧化,甚至燃烧;镁的塑性低,冷变形能力差,但在150～200 ℃时可进行各种热加工成形。纯镁的力学性能很低,不能直接用做结构材料,常用于制造镁合金和其他合金。

2. 镁合金

镁合金是在纯镁中加入 Al、Zn、Mn、Zr 及稀土等合金元素组成的。合金元素产生固溶强化、时效强化、细晶强化和沉淀强化。如 Al 除了产生固溶强化,又可析出沉淀强化相 $Mg_{17}Al_{12}$,Zn 可产生时效强化相 MgZn,Zr 可细化晶粒,Mn 和稀土元素具有提高镁合金的耐热性和耐蚀性,并改善其焊接性能等多种作用。镁合金中的杂质以 Fe、Cu、Ni 的危害最大,需要严格控制其含量。

按成形工艺,镁合金分为铸造镁合金和变形镁合金等两类,两者在成分、组织及性能上存在很大差异。由于密排六方的镁变形能力有限,易开裂,因此,目前铸造镁合金比变形镁合金应用更广。

1) 铸造镁合金

我国铸造镁合金的牌号用字母 ZM 表示,数字为顺序号。根据合金的化学成分和性能特点,铸造镁合金分为高强度铸造镁合金和耐热铸造镁合金两大类。

高强度铸造镁合金属于 Mg-Al-Zn 和 Mg-Zn-Zr 系,牌号有 ZM1、ZM2、ZM5、ZM7 和 ZM10。此类合金具有较高的常温强度、良好的塑性和铸造工艺性能,但其耐热性较差,使用温度不能超过 150 ℃,适于铸造各种类型的零部件。其中 ZM5 合金广泛应用于航空航天工业中,制造飞机、发动机、卫星及导弹仪器舱中承受较高载荷的结构件或壳体。一般使用状态为淬火或淬火加人工时效。

耐热铸造镁合金属于 Mg-Re-Zr(镁-稀土系)系,牌号有 ZM3、ZM4 和 ZM6。此类合金铸造工艺性能良好,热裂倾向小,铸件致密,耐热性高,但常温强度和塑性较低,长期使用温度为 200～250 ℃,短时使用温度为 300～350 ℃。

2) 变形镁合金

我国变形镁合金的牌号用字母 MB 表示,数字为顺序号。按化学成分,此类合金有 Mg-Mn 系、Mg-Al-Zn 系和 Mg-Zn-Zr 系三类。

Mg-Mn 系有 MB1 和 MB8 两个牌号,具有良好的耐蚀性能和焊接性能,可进行冲压、挤压等塑性变形,一般在退火状态下使用,其板材用于制造蒙皮、壁板等焊接结构件,模锻件可制作外形复杂的耐蚀件。

Mg-Al-Zn 系共有 MB2、MB3、MB5、MB6 和 MB7 五个牌号。这类合金强度较高、塑性较好。其中 MB2 和 MB3 具有较好的热塑性和耐蚀性,故应用较多,其余三种合金应力腐蚀倾向较大,且塑性较差,应用受到限制。

Mg-Zn-Zr 系只有 MB15 一种。它通常在热变形后进行人工时效强化,时效温度一般为 160～170 ℃,保温 10～24 h。其抗拉强度明显高于其他变形镁合金,主要用于制作航天工业中承受载荷较大的零部件,使用温度不超过 150 ℃,同时因焊接性能差,所以一般不用作焊接结构。

除上述镁合金外,近年来 Mg-Li 合金有很大的发展。该类合金密度比其他镁合金的低 15%～30%,同时具有较高的弹性模量、比强度和比模量。Mg-Li 合金还具有良好的工艺性能,可进行冷加工和焊接,并可进行热处理强化,具有良好的应用前景。

3) 镁合金的热处理

热处理是改善或调整镁合金力学性能和加工性能的重要手段,除了在一定程度上改善其力学性能外,有的还可减少铸件的铸造应力或淬火应力,提高工件的尺寸稳定性。镁合金能否进行热处理完全取决于合金元素的固溶度是否随温度变化而变化。当合金元素的固溶度随温度变化而变化时,镁合金可以进行热处理强化。镁合金常用的热处理方法有,人工时效、退火、淬火不时效和淬火加人工时效等。

10.4 轴承合金

用来制造轴瓦及内衬的合金,称为轴承合金。当轴旋转时,轴和轴瓦之间产生强烈的摩擦,并承受轴颈传给的周期性载荷。因此轴承合金应满足一定的性能要求:足够的强度和硬度,以承受轴颈较大的单位压力;良好的塑性和高的韧度,以抵抗受冲击和振动而发生开裂;较高的疲劳强度,避免疲劳破裂;磨合性和耐磨性好,并能保持住润滑油,减轻磨损;良好的耐蚀性、导热性以及较小的线胀系数,防止摩擦升温而发生咬合。

为满足上述要求,轴承合金应既软又硬,在软基体上分布着硬的质点,或者在硬基体上分布软质点。若轴承合金的组织是软基体上分布硬质点,则当机器运转时,软基体受磨损而凹陷,硬质点凸出于基体上,减小轴和轴瓦的接触面积,而凹下去的基体可以储存润滑油,降低轴瓦和轴颈间的摩擦因数,并能起嵌藏外来小硬物的作用,保证轴颈不被擦伤(见图10.4)。另外,软基体能承受冲击和振动,使轴和轴瓦能很好的磨合。轴承合金的组织是硬基体上分布软质点时,也可达到上述同样目的,其承载能力较大,但磨合能力差。

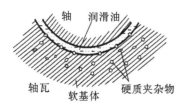

图10.4 软基体硬质点轴瓦与轴的接触面

常用的轴承合金按主要成分,可分为锡基、铅基、铝基、铜基等数种,锡基和铅基两种轴承合金称为巴氏合金。轴承合金的编号以"铸"字汉语拼音字首"Z"开头,表示方法为"Z+基本元素+主加元素及质量分数+辅加元素及质量分数"。例如,ZSnSb12Pb10Cu4 为 $w(Sb)$ 为 12%、$w(Pb)$ 为 10% 和 $w(Cu)$ 为 4% 的锡基轴承合金。

10.4.1 锡基轴承合金

锡基轴承合金是以锡为基础合金,辅加 Sb、Cu、Pb 等元素而形成的一种软基体硬质点类型的轴承合金。合金中加入的锑能够溶入锡中形成软基体(α固溶体),同时能够生成硬质点(化合物 SnSb)。

锡基轴承合金的摩擦因数和线胀系数小,塑性和导热性好,适用于制造大功率汽轮机、电动机、发电机的高速轴瓦。但锡基轴承合金的疲劳强度低,应用温度不高于150℃。常用锡基轴承合金的牌号及用途如表10.6所示。

表10.6 常用锡基轴承合金的牌号及用途

牌 号	用 途
ZSnSb12Pb10Cu4	一般机械的主轴轴承,适用于低温工作
ZSnSb11Cu6	1500 kW 以上的高速汽轮机、370 kW 的蜗轮机、高速内燃机轴承
ZSnSb8Cu3	大型机械轴承、轴套
ZSnSb4Cu4	蜗轮机、内燃机高速轴承及轴衬

10.4.2 铅基轴承合金

铅基轴承合金属于软基体上分布硬质点的轴承合金,是以 Pb 为基础合金,辅加 Sb、Cu、Sn 等元素而形成的。常用牌号是 ZPbSb16Sn16Cu2 轴承合金,$w(Sb)$ 为 16%、$w(Sn)$ 为 16%、$w(Cu)$ 为 2%,余为 Pb。

铅基轴承合金的硬度、强度和韧度比锡基轴承合金的低,但由于价格便宜,常用于制造低速、低载荷的轴承,如汽车、拖拉机的曲轴轴承及铁路车辆等轴承。常用铅基轴承合金的牌号及用途如表 10.7 所示。

表 10.7 常用铅基轴承合金的牌号及用途

牌 号	用 途
ZPbSb16Sn16Cu2	工作温度<120 ℃,汽车、轮船、发动机等轻载荷轴承
ZPbSb15Sn5Cu3Cd2	船舶机械,小于 250 kW 的电动机轴承
ZPbSb15Sn10	中等压力的高温轴承
ZPbSb15Sn5	低速、轻压力条件下工作的机械轴承
ZPbSb10Sn6	重载、耐蚀、耐磨用轴承

10.4.3 铜基轴承合金

铜基轴承合金有铅青铜、锡青铜、铝青铜和锑青铜等,常用牌号有 ZCuPb30、ZCuSn10P1。例如铅青铜 ZCuPb30,$w(Pb)$ 为 30%,其余为 Cu。铜和铅在固态时互不溶解,显微组织为 Cu+Pb,Cu 为硬基体,粒状 Pb 为软质点。铅青铜与巴氏合金相比,疲劳强度和承载能力高,导热性和塑性好,摩擦因数小,因此可制作承受高载荷、高速度及高温下工作的轴承,如压缩机、绞车、高速柴油机的轴承等。

10.4.4 铝基轴承合金

铝基轴承合金是以 Al 为基体,加入 Sb、Cu、Sn 等合金元素所组成的合金。它有密度小,导热性和耐蚀性好、疲劳强度高等优点,但线胀系数大,运行时容易与轴咬合使轴磨损,应用中常采用增大轴承间隙,提高轴颈硬度和降低轴承和轴颈表面粗糙度值等方法加以防止。铝基轴承合金硬度较高,相应地要提高轴的硬度,以防止轴颈被擦伤。这种合金经过不断改进已逐渐用来代替巴氏合金与铜基轴承合金,主要用于高速、重载条件下工作的汽车、拖拉机及内燃机轴承等。

目前常用的铝基轴承合金有铝锑镁轴承合金、铝锡轴承合金等两类。

铝锑镁轴承合金的化学成分为:$w(Sb)$ 为 3.5%~5%,$w(Mg)$ 为 0.3%~0.7%,余量为 Al。其组织以 Al 为软基体,以化合物 AlSb(β 相)为硬质点。加入适量 Mg 的作用是将针状 β 相的形态改变成片状,提高塑性、韧度和屈服强度。该合金与 08 钢板一起热轧成双金属轴承。铝锑镁轴承合金的主要缺点是冷启动性较差,承压能力较小,允许滑动线速度不大,一般用于小载荷的柴油机轴承。

铝锡轴承合金的化学成分为 $w(Sn)$ 为 20%,$w(Cu)$ 为 1%,余量为 Al,属于硬质基体上分布软质点类型的轴承合金。Al 是硬基体,球状 Sn 是软质点,加入少量 Cu 的作用是使基体强化。这种合金一般与钢复合制成双金属结构使用,具有较高的疲劳强度和良好的耐热性、耐磨性及耐蚀性,其承压能力较高,可代替巴氏合金、铜基轴承合金,常用于制作高速重载条件下工作的轴承。

10.5 粉末冶金材料

10.5.1 粉末冶金及其特点

粉末冶金是制取金属或用金属粉末(或金属粉末与非金属粉末的混合物)作为原料,经过成形或烧结,制取金属材料、复合材料等各种类型制品的工艺。粉末冶金可以最大限度地减小合金成分偏聚,消除粗大、不均匀的铸造组织,在制备高性能稀土永磁材料、稀土储氢材料、稀土发光材料、稀土催化剂、高温超导材料和新型金属材料(如 Al-Li 合金、耐热 Al 合金、超合金、粉末耐蚀不锈钢、粉末高速钢和金属间化合物高温结构材料等)中具有重要的作用。

粉末冶金比较容易实现多种类型的复合,能够充分发挥各组元材料的特性,是一种用低成本生产高性能金属基和陶瓷复合材料的工艺。可用于制备非晶、微晶、准晶、纳米晶和超饱和固溶体等一系列高性能非平衡材料,这些材料具有优异的电学、磁学、光学和力学性能。粉末冶金技术能够生产具有特殊结构和性能的材料和制品,如新型多孔生物材料、多孔分离膜材料、高性能结构陶瓷和功能陶瓷材料等。另外,粉末冶金是一种可有效进行材料再生和综合利用的新技术,可以充分利用矿石、尾矿、炼钢污泥和回收废旧金属等作原料。

10.5.2 常用粉末冶金材料

粉末冶金材料具有传统熔铸工艺所无法获得的独特的化学组成和物理、力学性能,如材料的孔隙度可控、材料组织均匀、无宏观偏析、可一次成形等。粉末冶金材料按用途,可分为粉末冶金多孔材料(多孔烧结材料)、粉末冶金减摩材料(烧结减摩材料)、粉末冶金摩擦材料(烧结摩擦材料)、粉末冶金结构材料(烧结结构材料)、粉末冶金工模具材料、粉末冶金电磁材料和粉末冶金高温材料等。

1) 粉末冶金多孔材料

粉末冶金多孔材料是由球状或不规则形状的金属或合金粉末经成形、烧结制成的。材料内部孔道纵横交错、互相贯通,体积孔隙度一般为 30%～60%,孔径为 $1 \sim 100 \mu m$,其导热、导电性能和透过性能好,耐高低温,而且耐介质腐蚀。主要用于制造过滤器、多孔电极、灭火装置和防冻装置等的零件。

2) 粉末冶金减摩材料

通过在材料孔隙中浸润滑油或在材料成分中添加减摩剂、固体润滑剂等可制成粉末冶金减摩材料。材料表面间的摩擦因数小,在有限润滑油条件下,使用寿命比较长、可靠性高,即使在干摩擦条件下,也可以依靠自身或表层含有的润滑剂,产生自润滑效果。该材料可广泛用于制造轴承、支承衬套和作端面密封等。

3) 粉末冶金摩擦材料

粉末冶金摩擦材料通常由三部分组成,即由基体金属(铜、铁或其他合金)、润滑组元(铅、石墨、二硫化钼等)和摩擦组元(二氧化硅、石棉等)组成。其优点主要包括:摩擦因数高,能很快吸收动能,制动和传动速度快,磨损小;强度高;耐高温;导热性好;抗咬合性好;耐腐蚀;受油脂、潮湿影响小。主要用于制造离合器和制动器。

4）粉末冶金结构材料

粉末冶金结构材料能承受拉伸、压缩和扭转等载荷，并能在摩擦磨损条件下工作。但材料内部存在残余孔隙，其延展性和冲击韧度比化学成分相同的铸锻件的低，使其应用范围受到限制。

5）粉末冶金工模具材料

粉末冶金工模具材料包括硬质合金和粉末冶金高速钢等，其特性主要是热处理变形小，可用于制造切削刀具、模具和零件的坯件。例如，钨钴类硬质合金：用YG表示，如YG6代表钴的质量分数为6.0%，碳化钨的质量分数为94%的硬质合金，硬度极高而脆，主要用于切削加工钢的刀具和量具；钨钴钛类硬质合金：用YT表示（除含碳化钨和钴外，还包括增加韧性的碳化钛），如YT15代表碳化钛的质量分数为15%的钨钴钛硬质合金，可用于制造模具。

6）粉末冶金电磁材料

粉末冶金电磁材料包括电工材料和磁性材料。金、银和铂等贵金属的粉末冶金材料可用做电触头材料，以银与铜为基体添加钨、镍、铁、碳化钨与石墨等制成的粉末冶金材料也可用于制作电触头；钨铜和钨镍铜等粉末冶金材料能够用做电极；金属-石墨粉末冶金材料可用做电刷；钼、钽和钨等粉末冶金材料可以用做电热合金和热电偶等。

7）粉末冶金高温材料

粉末冶金高温材料包括粉末冶金高温合金、难熔金属和合金、金属陶瓷、弥散强化及纤维强化材料等，常用于制造涡轮盘、喷嘴、叶片及其他高温下使用的零部件。

第 11 章 高分子材料

【引例】 由于人们对汽车节能和轻质高效等方面的追求,现代轿车一改以钢铁材料独大的局面。在汽车上高分子材料的用量比 60 年前的用量增加了 7 倍之多,高分子材料部件的数量已经逼近甚至超过钢铁部件,图 11.1 所示的是高分子材料制造的汽车部分零部件。为什么高分子材料会发展得这么迅速?为什么高分子材料能够代替部分钢铁材料制造部件呢?高分子材料有哪些种类和优良性能呢?哪些高分子材料可以在工程上应用呢?

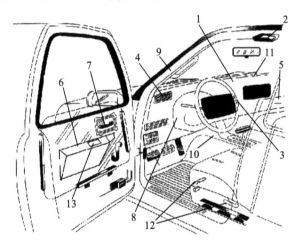

图 11.1 汽车上的部分高分子材料零件
1—仪表板;2—顶灯;3—方向盘;4—空调出风格栅;5—杂物箱;6—扶手;7—门内拉手;
8—仪表盘;9—A 柱;10—控速器;11—除雾格栅;12—调节器;13—开关

通过本章的学习,读者将熟悉高分子材料的基本概念,熟悉工程用高分子材料的特点,掌握在机械设计中使用的高分子材料,并了解当今高分子新材料的发展方向。

高分子材料有天然材料和人工合成材料两大类,例如,植物中提取的松香、天然橡胶和淀粉等就是天然高分子材料;合成橡胶、塑料等是人工合成的。近百年来,高分子材料科学与技术迅猛发展,随着对高分子材料研究的进一步深入及相关技术的进步,高分子材料的品种不断涌现,性能进一步提高,用量急剧增加,已经在许多工程领域,包括机械工程中的应用越来越广泛,用量也越来越大。

11.1 高分子材料概述

高分子材料是以高分子化合物为主要组成物而组成的材料,它通常是指相对分子质量在 10 000 以上的化合物,也称聚合物材料。高分子化合物是指相对分子质量很大的有机化合物,高分子材料通常都采用聚合反应制备,所以也常称为聚合物或高聚物。一般相对分子质量小于 500 的化合物,称为低分子;而一般所说的高分子,其相对分子质量总是在 1 000 以上,有的可到几十万,如聚苯乙烯的相对分子质量是 10 000~300 000,聚氯乙烯的相对分子质量是 20 000~160 000,高分子与低分子之间到目前为止还并没有严格的界限。高分子化合物有天然的和人工合成的两大类。天然高分子化合物如松香、纤维素、蛋白质、天然橡胶等,人工合成高分子化合物常见的有各种塑料、合成橡胶、合成纤维等。工程上使用的高分子材料多数是人工合成的。

11.1.1 高分子材料的组成、分类及命名

1. 高分子材料的组成

高分子材料通常由以下几种主要成分构成。

1) 合成树脂

合成树脂是高分子材料的基本组成,是决定高分子材料性质的主要成分,在高分子材料中其质量分数可达 30%~100%。

2) 填充料

为提高和改善高分子材料的性能,如高分子材料的强度、耐热性、耐磨性、硬度,降低高分子材料的成本,可掺入适量的填充料。常用的填充料有粉状和纤维状两类,粉状填充料有木粉、滑石粉、石灰石粉、石英粉、铝粉、硅藻土、炭黑等,纤维状填充料有石棉、玻璃纤维等。高分子材料中填充料的掺入量的质量分数可达 40%~70%。

3) 其他添加剂

添加剂是为改善高分子材料性质而掺入的某些助剂,诸如增塑剂、固化剂、稳定剂、抗老化剂、抗静电剂、阻燃剂、着色剂、发泡剂等。

2. 高分子材料的分类

高分子材料可以根据其性能、用途、合成工艺、热行为种类及主链结构进行分类。

1) 按高分子材料性能和用途分类

高分子材料按其性能和用途,可以分成三种类型。

(1) 塑料　塑料是指在常温下有一定形状,强度较大,受力后能发生一定形变的聚合物。

(2) 橡胶　橡胶是指在室温下具有高弹性,即受到很小外力,形变很大,可达原长的十余倍,去除外力以后又恢复原状的聚合物。

(3) 纤维　在室温下分子的轴向强度很大,受力后形变较小,在一定的温度范围内力学性能变化不大的聚合物。

其实,塑料、橡胶和纤维三类高聚物很难严格区分,可用不同的加工方式制成不同的种类,如聚氯乙烯是典型的塑料,但也可以制成纤维,即所谓的氯纶。

通常,把聚合后未加工成形的聚合物称为树脂,以区分加工后的塑料或纤维制品,如电木未固化前称酚醛树脂,涤纶纤维未纺丝之前称涤纶树脂。

除上述三类外,还有胶粘剂和涂料等,它们都以树脂形式,可以不加工而直接使用。

2) 按高分子材料聚合反应的类型分类

高分子材料按其聚合反应的类型,可以分成两种类型。

(1) 加聚化合物　该高分子材料由单体经加聚合成高聚物,链节结构的化学式与单体分子式的相同,如前述的聚乙烯、聚氯乙烯等。

(2) 缩聚化合物　该高分子材料由单体经缩聚合成高聚物。缩聚反应与加聚反应不同,聚合过程有小分子副产物析出,链节的化学结构和单体的化学结构不完全相同。如酚醛树脂,

是由苯酚和甲醛聚合，缩去水分子形成的聚合物。表 11.1 所示的为高分子材料常见的几种单体。

表 11.1　高分子材料常见的几种单体

名　　称	结　构　式	聚　合　物
乙烯	$CH_2=CH_2$	聚乙烯
丙烯	$CH_2=CH-CH_3$	聚丙烯
苯乙烯	$CH_2=CH-C_6H_5$	聚苯乙烯
氯乙烯	$CH_2=CH-Cl$	聚氯乙烯
丙烯腈	$CH_2=CH-CN$	丁腈橡胶
四氟乙烯	$CF_2=CF_2$	聚四氟乙烯
丁二烯	$CH_2=CH-CH=CH_2$	丁二烯橡胶
异戊二烯	$CH_2=CH-CH=CH_2$ $\quad\quad\quad\quad\ \ |$ $\quad\quad\quad\quad CH_3$	合成天然橡胶
二甲基丁二烯	$CH_2=C-C=CH_2$ $\quad\quad\ \ |\quad\ \ |$ $\quad\quad CH_3\ CH_3$	甲基橡胶
甲基丙烯酸甲酯	$CH_2=C-COOCH_3$ $\quad\quad\quad |$ $\quad\quad\ \ CH_3$	聚甲基丙烯酸甲酯

3）按高分子材料的热行为分类

高分子材料按其热行为的类型，可以分成两大类。

（1）热塑性高分子材料　该高分子材料在加热后软化，冷却后又硬化成形，随温度变化可以反复进行。如聚乙烯、聚氯乙烯等烯类聚合物都属于这种类型。

（2）热固性高分子材料　该高分子材料受热发生化学变化而固化成形，成形后再受热也不会软化变形。如酚醛树脂、环氧树脂等。

4）按高分子材料聚合物主链上的化学组成分类

高分子材料按其聚合物主链上的化学组成，可以分成三类。

（1）碳链聚合物高分子材料　该高分子材料主链全体由碳原子组成，如聚烯烃、聚二烯烃等。

（2）杂链聚合物高分子材料　这类高分子材料主链除了碳原子外还有其他原子构成，如聚酯、聚砜、聚酰胺等。

（3）元素有机聚合物高分子材料　在这类高分子材料的主链上不一定含有碳原子，它可以有其他原子介入而构成，如氯钛氧烷、聚硅氧烷等。

3. 高分子材料的命名

高分子材料的名称大多数采用习惯命名法，在原料单体名称前加"聚"字，如聚乙烯、聚氯乙烯等。也有一些是在原料名称后加"树脂"二字，如酚醛树脂、脲醛树脂（尿素和甲醛聚合物）

等。有很多高分子材料采用商品名称,它没有统一的命名原则,对同一材料可能各国的名称都不相同。商品名称多用于纤维和橡胶,如聚己内酰胺称尼龙6、锦纶、卡普隆;聚乙烯醇缩甲醛称维尼纶;聚丙烯腈即所谓的人造羊毛又称腈纶;聚对苯二甲酸乙二酯称涤纶;丁二烯和苯乙烯共聚物称丁苯橡胶等。有时为了简化,往往用英文名称的缩写表示,如聚乙烯缩写成 PE,聚氯乙烯缩写成 PVC 等。

11.1.2 高分子材料的发展概况

自有人类以来,就在利用天然高分子材料,但有目的地合成高聚物材料,却不到百年的历史,而在工程上大量应用的时间还比较短。20 世纪 20 年代,斯陶丁格(Hermann Staudinger 1881—1965)创立高分子化学,他首先提出了大分子的概念,因在化学方面的贡献,72 岁时于 1953 年获诺贝尔化学奖。之后,华莱士·H. 卡罗瑟斯(Wallace H. Carothers 1896—1937)发现聚酯,发明了尼龙。保罗·J. 弗洛斯(Paul J. Flory 1910—1958)因在大分子物理化学实验和理论两方面作出了根本性的贡献,于 1974 年获得诺贝尔化学奖。卡尔·齐格勒(Karl Ziegler 1898—1973)和居里奥·纳塔(Giulio Natta 1903—1979)因合成塑料用高分子并研究其结构,两人共获 1963 年诺贝尔化学奖。皮埃尔·吉勒·德热纳(Pierre Gilles de Gennes 1932—2007)因在研究超导体、液晶和聚合物等方面取得成就而获 1991 年诺贝尔物理学奖。白川英树(Hideki Shirkawa 1936—   )、艾伦·G. 马克迪尔米德(Alan G. MacDiarmid 1927—   )和艾伦·黑格(Alan J. Heeger 1936—   )因发现导电聚合物材料,共同获 2000 年的诺贝尔化学奖。高分子材料科学与工程发展非常之快,现在,工业、农业、军事及尖端科学技术等各个领域都在大量使用,其品种、产量、使用范围在日益增加,将来合成材料的产量将超过金属材料。

11.2 高分子材料的力学状态

11.2.1 线型非晶态高分子材料的力学状态

线型非晶态高分子材料在恒定应力下的温度-形变曲线也称为热-机曲线,如图 11.2 所示。线型非晶态高分子材料在不同的温度下呈现三种力学状态。

1. 玻璃态

低温时,高分子材料中的分子运动能量低,链段不能运动,大分子链的构象不能改变,力学性能与低分子固体材料的相似,在外力作用下只能发生少量的弹性变形,而且应力和应变的关系符合虎克定律。高分子材料呈现玻璃态的最高温度称为玻璃化温度,用 T_g 表示,在玻璃化温度下使用的高分子材料通常为塑料和高分子纤维。

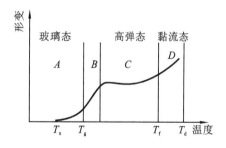

图 11.2 线型高分子材料的温度-形变曲线

2. 高弹态

高分子材料的温度高于 T_g 时,分子活动能量增加,通过单键的内旋转链段不断运动,改变分子链的构象。处于高弹态的高聚物受力时产生很大的弹性变形,可达 100%~1000%。而且这种变形的回复不是瞬时的,要经过一段时间才能完全回复。一般橡胶就是在这种状态下使用的高分子材料。

3. 黏流态

高分子材料处于更高温度下，这时，分子活动能力很强，在外力作用下大分子链间可以相对滑动。这是高分子材料的加工状态。大分子链开始黏性流动的温度称为黏流温度，用 T_f 表示，高聚物在黏流态时，可以通过喷丝、吹塑、注射、挤压等工艺方法制造各种高分子材料制品。一些高分子材料的 T_g 和 T_f 如表 11.2 所示。

表 11.2 一些常见高分子材料的 T_g 和 T_f

聚合物	T_g/℃	T_f/℃	聚合物	T_g/℃	T_f/℃	聚合物	T_g/℃	T_f/℃
聚乙烯	−80	100~130	聚甲醛	−50	165	乙基纤维素	43	—
聚丙烯	−80	170	聚砜	195	—	尼龙 6	75	210
聚苯乙烯	100	140	聚碳酸酯	150	230	尼龙 66	50	260
聚氯乙烯	85	165	聚苯醚	—	300	硝化纤维	53	700
聚偏二氯乙烯	−17	198	硅橡胶	−123	−80	涤纶	67	260
聚乙烯醇	85	240	聚异戊二烯	−73	122	腈纶	104	317
聚乙酸乙酯	29	90	丁苯橡胶	−60	—			
聚甲基丙烯酸甲酯	105	150	丁晴橡胶	−75	—			

11.2.2 线型晶态高分子材料和体型高分子材料的力学状态

线型晶态高分子材料在结晶区不会有链段的运动，所以没有高弹态。当升温到某个温度时，结晶区熔化，这个温度叫熔点，用 T_m 表示。线型晶态高分子材料的温度-形变曲线如图 11.3 所示。曲线 1 是相对分子质量一般的高分子材料的曲线，在温度 T_m 以下（$T_m \approx T_g$），链段不能运动，处于玻璃态，到温度 T_m 及以上进入黏流态。曲线 2 表示相对分子质量很大的高分子材料的曲线，在温度 T_g 时整个分子不发生流动，只能发生链段运动，出现高强态区间（T_m-T_f），只有温度升高到 T_f 时才进入真正黏流态。由于线型晶态高分子材料其实也只有一部分结晶，故在非晶区的 T_g 与晶区的 T_m 温度区间，非晶区柔性好，晶区刚性好，处于韧性状态也即所谓的皮革态。将曲线 1 与曲线 2 进行比较可以看出，结晶的高分子材料在玻璃化温度 T_g 以上和熔点 T_m 以下仍不转变为高弹态，因此，结晶高分子材料作为塑料时可以扩大其使用温度范围。当结晶高分子材料加热到熔点 T_m 以上时，出现高弹态，也可以直接到黏流态，这主要取决于结晶高分子材料的相对分子质量的大小。相对分子质量大者，就有高弹态。结晶高分子材料在熔融后有高弹态时，对加工是不方便的。故当高分子材料的强度已满足使用要求时，为了便于加工，总是选用相对分子质量小一些的材料，这样在熔融后就容易成为流动态。

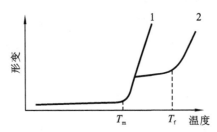

图 11.3 线型晶态高分子材料的温度-形变曲线

1—相对分子质量一般的高分子材料；2—相对分子质量很大的高分子材料

体型高分子材料的力学状态与交联点的密度有关,交联点的密度小,链段仍然可以运动,具有高弹态,例如轻度硫化的橡胶。交联点的密度大的高分子材料,链段不能运动,此时 $T_g = T_f$,高分子材料成为脆硬材料,例如酚醛塑料等体型高分子材料。

11.3 高分子材料的结构变化

11.3.1 高分子材料的化学反应

1. 大分子的交联反应

像树脂的固化、橡胶的硫化等,会使高分子从线型结构转变为体型结构,力学性能提高,化学稳定性增加。大分子结构的这种变化,称为交联反应,包括官能团交联反应和辐射交联反应等。

1) 官能团交联反应

这类反应可以发生在大分子链的侧基官能团之间,也可以发生在大分子链的侧基官能团与小分子的官能团之间。用多元酸(酐)、多元胺固化剂使环氧树脂交联反应就是大分子与小分子官能团的反应。为了改变某种聚合物的性质,也采用含有可反应官能团的大分子作为改性剂,如环氧树脂加入聚酰胺得到改性环氧树脂。

2) 辐射交联反应

有些聚合物没有参加反应的官能团,可用辐射线照射,使大分子产生交联反应。辐射线并不能使所有的聚合物都产生交联反应,有时也可能引起裂解反应。

2. 大分子的裂解反应

大分子链在各种外界因素作用下,发生链的断裂,使相对分子质量下降的反应叫裂解反应。引起裂解的因素很多,如光、热、氧、机械作用、化学试剂、高能辐射、生物作用、超声波等。

11.3.2 高分子材料的老化与防老化

高分子材料在长期使用过程中,受到热、氧气、紫外线、水蒸气、微生物、机械力等因素的作用,逐渐失去弹性,出现龟裂、变硬变脆或发黏软化等现象,称为聚合物的老化。

聚合物的老化是一个复杂的变化过程,目前认为大分子的交联或裂解是引起老化的主要原因。若以大分子的交联为主,则表现为失去弹性、变硬变脆、出现龟裂等。若以大分子的裂解为主,则表现为失去刚性、发黏变软、出现蠕变等。

为了防止聚合物的老化,常要采用一些防老化措施,如对高分子材料进行改性、添加防老剂以及在聚合物表面涂保护层等。

高分子材料的大量使用,出现大量难以分解的废弃物,造成垃圾处理的极大困难,已成为"白色污染"。为解决这一问题,生产了一种在一定时间内大分子能自动降解为小分子的聚合物,称为自降解聚合物,主要是自降解塑料。采用的方法主要有两种。其一是将主链上有脂肪族酯类等有生物降解性基团的聚合物,用于共聚。其二是在聚合物中掺入淀粉、促进光解作用的物质等。

11.4 塑料的特性与分类

11.4.1 工程塑料与塑料的含义

工程塑料是以合成树脂或天然橡胶为主要基料,与其他原料在一定条件下,经混炼、塑化、成形,在常温下保持玻璃态且产品形状不变而被人们在工程上使用的材料。较为科学的定义是,工程塑料一般是指可作为结构材料使用,具有较优异的力学性能、热性能、尺寸稳定性或能满足特殊要求的某些塑料。一般情况下,工程塑料的拉伸强度大于 49 MPa,抗拉和弯曲模量超过 2GPa,在一定载荷作用下能于 100 ℃以上长期使用。

现代工程塑料不仅仅是代替金属,而且更加看重它具有金属所没有的特殊性能,是一种独立的而且是金属无法取代的高分子材料。例如,它具有密度小,质轻,比强度高,耐化学腐蚀,耐磨,尺寸稳定性好等特殊性能,是金属材料所不能同时具备的。所以工程塑料与金属材料或其他非金属材料不是谁替代谁的问题,而是人类使用的一类特种材料,是材料的一个进步。现今,工程塑料在汽车工业、电子电气工业、信息技术、航空航天以及主要是国防军工得到了广泛的应用和发展。

其实塑料、纤维和橡胶的界限并不严格,纤维在定向拉伸前、橡胶在低温时都是塑料。现实使用的塑料,是以树脂为主要成分再加入各种添加剂,在加工过程中塑制成形形成的材料。

11.4.2 塑料的分类

1. 塑料的分类

1) 塑料按树脂的特性分类

(1) 根据树脂受热时的行为,塑料可分为热塑性塑料和热固性塑料等两类。

(2) 根据树脂合成反应的特点,塑料可分为聚合塑料和缩聚塑料等两类。

2) 塑料按其应用范围分类

(1) 通用塑料 通用塑料是指产量大、价格低、用途广的塑料。主要指六大品种,包括聚乙烯、聚氯乙烯、聚苯乙烯、聚丙烯、酚醛塑料和氨基塑料。这些高分子材料占塑料总产量的 75% 以上,大多用于生活用品。

(2) 工程塑料 工程塑料是指能作为结构材料在机械设备和工程结构中使用的塑料。这部分高分子材料的力学性能较高,其耐热、耐蚀性也比较好,是值得大力发展的塑料品种。目前主要有聚酰胺、聚甲醛、有机玻璃、聚碳酸酯、ABS 塑料、聚苯醚、聚砜、氟塑料等。

(3) 特种塑料 特种塑料是指具有某些特殊性能,如明显的耐高温、耐腐蚀等的塑料。这类塑料产量少,价格贵,多数用于特殊需要的场合,如聚苯硫醚、液晶聚合物、聚醚醚酮、含氟聚合物等。

2. 塑料的一般特性

(1) 相对密度小 塑料的相对密度多数在 0.8~2.4 范围,一般具有很好的比强度。这对运输交通工具来说是非常有用的。

(2) 耐蚀性能好 塑料对一般化学药品都有很强的抵抗能力,像聚四氟乙烯在煮沸的"王水"中也不受影响。

(3) 电绝缘性能好 塑料大量应用在电机、电器、无线电和电子工业中。

(4) 减摩、耐磨性能好　塑料的摩擦因数比较低,并且很耐磨,可做轴承、齿轮、活塞环、密封圈等,在无油润滑的情况下也能有效地进行工作。

(5) 具有消音吸振性　制作传动摩擦零件可减少噪声,改善环境条件。

(6) 刚性差　塑料的弹性模量只有钢铁材料的 1/100～1/10。

(7) 强度低　塑料强度只有 30～100 MPa,用玻璃纤维增强的尼龙也只有 200 MPa,相当于铸铁的强度。

(8) 耐热性低　大多数塑料只能在 100 ℃以下使用,只有少数几种可以在超过 200 ℃的环境下使用。

(9) 线胀系数大、导热系数小　塑料的线胀系数是钢铁的 10 倍,因而塑料与金属的结合较为困难。塑料的导热系数只有金属的 1/200～1/600,因而散热不好,不利于做摩擦零件。

(10) 蠕变温度低　金属在高温才发生蠕变,而塑料在室温下就会有蠕变出现,称为冷流。

(11) 有老化现象。

(12) 在某些溶剂中会发生溶胀或应力开裂。

11.5　常 用 塑 料

11.5.1　聚烯烃类塑料及应用

1. 聚乙烯(PE)

人工合成聚烯烃塑料的原料均来源于石油或天然气,一直是塑料工业产量最大的品种,其中又以聚乙烯产量最高。聚乙烯的合成方法有低压法、中压法和高压法等三种,表 11.3 所示的是三种方法合成聚乙烯的特点。聚乙烯的相对密度小(0.91～0.97),耐低温,电绝缘性能好,耐蚀。高压聚乙烯质地柔软,适于制造薄膜。低压聚乙烯质地坚硬,可做一些结构零件,其缺点是强度、刚度、表面硬度都低,蠕变大,热胀系数大,耐热性低,而且容易老化。把聚乙烯进行辐射处理,使分子链间有适当的交联,会使性能进一步改善,扩大它的应用范围。

表 11.3　三种方法合成聚乙烯的特点

	合成方法	高 压 法	中 压 法	低 压 法
聚合条件	压力/MPa	100 以上	3～4	0.1～0.5
	温度/℃	180～280	125～150	60 以上
	催化剂	O_2(微量)或有机过氧化物	CrO_3,MoO_3 等	$Al(C_2H_5)2+TiCl_4$
	溶剂	苯或不用	烷烃或芳烃	烷烃
聚合物的性质	结晶度/(%)	(低)64	(高)93	(高)87
	相对密度	0.910～0.925	0.955～0.970	0.941～0.965
	抗拉强度/MPa	7～15	29	21～37
	伸长率/(%)	90～800	70	50～100
	软化温度/℃	14	135	120～130
	使用范围	薄膜、包装材料、电线绝缘层	桶、管、电线绝缘层或包皮	桶、管、塑料部件、电线绝缘层或包皮

2. 聚氯乙烯(PVC)

聚氯乙烯是最早工业生产的塑料产品之一,产量仅次于聚乙烯,广泛用于工业、农业和日用制品。聚氯乙烯热稳定性差,在加工中会分解出少量氯化氢和氯乙烯气体,后者有致癌作用,氯化氢又是使树脂分解的催化剂。所以,在加工时要加入增塑剂以降低加工温度和加入碱性稳定剂以抑制树脂分解。根据加入增塑剂量的不同,可加工成硬制品(板、管)或软制品(薄膜、日用品)。聚氯乙烯的突出优点是耐化学腐蚀、不燃烧、成本低、加工容易。最主要的缺点是耐热性差,冲击强度较低,还有一定的毒性。为了用于食品和药品的包装,可用共聚和混合方法改进,制成无毒聚氯乙烯产品。

3. 聚苯乙烯(PS)

聚苯乙烯是20世纪30年代老产品,目前是产量仅次于前两者的塑料品种。聚苯乙烯有很好的加工性能。聚苯乙烯薄膜具有优良的电绝缘性,常用于制作电器零件。聚苯乙烯的发泡材料相对密度小(0.33),有良好的隔音、隔热、防振性能,广泛用于仪器的包装和隔热材料。聚苯乙烯易加入各种颜料制成色彩鲜艳的制品,用来制造玩具和各种日用器皿。聚苯乙烯的最大缺点是脆性大、耐热性差。所以有相当数量的聚苯乙烯与丁二烯、丙烯腈、异丁烯、氯乙烯等共聚使用。如丙烯腈-苯乙烯共聚物(AS)比聚苯乙烯冲击强度高,耐热性、耐蚀性也好,可用做耐油的机械零件、仪表盘、罩、接线盒、各种开关按钮等。

4. 聚丙烯(PP)

聚丙烯工业化生产较晚,但因原料易得,价格便宜,用途广泛,所以产量剧增,成为产量较大的塑料品种。聚丙烯的优点是相对密度小,是塑料中最轻的。聚丙烯的强度、刚度、表面硬度都比聚乙烯的大,耐热性也好,是常用塑料中唯一能在水中煮沸,经受消毒温度(130 ℃)的品种。聚丙烯的主要缺点是黏合性、染色性、印刷性均差,低温易脆化,易受热、光作用而变质,与铜接触会促进变质,易燃,收缩大。聚丙烯有优良的综合性能,可用来制造各种机械零件,如法兰、齿轮、接头、把手、各种化工管道、容器等,以及收音机、录音机外壳、电扇、电机罩、仪表盘、保险杠等;可制成电视机、收录机外壳、洗衣机内桶等。聚丙烯无毒,可用做药品、食品的包装、家具、餐具、厨房用具、盆、桶、玩具等。

聚氯乙烯、聚苯乙烯、聚丙烯聚烯烃类塑料的性能及应用如表11.4所示。

表11.4 聚氯乙烯、聚苯乙烯、聚丙烯聚烯烃类塑料的性能及应用实例

塑料名称	性能	用途
聚氯乙烯 (PVC)	硬聚氯乙烯的密度为 1.38~1.43 g/cm³,力学强度高,电器性能优良,耐酸碱的抵抗力极高,化学稳定性很好。缺点:软化点低 软聚氯乙烯的抗拉强度、抗弯强度、冲击强度、冲击韧度等均较硬聚氯乙烯低,伸长率较高	硬聚氯乙烯制品有管及棒、板、焊条、离心泵、通风机、轮油管、酸碱泵的阀门及容器等 软聚氯乙烯制品有贮槽、薄板、薄膜、电线绝缘层、耐酸碱软管等
聚苯乙烯 (PS)	聚苯乙烯具有一定的力学强度,化学稳定性及电气性能都较优良,透光性好,着色性佳,并易于成形。它的特点是差不多完全能耐水。缺点是耐热性较低,性较脆。而且其制品由于内应力容易碎裂,仅能于低负荷和不高的温度(60~75 ℃)下使用	聚苯乙烯可做各种仪表外壳,骨架,仪表指示灯、灯罩、汽车灯罩,化工贮酸槽、化学仪器零件,电讯零件;由于透明度好,还可用于制造光学仪器零件及透镜

续表

塑料名称	性　能	用　途
聚丙烯 （PP）	聚丙烯的主要特点是密度小，约为 0.9 g/cm³。它的力学性能如屈服强度、抗张强度、抗压强度及硬度等，均优于低压聚乙烯，并有很突出的刚性，耐热性较好。可在 100 ℃以上使用。若不受外力，则温度升到 150 ℃也不变形。基本上不吸水，并且有较好的化学稳定性，除对浓硫酸、浓硝酸外，几乎都很稳定。高频电性能优良，且不受温度影响，成形容易。缺点是耐磨性不够高，成形收缩率较大，低温呈脆性，热变形温度亦较低	聚丙烯可做各种机械零件，如法兰、齿轮、接头、泵叶轮、汽车零件，化工管道及容器设备。并可用于制造衬里，表面涂层，录音带，医疗仪器及手术仪器等

11.5.2　工程塑料、特种塑料及应用

1. 聚酰胺（PA）

聚酰胺的商品名称是尼龙或锦纶，是最先发现的能承受载荷的热塑性塑料，在机械工业中应用比较广泛。尼龙的品种很多，机械工业多用尼龙 6、尼龙 66、尼龙 610、尼龙 1010、铸型尼龙（MC 尼龙）和芳香尼龙等，其中尼龙 1010 是我国独创的聚酰胺材料。

尼龙的命名原则是以单体中所含胺基的碳数目和羧基的碳数目来表示的。若是氨基酸或内酰胺则以单体中总的碳数来表示。如尼龙 12 表示是 12 个碳的氨基酸聚合而成的，尼龙 610 表示是由 6 个碳的二胺和 10 个碳的二酸缩合成的。在整个工程塑料中，尼龙的产量和消费居于首位，大约占 30%。聚酰胺总产量的 15%～20%用作工程塑料，而在聚酰胺工程塑料中，80%～90%是尼龙 6 和尼龙 66。部分尼龙的主要性能如表 11.5 所示。

表 11.5　部分尼龙的主要性能

名　称	尼龙 6	尼龙 66	尼龙 610	尼龙 1010
相对密度	1.13～1.15	1.14～1.15	1.08～1.09	1.04～1.06
抗拉强度/MPa	54～78	57～83	47～60	52～55
抗压强度/MPa	60～90	90～120	70～90	55
抗弯强度/MPa	70～100	100～110	70～100	82～89
伸长率/%	150～250	60～200	100～240	100～250
弹性模量/MPa	830～2600	1400～3300	1200～2300	1600
熔点/℃	215～223	265	210～223	200～210
吸水率(24 h)/(%)	1.9～2.0	1.5	0.5	0.39

聚酰胺的力学强度较高，耐磨、自润滑性好，而且耐油、耐蚀、消音、减振。大量用于制造小型零件，代替非铁金属及其合金。尼龙很容易吸水，吸水后性能和尺寸发生很大变化，使用时要特别注意。

多数尼龙具有良好的性能，可以广泛地用在汽车、机床、化工、仪表等领域。例如 PA6、

PA66 及其玻璃纤维增强材料,可以用于汽车的发动机部件,如气缸盖、进气管、散热器、空气过滤器、燃油过滤器、加油器盖、沉淀器、贮油缸、冷却风扇、电机电刷、操纵套杆等。以 PA6 为主体的阻燃尼龙,可用于汽车的电气部件,如接插件、配线、保险盒、熔断器、接线柱接钮、开关、电线包覆、卡套等。铸型 MC 尼龙的相对分子质量比尼龙 6 的高 1 倍,因而力学性能也比尼龙 6 的高,适用于制造大型齿轮、轴套等。芳香尼龙具有耐磨、耐热、耐辐射及很好的电绝缘性,在 95% 的相对湿度下不受影响,能在 200 ℃长期使用,是尼龙中耐热性最好的品种。用于制作高温下耐磨的零件、H 级绝缘材料和宇宙服等。

2. 聚甲醛(POM)

聚甲醛是没有侧链、高密度、高结晶性的线型聚合物,性能比尼龙的好。聚甲醛按分子链化学结构不同,分为均聚甲醛和共聚甲醛等两类。它们的性能如表 11.6 所示。

表 11.6 聚甲醛的性能

名　称	均聚甲酯	共聚甲酯
相对密度	1.43	1.41
结晶度/(%)	75～85	70～75
熔点/℃	175	165
抗拉强度/MPa	70	62
弹性模量/MPa	2900	2800
伸长率/(%)	15	12
抗压强度/MPa	125	110
抗弯强度/MPa	980	910
吸水率(24 h)/(%)	0.25	0.22

聚甲醛性能较好,广泛用于汽车、机床、化工、电气仪表、农机等,适合于作齿轮、链条、驱动轴、轴承、阀杆螺母、叶轮、滚轮、凸轮以及各种机械结构件,电动工具外壳手柄、开关等。不漏电,强度高,而且抗振,但是聚甲醛的耐候性较差,室外使用必须加稳定剂。

3. 聚碳酸酯(PC)

聚碳酸酯是新型热塑性工程塑料,品种很多,工程上用的是芳香聚碳酸酯。它的综合性能很好,近年来发展很快,产量仅次于尼龙。性能指标如表 11.7 所示。

表 11.7 聚碳酸酯的性能

项　目	数　值
抗拉强度/MPa	66～70
弹性模量/MPa	2200～2500
伸长率/(%)	≈100
抗压强度/MPa	83～88
抗弯强度/MPa	106
熔点/℃	220～230
使用温度/℃	−100～140

聚碳酸酯的化学稳定性也很好，能抵抗日光、雨水和气温变化的影响，它的透明度高，成形收缩率小，制件尺寸精度高，广泛用于机械、仪表、电信、交通、航空、光学照明、医疗器械等各种零部件，如波音747飞机上有2 500个零件用聚碳酸酯制造，总重量达2 t。

4. ABS塑料

ABS塑料是由丙烯腈、丁二烯、苯乙烯三种组元所组成的，三个单体量可以任意变化，制成各种晶级的树脂，ABS塑料是三元共聚物，兼具有三种组元的共同性能，丙烯腈使其耐化学腐蚀，有一定的表面硬度，丁二烯使其具有韧度，苯乙烯使其具有热塑性塑料的加工特性，因此ABS塑料是具有"坚韧、质硬、刚性"的材料。ABS性能如表11.8所示。

表11.8 ABS塑料的性能

级 别	超高冲击型	高强度中冲击型	低温冲击型	耐 热 型
相对密度	1.05	1.07	1.07	1.06~1.08
抗拉强度/MPa	35	63	21~28	53~56
抗拉弹性模量/MPa	1800	2900	700~1800	2500
抗压强度/MPa	—	—	18~39	70
抗弯强度/MPa	62	97	25~46	84
吸水率(24 h)/(%)	0.3	0.3	0.2	0.2

ABS塑料性能好，而且原料易得，价格便宜，所以在机械加工、电器制造、纺织、汽车、飞机、轮船、化工等工业中得到广泛应用，适于制作一些减磨耐磨零件，传动零件和电信零件。

5. 聚砜(PSF)

聚砜是分子链中具有硫键的透明树脂，具有良好的综合性能，如表11.9所示。特别突出的是耐热性、抗蠕变性好，长期使用温度为150~174 ℃，脆化温度为-100 ℃。广泛应用于电器、机械设备、医疗器械、交通运输等，例如，电子电气工业上用聚砜制作集成线路板、印制电路板、线圈管架、接触器；在家用电器方面，用作各类设备的外壳、部件。PSF还可以制造钟表外壳，电装饰材料，复印机、照相机、精密零部件；在医学、医疗工业可用于制作外科手术盘、医疗器械、心脏阀、起搏器、防毒面具、牙科材料、食品盛载容器、包装容器等。因为聚砜的抗辐射、耐离子辐射宇航员的面罩、宇航服等均可用聚砜来制造。

表11.9 聚砜、聚四氟乙烯、氯化聚醚、聚苯醚、聚酰亚胺的性能

名 称	聚 砜	聚四氟乙烯	氯化聚醚	聚 苯 醚	聚酰亚胺
相对密度	1.24	2.1~2.2	1.4	1.06	1.4~1.6
吸水率(24 h)/(%)	0.12~0.22	<0.005	0.01	0.07	0.2~0.3
抗拉强度/MPa	85	14~15	44~56	66	94
伸长率/(%)	20~100	250~315	60~100	30~80	6~8
弹性模量/MPa	2 500~2 800	400	2 460~2 610	2 600~2 800	12 866
抗压强度/MPa	87~95	42	85~90	116	170
抗弯强度/MPa	105~125	11~14	55~85	98~132	83

6. 聚四氟乙烯(PTFE)

聚四氟乙烯是氟塑料的一种。氟塑料是含氟塑料的总称，具有很好的耐高、低温，耐腐蚀等性能。聚四氟乙烯几乎不受任何化学药品的腐蚀，它的化学稳定性超过了玻璃、陶瓷、不锈

钢,甚至金、铂,俗称"塑料王"。聚四氟乙烯的摩擦因数极低,只有0.04,是现有固体物质中最低的。它的使用温度为-180～220 ℃。聚四氟乙烯的缺点是强度低、冷流性大、刚度差,加工性不好,只能冷压烧结成形。聚四氟乙烯的性能如表11.9所示。

由于它的化学稳定性好,介电性能优良,自润滑和防黏性好,所以在国防、科研和工业中占重要地位。

7. 氯化聚醚(CPS)

氯化聚醚是一种新的热塑性工程塑料,它的耐化学腐蚀性极好,仅次于聚四氟乙烯,但比聚四氟乙烯加工性好,成本低。氯化聚醚的力学性能与一般工程塑料差不多,如表11.9所示。

氯化聚醚可制作在120 ℃以下腐蚀介质中工作的零件,如泵、阀门、管道等。它的尺寸稳定性好,耐磨和收缩小,可制造精密机械、仪表中的轴承、齿轮、齿条、蜗轮、轴套等。由于它可以在120 ℃的高压蒸汽中进行消毒处理,并对人的生理过程无副作用,也常用来制作外科手术医疗器械。

8. 聚苯醚(PPO)

聚苯醚是线型、非结晶的工程塑料,具有很好的综合性能,如表11.9所示。它的最大特点是,使用温度范围宽(-190～190 ℃),达到热固性塑料的水平。另外,耐摩擦磨损性能和电性能也好,还具有卓越的耐水、蒸汽性能。

聚苯醚主要用于制造在较高温度下工作的齿轮、轴承、凸轮、泵叶轮、鼓风机叶片、水泵零件、化工用管道、阀门以及外科医疗器械等,利用其电绝缘性能优异的特点,可制作电机线芯、转子、机壳、高频印制电路板、超高频零件、电视机、微波绝缘、变压器屏蔽套、线圈架和电视偏转系统元件等,聚苯醚还可用蒸汽消毒,用于医疗器械有得天独厚的优越性。

9. 聚酰亚胺(PI)

聚酰亚胺是含氮的环形结构的耐热性树脂,使用温度到260 ℃。它的性能如表11.9所示。聚酰亚胺的加工性差,类似聚四氟乙烯,另外,脆性比较大,成本也高。

聚酰亚胺主要用于制造特殊条件下工作的精密零件,具有很高的力学性能、电性能和耐辐射性能,聚酰亚胺的耐高温性,对于其在喷气机、火箭、导弹等场所应用具有特殊意义,如喷气发动机供燃料系统的零件,耐高温、高真空的自润滑轴承及电气设备零件等可以用聚酰亚胺制造。

10. 有机玻璃(PMMA)

有机玻璃的化学名称是聚甲基丙烯酸甲酯。它是目前最好的透明材料,透光率达92%以上,比普通玻璃的好,且相对密度小(1.18),仅为玻璃的一半。它还有很好的力学性能,抗拉强度为60～70 MPa,比普通玻璃的高7～18倍。有机玻璃的成形加工性好,能用吹塑、注射、挤压等加热成形,还可进行切削加工、黏结等。

有机玻璃可制作飞机的座舱、弦窗,电视和雷达标图的屏幕,汽车风挡,仪器和设备的防护罩,仪表外壳,光学镜片等。

有机玻璃的最大缺点是,耐磨性差,也不耐某些有机溶剂,如卤代烃、酯等。

11. 热固性塑料及应用

热固性塑料的种类也很多,一般是在树脂中加入固化剂压制成形形成体型聚合物。主要热固性塑料品种的性能如表11.10所示。

表 11.10 主要热固性塑料的性能

名　称	酚醛	脲醛	三聚氰胺	环氧	有机硅	聚氨酯
吸水率(24 h)/(%)	0.01~1.2	0.4~0.8	0.08~0.14	0.03~0.2	2.5	0.02~1.5
耐热温度/℃	100~150	100	140~145	130	200~300	—
抗拉强度/MPa	32~63	38~91	38~49	15~70	32	12~70
弹性模量/MPa	5600~35000	7000~10000	13600	21280	11000	700~7000
抗压强度/MPa	80~210	175~310	210	54~210	137	140
抗弯强度/MPa	50~100	70~100	45~60	42~100	25~70	5~31
成形收缩率/(%)	0.3~1.0	0.4~0.6	0.2~0.8	0.05~1.0	0.5~1.0	0~2.0

酚醛树脂(PF)是由酚类和醛类合成的,其中以苯酚与甲醛缩聚而成的酚醛树脂应用较为普遍。酚醛树脂有固态和液态两种,固态用于生产压塑粉(俗称胶木粉)供模压成形用。液态用于生产层压塑料,即由浸渍过酚醛树脂的片状填料(如纸、布、石棉或玻璃布)制成各种塑料制品。广泛用于机械、汽车、航空、电器等工业中,例如摩擦片或制动零件、刹车片、耐高温摩擦制品,软、硬板材、管材,化工设备衬里、阀件等都可以用酚醛树脂来制作。酚醛塑料的缺点是质地较脆,耐光性差,色彩单调(只能制棕色和黑色制品)。

脲醛树脂(UF)价格便宜,20世纪30年代大量使用,后来逐渐被其他塑料所取代。

环氧树脂(EP)是热固性树脂中用途最多的品种,有固态和液态,品种很多。它的力学强度大、成形收缩率小、尺寸稳定性好、耐热、耐水、黏附力很强。环氧树脂的最大用途是做黏结剂和层压树脂,其次是做涂料。

三聚氰胺甲醛树脂(MF)的硬度高、耐污染、密度小、颜色稳定,主要做家用电器。它的特点和脲醛树脂类似,一般把它们都称为氨基塑料。

聚氨酯是聚酰胺和聚醚结合起来的聚合物,强度高,具有弹性,黏合性也好。缺点是,耐热性差,耐蚀性也不好,燃烧时放出有毒气体。聚氨酯主要用作塑料,也可作合成纤维、合成橡胶、胶粘剂、涂料等。

硅树脂(SI)是以 Si—O—Si 为主链的高分子材料,性能介于有机物和无机物之间,耐热性好,工作温度为-56~315 ℃,电性能好,且具有憎水性。硅树脂适于制作电工、电子元件及线圈的灌封与固定件,但因其成本高,主要用做高温、潮湿条件下的电气零件。

11.6 橡胶及其应用

11.6.1 橡胶概述

1. 橡胶的组成

橡胶是以高分子化合物为基础的具有显著高弹性的材料。线型非晶态高聚物均有高弹态,可称为弹性体。用做橡胶的高聚物必须能在使用温度范围内保持高弹性。

纯弹性体的性能随温度变化而变化很大,如高温发黏,低温变脆,必须加入各种配合剂,经加温加压的硫化处理,才能制成各种橡胶制品。硫化剂加入量大时,橡胶硬度增高。硫化前的橡胶称为生胶,硫化后的橡胶有时也称橡皮。人工合成用于制胶的高分子聚合物称为生胶。生胶要先进行塑炼,使其处于塑性状态,再加入各种配料,经过混炼成形、硫化处理,才能成为可以使用的橡胶制品，配料主要包括硫化剂、硫化促进剂和补强填充剂。

1）硫化剂

变塑性生胶为弹性胶的处理即为硫化处理，能起硫化作用的物质称硫化剂。常用的硫化剂有硫磺、含硫化合物、硒、过氧化物等。

2）硫化促进剂

硫化促进剂可以是胺类、胍类、秋兰姆类、噻唑类及硫脲类物质，可以起降低硫化温度、加速硫化过程的作用。

3）补强填充剂

为了提高橡胶的力学性能，改善其加工工艺性能，降低成本，常加入填充剂，如碳黑、陶土、碳酸钙、硫酸钡、氧化硅、滑石粉等。

2. 橡胶的性能特点

橡胶最大的特点是高弹性，它的弹性模数很低，只有 1 MPa，在外力作用下变形量为 100%～1000%，去除外力又很快恢复原状。橡胶有储能、耐磨、隔音、绝缘等性能，广泛用于制造密封件、减振件、轮胎、电线等。

11.6.2 橡胶的种类及应用

按照原料的来源，橡胶可分为天然橡胶和合成橡胶两大类。天然橡胶是橡胶树上流出的乳胶加工而成的。天然橡胶的综合性能是最好的。由于原料的缘故，产量比例逐年降低，合成橡胶则大量增加。合成橡胶的种类较多，主要有七个大品种：丁苯橡胶、顺丁橡胶、氯丁橡胶、异戊橡胶、丁基橡胶、乙丙橡胶和丁腈橡胶，目前产量最大的是丁苯橡胶，占橡胶总产量的 60%～70%。发展最快的是顺丁橡胶。另外，习惯上按用途将合成橡胶分成两类：性能和天然橡胶接近，可以代替天然橡胶的通用橡胶和具有特殊性能的特种橡胶。常用橡胶的性能和应用如表 11.11 所示。特种橡胶用于特殊环境，如硅橡胶耐高温和低温，氟橡胶耐腐蚀能力突出等。但它们的价格较贵，应用不普遍。

表 11.11 常用橡胶的性能和应用

橡胶名称	代号	抗拉强度/MPa	伸长率/(%)	使用温度/℃	特　　性	用途举例
天然橡胶	NR	650～900	25～30	−50～120	高强绝缘防震	通用制品轮胎
丁苯橡胶	SBR	500～800	15～20	−50～140	耐磨	通用胶版胶布轮胎
顺丁橡胶	BR	450～800	18～25	120	耐磨耐寒	轮胎、运输带
氯丁橡胶	CR	800～1000	25～27	−35～130	耐酸碱阻燃	管道、电缆、轮胎
丁腈橡胶	NBR	300～800	15～30	−35～175	耐油水气密	油管、耐油垫圈
乙丙橡胶	EPDM	400～800	10～25	150	耐水气密	汽车零件、绝缘体
聚氨橡胶	VR	300～800	20～35	80	高强耐磨	胶辊、耐磨件
硅橡胶	—	50～500	4～10	−70～275	耐热绝缘	耐高温零件
氟橡胶	FPM	100～500	20～22	−50～300	耐油耐碱	化工设备衬垫密封件
聚硫橡胶酯	—	100～700	9～15	80～130	耐油耐碱	水龙头衬垫

第12章 陶瓷材料

【引例】 大家很熟悉陶器、瓷器、砖瓦和玻璃一类的传统陶瓷。而1970年以后,科技人员发现,还有一类陶瓷,如氮化硅陶瓷等,其工作温度可达1300～1500 ℃,可以代替合金钢制造陶瓷发动机无需水冷系统,其密度还不到钢的一半,不仅可节省30%的热能,而且工作功率比钢质发动机的提高45%以上。后来,美国军方做了一次有趣的实验:在演习场200米跑道的起跑线上,停放着两辆坦克,一辆装有370 kW的钢质发动机,而另一辆装有同样功率的陶瓷发动机。装有陶瓷发动机的坦克身手不凡,仅用了19 s就首先到达终点,而钢质发动机坦克在充分预热运转后,用了26 s才跑完全程。

那么,这陶瓷发动机为什么会这么神奇呢?哪些陶瓷材料可以制造这类发动机呢?这些材料还有其他用途吗?通过本章的学习,可以了解到这一古老而又年轻的陶瓷材料的种类、性能及其特殊的应用。

12.1 陶瓷材料及其分类

12.1.1 概述

陶瓷材料是除金属材料和高分子材料以外所有固体材料的总称,并与前两者一起称为三大固体材料,有着十分重要的作用。作为人类文明的象征之一,是人类应用最古老的材料。现代陶瓷材料是以特种陶瓷为基础,由传统陶瓷发展起来的,同时又具有与传统陶瓷不同性能特点的一类新型陶瓷,所以陶瓷材料被称为既古老又年轻的材料。

从组成上看,现代陶瓷材料更为纯净,组合更为丰富:除了传统的硅酸盐、氧化物和含氧酸盐外,还包括碳化物、硼化物及其他盐类和单质。从性能上看,更好地充分利用无机非金属物质的高熔点、高硬度、高化学稳定性,得到一系列耐高温、高耐磨和高耐蚀的新型陶瓷,而且还充分利用无机非金属材料的优异物理性能,制得了适应航天、能源、电子等新技术发展要求的新型陶瓷,例如介电陶瓷、压电陶瓷和各种磁性陶瓷等。从制造工艺上看,新型陶瓷需要现代化的生产技术,制造工艺更为复杂。

12.1.2 陶瓷的分类

陶瓷作为一种无机非金属材料,其种类繁多,应用广泛。陶瓷材料可以根据原料来源、化学组成、性能特点或用途等进行分类。一般归纳为工程陶瓷和功能陶瓷两大类。

1. 按用途分类

按用途,陶瓷可分为日用陶瓷、建筑陶瓷、电器绝缘陶瓷、化工耐腐蚀陶瓷,以及保温隔热用的多孔陶瓷和过滤用陶瓷等。

2. 按原材料分类

普通陶瓷,是以天然的硅酸盐矿物(如黏土、高岭土、长石、石英等)为原料,经粉碎、成形和烧结等过程制成的。主要用于日用品、建筑、卫生以及工业上的低压和高压电瓷、耐酸制品和过滤制品等。

特种陶瓷,是采用纯度较高的人工化合物为原料(如氧化物、氮化物、碳化物、硼化物、硅化物、氟化物和特种盐类等),用普通陶瓷类似的加工工艺制成的新型陶瓷。这种陶瓷一般具有某种独特的物理、化学性能或力学性能,主要用于化工、冶金、机械、电子、能源和某些新技术领域中。

3. 按化学组成分类

1) 氧化物陶瓷

氧化物陶瓷是最早被使用的陶瓷材料,它的种类最多,应用也最广。最常用的是 Al_2O_3、SiO_2、MgO、ZrO、CaO 等。除了单一氧化物外,还有大量氧化物和复合氧化物陶瓷材料,例如,常用的玻璃就属于这一类。

2) 碳化物陶瓷

碳化物陶瓷比氧化物陶瓷具有更高的熔点,但碳化物易氧化,因此在制造使用时要注意防止氧化。常用的碳化物陶瓷有 SiC、B_4C、WC 和 TiC 等陶瓷。

3) 氮化物陶瓷

一般具有独特的性能,常用的包括 Si_3N_4、TiN、BN、AlN 等陶瓷。其中 TiN 陶瓷具有较高强度;BN 陶瓷具有很好的耐磨减摩性能;Si_3N_4 陶瓷具有优良的综合力学性能和耐高温性能;AlN 陶瓷具有热电性能。类似的还包括正处于研究热点的 C_3N_4 陶瓷,目前研究发现它具有更优越的物理化学性能。

4) 其他化合物陶瓷

除了上述几类陶瓷,常作为陶瓷添加剂的硼化物陶瓷以及具有优异的光学、电学等特性硫化物陶瓷等,它们的研究和应用也日益增多。

4. 按性能分类

陶瓷按性能分类有高强度陶瓷、耐磨陶瓷、高温陶瓷、耐酸陶瓷、压电陶瓷、光学陶瓷等。

上述分类也只是相对的。因为材料在使用环境下工作时,往往不只是单一的性能和功能需求,有时是多方面的;但选材时必须分清主次,相互兼顾,才能更合理地选择和使用材料。表 12.1 所示的是各类常用陶瓷。

表 12.1 陶瓷材料常见的分类方法

普通陶瓷	特种陶瓷					
	按性能分类	按化学组成分类				
		氧化物陶瓷	氮化物陶瓷	碳化物陶瓷	复合瓷	金属陶瓷
日用陶瓷	高强度陶瓷	氧化铝陶瓷	氮化硅陶瓷	碳化硅陶瓷	氧氮化硅铝瓷	
建筑陶瓷	高温陶瓷	氧化锆陶瓷	氮化铝陶瓷	碳化硼陶瓷	镁铝尖晶石瓷	
绝缘陶瓷	耐磨陶瓷	氧化镁陶瓷	氮化硼陶瓷		锆钛酸铝瓷	
化工陶瓷	耐酸陶瓷	氧化铍陶瓷				
多孔陶瓷	压电陶瓷					
	电介质陶瓷					
	光学陶瓷					
	半导体陶瓷					
	磁性陶瓷					
	生物陶瓷					

12.2 陶瓷材料的制备工艺

粉末冶金法是一种用粉末制备,经压制成形、烧结而制成零件的方法。陶瓷的生产工艺与粉末冶金法的基本一致,都要经过如图 12.1 所示的几个步骤。

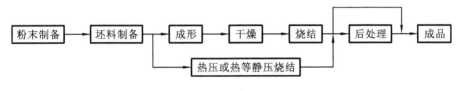

图 12.1 陶瓷制备工艺流程图

粉末冶金法可以看成是陶瓷生产工艺在冶金中的应用。不同种类陶瓷的生产制作过程虽然不同,但一般都要经过坯料制备、成形与烧结三个阶段。

12.2.1 坯料制备

坯料是指将陶瓷原料经筛选、破碎等工序后进行配料,再经混合、细磨等工序后得到的具有成形性能的多组分混合物。坯料的制备过程大致可分为原料处理、配料、混合制备三部分。如果采用天然的岩石、矿物、黏土等物质作原料,则一般要经过原料粉碎、精选(去掉杂质)、磨细(达到一定粒度)、配料(保证制品性能)、脱水(控制坯料水分)和练坯、陈腐(去除空气)等过程。

如果采用纯度高的人工合成的粉状化合物作原料,则获得成分、纯度、粒度均达到要求的粉状化合物是坯料制备的关键。制取微粉的方法有机械研磨法、溶液沉淀法、气相沉积法、溶剂蒸发法等。机械研磨法易于实现工业化生产,但粉末细度有限,且分布不均,同时研磨过程中还会引入新的杂质。采用溶液化学法制备的材料纯度高,粒度均匀,还可以得到微米甚至纳米级的超细粉末,可大大提高性能。原料经过坯料制备后,依成形工艺的要求,还可以是粉料、浆料或可塑泥团。

12.2.2 成形

陶瓷制品的成形就是将粉料直接或间接地转变成具有一定形状,并使坯料具有所要求的力学强度和一定的致密度,也就是塑坯的方法。成形方法很多,主要有以下三类工艺:可塑法、注浆和压制法。具体选择何种工艺需要依据最终产品的性质、形状和尺寸。

可塑法又叫塑性料团成形法,是在坯料中加入一定量水或塑化剂,使其具有良好塑性,利用模具或刀具等工艺装备运动造成的压力、剪力或挤压力等外力,对具有可塑性坯料进行加工,迫使材料在外力作用下发生可塑变形而制成坯体的方法。可塑成形方法有旋压成形方法、滚压成形方法、塑压成形方法、注塑成形方法和轧膜成形方法等几种。

注浆成形法是指将具有流动性的液态泥浆注入多孔模型(如石膏模、多孔树脂模等)内。借助模型的吸水能力,泥浆脱水、硬化,经脱模获得一定形状的坯体的方法。注浆成形法的适应性较强,能得到各种结构、形状的坯体。根据成形压力的大小和方式不同,分为基本注浆法、强化注浆法、热压铸成形法和流延法等。

压制法又叫粉料成形法。压制成形是将含有一定水分的粒状粉料填充到模具中,使其在压力下成为具有一定形状和强度的陶瓷坯体的成形方法。根据粉料中含水量的多少,压制法可分为干压成形(含水率小于 7%)方法、半干压成形(含水率 7%~15%)方法、特殊的压制成形方法(如等静压法,含水率可低于 3%)等三种。成形设备多为摩擦螺旋压力机或液压机。压制机理是采用较大的压力,将粉末状坯料在模具内压制成形。主要工艺控制参数是成形压力和加压速度。

12.2.3 烧结

烧结是指生坯在高温加热时发生一系列物理化学变化(水的蒸发,硅酸盐分解,有机物及碳化物的气化,晶体转型及熔化)并使生坯体积收缩,强度、密度增加,最终形成致密坚硬的具有某种显微结构烧结体的过程。未经烧结的陶瓷制品称为生坯。生坯是由许多固相粒子堆积起来的聚积体,颗粒之间除了点接触外,尚存在许多空隙,因此没有多大强度,必须经过高温烧结后才能使用。生坯经初步干燥后即可涂釉或送去烧结。烧结后颗粒由点接触变为面接触,粒子间也将产生物质的转移。这些变化均需一定的温度和时间才能完成,所以烧结的温度较高,所需的时间也会较长。除普通烧结外,常用的烧结方法有热压烧结方法、等静压烧结方法、真空烧结方法和高温自蔓延烧结方法等几种。

12.3 陶瓷材料的性能

陶瓷材料的性能由其物质结构和显微结构所决定。物质结构主要是化学键的性质和晶体结构,它们决定着材料的本身性能,例如,导电性、耐高温性等。显微结构包括相分布、晶粒度和气孔缺陷分布等,对材料的力学性能影响极大。

12.3.1 力学性能

1. 硬度

高硬度、高耐磨性是陶瓷材料主要的优良特性之一,硬度是局部应变抗力标志,硬度对陶瓷材料烧结时的气孔等缺陷敏感性较低;陶瓷材料塑性变形程度小,使其硬度与弹性模量成直线关系,而且陶瓷材料硬度随温度升高而降低的程度比较缓慢。

2. 刚度与韧度

在工程技术中,弹性模量一般反映材料刚度的大小,它取决于材料结合键的强度。陶瓷的弹性模量均比金属的高,而且弹性模量随气孔率和温度升高而降低。对陶瓷、金属和橡胶材料进行室温拉伸实验发现,陶瓷材料在拉伸时几乎没有塑性变形,在拉应力作用下弹性形变后直接脆性断裂,所以它是脆性材料,且冲击韧度、断裂韧度均很低,其中断裂韧度为金属的 1/60~1/100。

3. 抗拉强度和抗压强度

陶瓷的制备工艺决定了其内部存在大量气孔,其作用相当于裂纹,陶瓷拉伸时在拉应力作用下,气孔变成裂纹源,使裂纹迅速扩展,产生脆性断裂,所以抗拉强度低。但在压缩时,压应力不会使气孔成为裂纹源,裂纹不会扩展,所以陶瓷材料的抗压强度远高于抗拉强度,是其 10 倍左右。

4. 高温强度

陶瓷材料具有很好的高温强度,在高温下能保持其强度和室温强度基本一致。高温下具有高的蠕变抗力和抗氧化性,所以是广泛应用的高温材料。但陶瓷材料承受温度剧烈变化的能力差,当温度剧烈变化时易产生脆裂,特别是在烧结和使用过程中,应控制升、降温速度。

12.3.2 物理性能和化学性能

1. 热性能

热膨胀是由温度升高时物质的原子振动振幅增大、原子间距离增大所导致的体积变化现象。线胀系数的大小与晶体结构及结合键强度有关。结合键的强度越高,材料的线胀系数越小;结构越紧密的材料,其线胀系数越大。陶瓷材料的线胀系数比金属和高聚物材料的要低得多。

热导率是材料在一定温度梯度作用下热量在固体中传导的速率。陶瓷材料的热传导主要依靠原子的热振动。因为在其晶体结构中,没有自由电子的传热作用,所以陶瓷的热导率比金属的小,是很好的绝热材料。目前多孔或泡沫陶瓷多用做绝热材料。

抗热振性是材料在温度急剧变化时抵抗破坏的能力,也称为热稳定性。由于陶瓷材料的热导率小、韧度低,所以陶瓷抗热振性不高,不适于在急冷急热条件下工作。

陶瓷材料具有较高的熔点,一般在 2 000 ℃以上,并且在 1 000 ℃以上能保持高温强度和抗氧化能力,所以目前广泛用作高温材料。常用作特殊的冶金坩埚、锭模材料,例如导弹的雷达保护罩、燃烧室喷嘴等。

2. 光学性能

具有特殊光学性能的陶瓷是重要的功能材料,利用这种特性,陶瓷可作激光材料、光导纤维材料、光存储材料、荧光物质和透光材料等。此外,还有用于光电计数、跟踪等自控元件的光敏电阻材料。有些陶瓷,如掺杂氧化铝(又称红宝石),具有很好的透光性,1 mm 厚试片透光率可达 80% 以上。

3. 电性能

陶瓷材料的导电性变化范围很宽。由于离子晶体无自由电子,大多数陶瓷有较高的电阻率、较小的介电常数和介电耗损,因此可作绝缘材料;少数半导体陶瓷、压电陶瓷等已成为无线电技术和高科技领域中不可缺少的材料。也有不少陶瓷既是离子绝缘体,又有一定的电子导电性。例如,ZnO、NiO、Fe_3O_4 等氧化物实际上是半导体。此外,最近几年超导陶瓷已成为高温超导材料的重要组成部分。由此可见,随着科学技术的发展,不断出现的各种电性能陶瓷材料已成为无线电技术和高科技领域不可缺少的材料。

4. 化学稳定性

陶瓷材料的化学稳定性高,这是由于它不仅化学键结合力强,而且在离子晶体中金属原子被包围在非金属原子的间隙中,形成稳定的显微结构。因此,陶瓷材料具有良好的抗氧化性和不可燃烧性,即使在 1 000 ℃的高温也不会被氧化。陶瓷材料具有优良的抗蚀能力,它不但对酸、碱、盐等介质均具有较强的抗蚀性,与许多金属熔体也不发生作用,因而是极好的耐蚀材料和坩埚材料。如 Al_2O_3 陶瓷制作高温坩埚,透明 Al_2O_3 陶瓷作钠灯管,能承受钠蒸气的强烈腐蚀。

5. 其他性能

一些陶瓷具有较好的磁性,可做磁性材料。磁性陶瓷又名铁氧体,它主要是由 Fe_2O_3 和 Mn、Zn 等氧化物组成的磁性陶瓷材料,可做磁芯、磁带和磁头等。

另外利用陶瓷在人体内的良好的相容性及无特殊反应性,可制作生物陶瓷材料等。因此作为功能材料,陶瓷有着广泛的应用前景。

12.3.3 脆性及增韧

1. 脆性

脆性是陶瓷材料的特性,在外力作用下会发生无先兆断裂。其直观表现是抗机械冲击性差,抗温度急变性差。脆性的本质主要与陶瓷材料结构中共价键、离子键有关。陶瓷的滑移系少,位错的柏氏矢量大,键合力强,位错运动的点阵阻力高,使位错运动困难。如果产生相对运动,将破坏结合键,引起断裂。陶瓷的屈服强度比金属材料的高得多,但实际抗断裂强度很低。这与陶瓷内部存在大量微裂纹,易导致应力集中有关。陶瓷的抗压强度约为抗拉强度的 15 倍,这是因为压缩时裂纹或闭合,或缓慢扩展。而拉伸时,裂纹达到临界尺寸就将失稳导致断裂。

2. 改善脆性的方法

1) 降低陶瓷的微观裂纹尺寸

由材料力学的知识可知,材料的断裂应力不是恒定的,它随材料中的裂纹尺寸的不同而变化。裂纹是否扩展取决于断裂韧度,它是材料固有的性能,裂纹尺寸越大,断裂强度越低。所以提高强度的方法有,获得细小晶粒,防止晶界应力过大产生裂纹,并可降低裂纹尺寸。此外降低气孔比例与尺寸,也可提高材料强度。

2) 陶瓷的相变增韧

和金属材料一样,陶瓷材料也存在相变。例如,纯 ZrO_2 冷却时在 1000 ℃ 左右,正方 ZrO_2 转变为单斜 ZrO_2,伴随 3%~5% 体积膨胀。在相变温度附近循环加热和冷却,可使 ZrO_2 变成粉末。加入足够的 CaO,可与 ZrO_2 完全互溶,并成为稳定的立方 ZrO_2,从室温一直到熔化温度结构都不发生变化。这种稳定的 ZrO_2 是一种实用耐热材料。当 CaO 量较少时,可获得部分稳定的 ZrO_2,其组织为单斜和立方 ZrO_2 的两相组织。对部分稳定化的 ZrO_2 材料,加热到高温时转变为正方 ZrO_2 和立方 ZrO_2 的混合物,冷却时正方 ZrO_2 转变为单斜 ZrO_2,使 ZrO_2 陶瓷韧度大大增加,这就是相变增韧陶瓷。

相变增韧法可用于不同基体陶瓷中。如在 Al_2O_3、Si_3N_4、ZnO、SiC 等陶瓷中添加 ZrO_2 后,材料的韧度可成倍增加。其机理是未稳定的 ZrO_2 弥散分布在基体中,由于它们具有不同的线胀系数,在烧结后的冷却过程中,ZrO_2 粒子受到基体的压应力,正方 ZrO_2 转变为单斜 ZrO_2 的过程受到抑制,当 ZrO_2 粒子十分细小时,其转变温度可降低到室温以下,即室温下为正方 ZrO_2。当材料受外力时,基体对 ZrO_2 粒子压力减小,抑制作用松弛,正方 ZrO_2 转变为单斜 ZrO_2,体积膨胀,引起基体产生微裂纹,从而吸收了主裂纹扩展的能量,达到增加断裂韧度的效果。

12.4 工程结构陶瓷

12.4.1 普通陶瓷

普通陶瓷又称传统陶瓷,是指黏土类陶瓷。它由黏土、长石、石英作为原料经成形、烧结制成。黏土常用高岭土($Al_2O_3 \cdot 2SiO_2 \cdot 2H_2O$)烧结后失去结晶水变成莫来石($3Al_2O_3 \cdot 2SiO_2$)。所以普通陶瓷主要的晶相是莫来石,其质量分数为 25%~30%;次晶向为 SiO_2,其质量分数为10%～35%。长石作为一种溶剂,高温下溶解黏土和石英形成液相,冷却时形成玻璃相,其质量分数一般为35%～60%;此外还有质量分数为1%～3%的气相。

这类陶瓷质地坚硬,不易氧化,不导电,耐腐蚀。但因含有较多的玻璃相,其强度较低,耐高温性能低,容易高温软化,工业上主要用于绝缘和耐酸碱要求不高的陶瓷,以及受力较低的结构零件用瓷等。又因其成形性好,成本低,产量大,广泛用于电气、化工、建筑、纺织等工业部门。用来制作工作温度低的耐蚀器皿和容器、反应塔管道、供电系统的绝缘子、纺织机械中的导纱零件等。

12.4.2 氧化物陶瓷

1. 氧化铝陶瓷

这种陶瓷以 Al_2O_3 为主要成分,含少量 SiO_2。按 Al_2O_3 含量可分为 75 瓷(即含 75% Al_2O_3)、95 瓷、99 瓷等。前者又称莫来石瓷,后两者又称刚玉瓷。氧化铝陶瓷中 Al_2O_3 含量越高,玻璃相含量越低,气孔越少,其性能越好,但工艺越复杂,成本越高。

氧化铝陶瓷耐高温性能好(熔点为 2050 ℃),氧化铝含量高的刚玉瓷有很高的蠕变抗力,能在 1600 ℃ 长期工作。耐腐蚀和绝缘性能良好,可作高温器皿,如熔炼铁、钴、镍等金属的坩埚及热电偶套管、化工用泵、阀门等;也是制造内燃机火花塞、火箭和导弹的导流罩、轴承密封环的主要材料。氧化铝陶瓷的硬度高,仅次于金刚石、碳化硼、立方氮化硼和碳化硅的硬度,热硬性和耐磨性好,可作刀具、模具、轴承等。其缺点是,脆性大,不能承受冲击载荷,而且抗热振性较差,不能承受环境温度的突然变化。

2. 氧化锆陶瓷

氧化锆陶瓷主晶相为 ZrO_2,是离子晶体。ZrO_2 陶瓷硬度高,莫氏硬度 6.5 单位。可以制成冷成形工具、整形模、拉丝模、切削刀具等。ZrO_2 陶瓷强度高,韧度较高,室温抗压强度达 2100 MPa,1000 ℃ 时抗压强度为 1190 MPa。最好的韧化陶瓷抗弯强度达 2000 MPa,断裂韧度达 9 MPa·$m^{1/2}$。用来制造发动机构件,如推杆、连杆、轴承、汽缸内衬、活塞帽等。

ZrO_2 陶瓷的耐火度高,比热和导热系数小,是理想的高温绝热材料;化学稳定性好,高温时仍能抗酸性和中性物质的腐蚀。ZrO_2 坩埚用于冶炼金属及合金,如铂、钯、铷、铑的冶炼和提纯。对钢液很稳定,是连续铸锭用耐火材料。

ZrO_2 陶瓷的电性能随稳定剂的种类、含量和测试温度不同而变化。纯 ZrO_2 是良好的绝缘体,室温比电阻高达 10^{15} Ω·m。加入稳定剂后,其电阻率明显增加。所以稳定 ZrO_2 陶瓷在高温下是离子导电陶瓷。稳定后的 ZrO_2 陶瓷有氧缺位,可作为气敏元件。氧化锆固体电解质在一定条件下,有传递氧离子的特性,可以制成高温燃料电池固体电解质隔膜、钢液氧的探测头等。

此外利用氧化锆相变特性,将氧化锆加到一系列其他氧化物基体(如莫来石、氧化铝、尖晶石等)中,可改善这些氧化物的韧度,如氧化锆增韧氧化铝(ZTA),即含有氧化锆的增韧氧化铝陶瓷,强度可高达 1200 MPa,韧度为 16 MPa·$m^{1/2}$。

3. 其他氧化物陶瓷

氧化镁陶瓷主晶相为 MgO,是离子晶体,熔点为 2 800 ℃,可在 2 300 ℃ 下稳定使用。有还原气氛时,使用温度降至 1 700 ℃ 稳定。氧化镁陶瓷是典型的碱性耐火材料,耐高温并抗熔融金属浸蚀。可用于熔炼高纯度铁、铁合金、铜、铝、镁等以及熔化高纯度铀、钍及其合金。其缺点是,力学强度低、热稳定性差、容易发生水解。

氧化铍陶瓷主晶相为 BeO，是离子晶体，熔点为 2 570 ℃，其抗热振性好，在温度急剧变化的环境下能稳定使用。它的导热性好，与金属铝相近，可制作高频电炉的坩埚及高温绝缘的电子元件。其具有良好的抗热冲击性，可以用做激光管、晶体管散热片、集成电路的外壳和基片等。由于铍的吸收中子截面小，氧化铍陶瓷也可用于核反应堆的中子减速剂和反射材料。但氧化铍的粉末和蒸气有毒，使用时要注意安全和环保。

增韧氧化陶瓷是近 20 多年来才研制的一类高温结构陶瓷。这类陶瓷含有一定数量的细分散相变物质。当受到外力作用时，这些分散物质会发生相变而吸收能量，使裂纹扩展减慢或终止，从而大幅度提高材料的强度和韧度。目前常用氧化锆作为相变物质。增韧陶瓷效果最好的有两个系统：一个是氧化锆增韧氧化铝陶瓷，已成功地用做金属切削工具、防弹盔甲和造纸工业中的耐磨件等；另一个是氧化锆增韧氧化锆陶瓷，由于性能卓越，已成为各国陶瓷研究者注意的中心，目前仍在发展中，可用于制造高温结构陶瓷零件，并成为新型发动机的主要候选材料。

12.4.3 氮化物陶瓷

1. 氮化硅陶瓷

氮化硅陶瓷是新型的工程陶瓷，以共价键为主，原子结合强度高，在高温下几乎不发生变形，并且其原料丰富，加工性能好，用途广泛，在农业、化工、冶金、机械和国防尖端技术方面发挥重要作用。氮化硅与氧化物陶瓷、碳化物陶瓷相比较，线胀系数低，热导率高，抗热振性能好，化学稳定性高，高温下能保持很高的力学强度和硬度。除熔融的 NaOH 和 HF 外，对化学药品和熔融金属的抗腐蚀性非常高，但成形困难，其性质随密度和纯度变化而有明显变化。氮化硅的摩擦因数低(0.1～0.2)，并有自润滑性，加上硬度高，自润滑性能好，是极优的耐磨材料。

氮化硅陶瓷是结合强度非常高的共价化合物，单纯高温烧结难以成形，与一般陶瓷不同，其成形方法有热压烧结法和反应烧结法等。热压烧结法是以 Si_3N_4 粉为原料，加入少量的添加剂(MgO)，装入石墨模具中，在 1600～1700 ℃高温和 20 265～30 398 kPa 的高压下烧结成形。得到的组织致密、气孔率接近零的氮化硅陶瓷。但因受模具限制，热压烧结氮化硅陶瓷成形精度不高，只用于制造形状简单的零件，例如，刀具、转子、发动机叶片、高温轴承等。反应烧结法是用硅粉或硅粉-Si_3N_4 粉的混合料，用一般陶瓷成形方法压制成形后，放入氮化炉中进行渗氮处理，直到所有的单质硅都转变成氮化硅为止，可得到尺寸精密的制品。这种方法成形容易，可得到尺寸精确的氮化硅陶瓷制品，但它的气孔率高，故强度不如氧化物陶瓷，只适用于制造各种形状复杂的发动机零部件，如燃烧室，静叶片、动叶片、喷嘴、轴承等，并且适合于高精密加工。

2. 氮化硼陶瓷

氮化硼通常为六方晶型，所以又称六方氮化硼，其结构和某些性能与石墨类似，也称为白石墨。在高温高压下也可转变成立方晶型的氮化硼。六方氮化硼的耐热性和导热性良好，线胀系数比其他陶瓷的都低，故其抗热振性和热稳定性好，是优良的耐热材料。高温(2000 ℃以上)电绝缘性和自润滑性能优良，介电常数和介电损耗在陶瓷材料中较小。化学稳定性好、能抗熔融金属的浸蚀，常用于制造高温热电偶的保护套管、熔炼半导体的坩埚、半导体散热和绝缘零件。它的硬度较低，结构致密均匀，是唯一可以进行切削加工的陶瓷材料。常用于制成自润滑的高温轴承、玻璃成形模具。立方氮化硼结构更为牢固，硬度接近于金刚石，可作为优良的磨料和高速切削刀具,由于其成本较高,目前尚不能广泛使用。

生产氮化硼有三种工艺:一种是冷压法,即将氮化硼粉静压成形,然后 2 000 ℃ 左右高温烧结,这种方法得到的产品致密度较低;另一种是热压法,是将氮化硼直接在 2 000 ℃ 热压成形,得到产品密度较高;第三种方法是气相反应法,让 BCl_4 和 NH_3 气体在 1450～2300 ℃ 时流经模具,在模具表面沉积聚集,最后形成氮化硼陶瓷制品。这种方法制品纯度、密度是所有方法中最高的。

3. 赛纶(Sialon)陶瓷

它是在 Si_3N_4 中添加 Al_2O_3 组成的 Si-Al-O-N 系陶瓷。其形成是在 Si_3N_4 烧结时,添加的 Al_2O_3 固溶于 Si_3N_4 中完成的,Al 和 O 原子部分置换了 Si_3N_4 中的 Si 和 N 原子,由此形成了由 Si-Al-O-N 元素构成的一系列物质并使 Si_3N_4 的成形烧结性能有所改善,物理性质几乎与 β-Si_3N_4 相同,化学性能接近于 Al_2O_3。如 50%Si_3N_4-50%Al_2O_3 的赛纶陶瓷,其线胀系数比 β-Si_3N_4 低,抗氧化性高,且耐热冲击性能保持不变。赛纶陶瓷的成形,可以采用普通的挤压、模压、浇注等技术,并且在 1600 ℃ 非活性气氛下烧结也能得到理论烧结的密度。赛纶陶瓷应用相当广泛,例如,可用于制造内燃机气缸、活塞、汽轮机叶片以及高温下使用的耐腐蚀,耐磨模具和夹具等。

12.4.4 碳化硅陶瓷

碳化硅陶瓷的主晶相是 SiC,是以共价键结合的稳定晶体。碳化硅在高温下易升华分解,可采用粉末冶金法来制造。碳化硅陶瓷采用传统烧结工艺方法制备,根据其烧结工艺不同,可分为反应烧结碳化硅陶瓷和热压烧结碳化硅陶瓷。碳化硅的最大特点是高温强度高,在 1 400 ℃ 时,抗弯强度仍可保持在 500～600 MPa,工作温度可达 1 600～1 700 ℃,但表面损伤引起的强度降低要比 Si_3N_4 陶瓷的急剧。它是良好的结构材料,可用于如熔融金属的输送管道、火箭尾喷管的喷嘴、发动机喷嘴、热电偶套管等结构零件,还可用于制造高温轴承、高温热交换器、燃气轮机叶以及各种高温泵的密封圈等。

12.5 金 属 陶 瓷

金属陶瓷是把金属的热稳定性和韧度与陶瓷的硬度、耐火度、耐蚀性综合起来而形成的具有较高强度、高耐蚀性、高韧度和高硬度的新型材料。其以金属为黏结剂,以碳化物或氧化物和氮化物等陶瓷为硬化相,按粉末冶金工艺加入金属中制成。金属相主要是 Ti、Cr、Ni、Co 及它们的合金。目前,取得较大实用价值的金属陶瓷主要是氧化物基金属陶瓷和碳化物基金属陶瓷。

12.5.1 氧化物基金属陶瓷

氧化铝基金属陶瓷是应用最多的金属陶瓷,它以铬为黏接剂,铬的质量分数不超过 10%。在高温烧结时形成 Cr_2O_3,与 Al_2O_3 形成固溶体,将 Al_2O_3 粉粒牢固地黏接起来。此外,铬的高温性能较好,抗氧化性和耐蚀性较高,所以提高了氧化铝陶瓷的韧度、热稳定性和抗氧化能力。氧化铝基金属陶瓷的特点是热硬性高(可达 1200 ℃),高温强度高,抗氧化性良好。

氧化铝基金属陶瓷主要用做工具材料,作高速切削刀具与被加工金属材料的黏着倾向小,可提高加工精度和降低表面粗糙度。尤其适用于硬质材料、大管件的加工和大工件的快速加工。另外还可以制造模具、喷嘴、密封环等,但它们的脆性仍较大,且热稳定性低。

12.5.2 碳化物基金属陶瓷

这类金属基陶瓷主要以钴和镍作为金属黏接剂。根据金属含量不同,可作为耐热结构材料或工具材料。作为工具材料的通常称为硬质合金,红硬性可达 800~1000 ℃,用于切削工具、金属成形工具、矿山工具、耐磨材料和一些结构材料。作为耐热结构材料使用的金属陶瓷主要是 TiC。其中黏接金属的质量分数达 60% 以上,有时加入少量难熔金属元素 Cr、Mo、Wo 等。常用于制造涡轮喷气发动机燃烧室、叶片、涡轮盘及航空航天装置的一部分耐热件。

第13章 复合材料

【引例】 在美国《宇航日报》上报道了一种用"布"做的飞机,它就是 X-55A 货运飞机,这种做飞机的"布"就是复合材料。另一例是空客 A380,它是第一次大范围在大型民用运输机上应用复合材料的飞机,复合材料用量约占结构总重量的 25%,包括机翼、起落架舱门、发动机整流罩等重要部件,图 13.1 所示的是复合材料在空客 A380 的部分应用。一代材料支持一代技术的理念在近代飞机结构中得到再次验证。那么什么是复合材料呢?为什么复合材料能做这些部件呢?哪些复合材料能做这些部件呢?

通过本章的学习,将会对博采众长的复合材料的种类、结构、优异性能和广泛应用有一定了解。

图 13.1 空客 A380 复合材料的主要应用

13.1 概 述

13.1.1 复合材料概念

复合材料是一个比较广泛的概念。由两种或两种以上性质不同的材料组合起来的,人工合成的材料都是复合材料。其结构为多相,一类组分为基体,起黏接作用,将增强材料黏合成一个整体;另一类组分为增强相,是主要承力部分。所以复合材料可以认为是一种多相材料,基体材料的作用是将增强材料黏合成一个整体,起到均衡应力和传递应力的作用,使增强材料的性能得到充分发挥,从而产生复合效应,使复合材料在使用性能和工艺性能等方面表现出许多优良特性。从这个观点出发,铸铁和时效强化的铝合金也都可称为复合材料。其基本差别是后者的增强相是通过自液态或固态中的析出而实现的。

自然界的许多物质都可看成是复合材料。例如,竹材和木材是纤维素和木质素的复合物。动物的骨骼是由硬而脆的无机磷酸盐和软而韧的蛋白质骨胶复合而成的,既强且韧的物质。而且人类很早就从自然界中得到启示,利用复合的原理,在生产和生活中创制了许多人工复合材料。在泥浆中掺入麦秸,在水泥、沙中加入石子,在橡胶中混入纤维等。

科学技术的发展,特别是航天航空、原子能等领域对材料提出越来越高的性能要求,促进了复合材料的快速发展。20世纪50年代研制出玻璃纤维增强塑料(即玻璃钢)。20世纪60年代研制出了许多高性能的碳、硼增强纤维和耐高温、高抗蠕变的高温合金。复合材料的基体也从单一树脂材料扩展到了金属甚至陶瓷。随着复合理论研究的深入和生产工艺水平的不断提高,复合材料成本的逐渐下降,复合材料的应用也越来越广泛。

13.1.2 复合材料的分类与命名

1. 复合材料的分类

1) 按构成材料分类

按基体材料类型,复合材料可以分为有机材料基复合材料、无机非金属材料基复合材料和金属基复合材料三大类。按有机材料类型,又可分为树脂基复合材料、橡胶基复合材料和木质基复合材料。按树脂种类,又有热固性树脂基复合材料和热塑性树脂基复合材料之分。按无机非金属材料类型,可以分为玻璃基复合材料、陶瓷基复合材料、水泥基复合材料和碳基复合材料。按陶瓷种类,又有氧化铝基复合材料、氧化锆基复合材料、石英玻璃基复合材料等。按金属种类,可以分为铝基复合材料、铜基复合材料、镁基复合材料和钛基复合材料等。

按增强材料的几何形状,可以分为颗粒增强型复合材料、纤维增强型复合材料和板状复合材料等三大类;按颗粒尺寸的大小,可分为弥散增强型复合材料和颗粒增强型复合材料两类。按增强纤维的长度,可以分为连续纤维增强型复合材料和非连续纤维增强型复合材料两大类。而按非连续纤维的长短,又有短纤维增强型复合材料和晶须增强型复合材料之分。按短纤维在复合材料中的排列方式,又有随机排列复合材料和定向排列复合材料之分。按纤维的种类,可以分为玻璃纤维增强复合材料、碳纤维增强复合材料、芳纶纤维增强复合材料、氧化铝纤维增强复合材料、氧化锆纤维增强复合材料、石英纤维增强复合材料、钛酸钾纤维增强复合材料和金属丝增强复合材料等。而按金属丝的种类,又可分为钨丝复合材料、钼丝复合材料、不锈钢丝复合材料等。按层压板增强材料的不同,可以分为纸纤维层压板复合材料、布纤维层压板复合材料、木质纤维层压板复合材料、石棉纤维层压板复合材料等。

2) 按复合材料性能用途分类

按复合材料用途,复合材料可分为结构复合材料和功能复合材料两大类。前者主要是用于工程结构,以承受各种不同环境条件下的复合外载荷,其具有优良的力学性能。例如,树脂基复合材料、金属基复合材料、陶瓷基复合材料、水泥基复合材料和碳/碳基复合材料等;后者具有各种独特的物理化学性质,如储能、阻尼吸声、吸波、电磁、超导、屏蔽、光学、摩擦润滑等各种功能。表13.1所示的是常见的复合材料种类。

表 13.1 复合材料的种类

增强体		基体							
		金属	无机非金属				有机材料		
			陶瓷	玻璃	水泥	碳素	木材	塑料	橡胶
金属		金属基复合材料	陶瓷基复合材料	金属网嵌玻璃	钢筋水泥	无	无	金属丝增强材料	金属丝增强橡胶
无机非金属	陶瓷	金属基超硬合金	增强陶瓷	陶瓷增强玻璃	增强水泥	无	无	陶瓷纤维增强塑料	陶瓷纤维增强橡胶
	碳素	碳纤维增强金属	增强陶瓷	陶瓷增强玻璃	增强水泥	碳纤增强碳复合材料	无	碳纤维增强塑料	碳纤碳黑增强橡胶
	玻璃	无	无	无	增强水泥	无	无	玻璃纤维增强塑料	玻璃纤维增强橡胶
有机材料	木材	无	无	无	水泥木丝板	无	无	纤维板	无
	高聚物纤维	无	无	无	增强水泥	无	塑料合板	高聚物纤维增强塑料	高聚物纤维增强橡胶
	橡胶胶粒	无	无	无	无	无	橡胶合板	高聚物合金	高聚物合金

按复合材料性能的高低，复合材料可以分为常用复合材料与先进复合材料两大类。常用复合材料（如玻璃钢）就是用玻璃纤维等性能较低的增强体与普通的树脂构成的，由于其价格低廉得以大量发展和应用。先进复合材料是指用高性能增强体如碳纤维、芳纶等与高性能耐热树脂构成的复合材料，后来又把金属基复合材料、陶瓷基复合材料和碳基复合材料以及功能复合材料包括在内。

2. 复合材料的命名

复合材料的命名国内外都还没有一个统一的规定，共同的趋势是根据增强材料与基体材料的名称来命名复合材料，大致有以下三种情况。

(1) 强调基体材料时则以基体材料为主，如金属基复合材料，聚合物基复合材料，陶瓷基复合材料等。

(2) 强调增强材料时则以增强材料为主，如碳纤维增强复合材料、氧化铝纤维复合材料等。

(3) 基体与增强材料并用。这种命名法常用于指一种具体的复合材料，一般将增强材料的名称放在前面，基体材料名称放在后面，最后加“复合材料”而成，如碳纤维增强铝合金复合材料，SiC 颗粒增强铝合金复合材料，为简化也可写成 SiC_p/Al 复合材料，即在增强材料与基体材料两个名称之间加一斜线，下脚注 f、w 或 p 表示纤维、晶须和颗粒（fiber，whisker，particle），而后加复合材料来表示。有时，人们还习惯使用商业名称表示广泛应用的复合材料，如在我国把玻璃纤维增强树脂基复合材料通称为“玻璃钢”。

13.1.3 复合材料的性能

对复合材料性能和结构起决定作用的,除了基体和增强体外还包括基体与增强体间的界面。基体将增强体连接起来,并使其均匀分布,从而在保持基体材料原有性能的基础上充分利用增强体的特性,基体还可以保护增强体材料免受使用环境中的物理化学损伤;增强体则可大大强化基体材料的功能,使其具有基体难以达到的特性。对于结构材料,它还可能是外载荷的主要承担者;而基体与增强体的界面结合既要有一定的相容性,以保证材料一定的连接性和连续性,又不能发生较强的反应,以保证不改变基体和增强体的性质。因此基体、增强体及其界面必须互相配合、协同性好,才能达到最好的复合效果。

1. 性能的可设计性

复合材料的体系可根据材料基本特性、材料间相互作用和使用性能要求来选择基体材料和增强体材料,通过纤维种类和不同排布的设计,把潜在的性能集中到必要的方向,使增强材料更有效地发挥作用。调整复合材料各组分的成分、结构及排布方式,既能使构件在不同方向承受不同的作用力,还可兼有刚度和韧度。由它们的复合效应可以获得普通材料难以提供的某一性能或综合性能,满足更为复杂和极端使用条件的要求。

2. 力学性能特点

复合材料没有统一的力学性能特点,其力学性能特点与复合材料的体系及加工工艺有关。但就常用的工程复合材料而言,与其相应的基体材料相比较,其主要的力学性能特点如下。

1) 高比强度和高比模量

强度和弹性模量分别与密度的比值称为比强度和比模量。它们是衡量材料承载能力的一个重要指标。比强度越高,在同样的强度下,同一零件的重量越小;比模量越大,在重量相同的条件下,零件的刚度也越大。复合材料一般具有较高的比强度和比模量。这主要是增强体一般为高强度、高弹性模量而密度小的材料。如碳纤维增强环氧树脂比强度是钢的 7 倍,比模量比钢高 3 倍。这对于高速运动的机械及要求减轻自重的构件是非常重要的。

2) 耐疲劳性能好

复合材料的增强体能提高材料的屈服强度和强度极限,并具有阻碍裂纹扩展及改变裂纹扩展路径的效果,因此其抗疲劳性能高;对于脆性的陶瓷基复合材料,这种效果还会大大提高其韧度,也是陶瓷韧化的重要方法之一。

3) 良好的耐磨、耐蚀、自润滑性

许多复合材料能同时具有好的耐磨性、减摩性、耐蚀性等性能,使复合材料成为航空航天等高技术领域乃至生物海洋工程的理想新材料。在热塑性塑料中加入少量的短纤维,或者在金属中加入陶瓷微颗粒就可以提高它的耐磨性。如聚氯乙烯与碳纤维复合后耐磨性增加 3.8 倍,同时还降低了摩擦因数。Al_2O_3 短纤维与铝合金复合后,在与轴承钢组成摩擦副的磨损实验中,磨损量仅为铝合金的 1/96。碳纤维增强塑料具有良好的自润滑性能,是制造无油润滑活塞环、轴承和齿轮的首选材料。

4) 减振性能好

许多机器、设备的振动问题十分突出。因为结构的自振频率除与结构本身的质量、形状有关外,还与材料比模量的平方根成正比。复合材料的比模量大,则自振频率也高,这样可避免在工作状态下产生共振及由此引起的早期破坏。此外,即使结构已产生振动,由于复合材料的阻尼特性好,即增强材料与基体的界面吸振能力强,振动也会很快衰减。

3. 物理和化学性能

根据不同的增强体的特性及其与基体复合工艺的多样性，复合材料还可以具有各种优异的物理性能：如低密度，此时增强体的密度一般较低；线胀系数小，甚至可达到零膨胀；热导性好、电导性好、阻尼性好、吸波性好、抗辐射等。有些复合材料还具有良好的耐热性和化学稳定性。

1）绝缘、导热和导电性

常用的玻璃纤维增强塑料是一种优良的电气绝缘材料，常用于制造仪表、电机与电器中的绝缘零部件，这种材料还不受电磁作用，不反射无线电波，微波透过性良好，还具有耐烧蚀性、耐辐照性，可用于制造飞机、导弹和地面雷达罩。金属基复合材料具有良好的导电和导热性，可以使局部的高温热源和集中电荷很快扩散消失，有利于解决热气流冲击和雷击问题。

2）耐热性

复合材料增强体（如增强纤维）一般在高温下仍会保持较高的强度和弹性模量，使复合材料具有更高的高温强度和高温蠕变抗力。碳纤维增强树脂复合材料和金属基复合材料在耐热性方面更显示出其优越性，而碳化硅纤维、氧化铝纤维与陶瓷复合，在空气中能耐1200~1400℃高温，要比所有超高温合金的耐热性高出100℃以上。用于柴油发动机，可取消原来的散热器、水泵等冷却系统，减轻重量。如用于汽车发动机，使用温度可高达1370℃。

4. 工艺性能

复合材料的成形及加工工艺因材料组分不同而各有差别，但普通成形加工工艺并不复杂。例如长纤维增强的树脂基、金属基和陶瓷基复合材料可以整体成形，能大大减少结构件中的装配零件数量，提高产品的质量和使用可靠性；而短纤维或颗粒增强复合材料，则完全可按传统的工艺制备，如铸造法、粉末冶金法，并可进行二次加工成形，适应性强。

13.2 增强材料与基体材料

复合材料的常见结构，如图13.2所示。从组织结构上看，复合材料由基体相和增强相构成；从材料组分上看，复合材料由基体材料和增强材料构成。复合材料中用做基体材料的通常是金属材料、高分子材料、陶瓷材料，它们的成分、组织、性能及应用已在前面章节介绍过；用做增强体的材料通常有纤维增强材料、颗粒增强材料和片状增强材料。下面对常用的前两种材料及其增强机制作简要介绍。

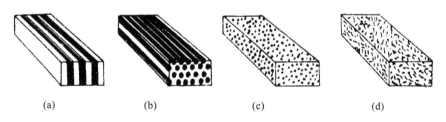

(a)　　　　(b)　　　　(c)　　　　(d)

图13.2 复合材料结构示意图
(a)层叠复合；(b)连续纤维复合；(c)细粒复合；(d)短切纤维复合

13.2.1 增强材料

1. 颗粒增强材料

几年来颗粒增强复合材料迅速发展,为了适应不同性能需要选用不同的增强颗粒。复合材料中的颗粒增强体,按颗粒尺寸的大小可以分为两类。一类是颗粒尺寸在 $0.1\sim1~\mu m$ 以上的颗粒增强体,由于强化颗粒尺寸比较大,它对位错的滑移和分子链没有多大的阻碍作用,它们与金属基体或陶瓷基体复合的材料在耐磨性能、耐热性能及超硬性能方面都有很好的应用前景。这类粒子大都是氧化物、碳化物、氮化物,其熔点、硬度较高,化学稳定性好。另一类是颗粒尺寸在 $0.01\sim0.1~\mu m$ 范围内的微粒增强体,其强化机理与第一类不同,增强颗粒的作用是高度弥散地分布在基体中,使基体主要承受载荷,而增强颗粒阻碍能导致基体塑性变形的位错运动(金属基)或分子链运动(高聚物基)。增强颗粒的直径大小直接影响增强效果:颗粒直径过大($D>0.1~\mu m$)容易引起应力集中而使强度降低;直径过小($D<0.01~\mu m$)不起颗粒增强作用。因此,为了获得好的增强效果,增强颗粒直径一般在 $0.01\sim0.1~\mu m$ 范围内。

按颗粒所起作用的不同,颗粒增强体又可以分为延性颗粒增强体和刚性颗粒增强体两类。延性颗粒增强体是指加入到陶瓷、玻璃、微晶玻璃等脆性基体中的金属颗粒。目的是增加基体材料的韧度,延性颗粒增韧作用源自其塑性。刚性颗粒增强体一般具有以下特点:①高模量、高强度、高硬度、高热稳定性和化学稳定性;②增强体与基体之间具有一定的结合度,否则在界面处易诱发裂纹,从而降低韧度;③增强体线胀系数大于基体材料;形成线胀系数失配,促使基体处于径向受张、切向受压的应力状态,促使裂纹绕刚性颗粒增强体偏析,可抑制基体内部微裂纹生长,使材料的韧度得以提高;④在一定范围内,增强体的颗粒越大,复合材料的韧度提高,但强度降低。这类材料可以耐高温、高应力,是制造切削刀具、高速轴承和陶瓷发动机部件的优良材料。

常用于金属基复合材料的颗粒增强体主要是各种陶瓷颗粒,如 Al_2O_3、SiC、Si_3N_3、WC、TiC、B_4C 及石墨等颗粒。陶瓷增强颗粒的性能好、成本低,易于批量生产。

在高分子聚合物中的颗粒增强体则是各种填料。在聚合物中添加不同的填料,构成以聚合物为连续相、填料为分散相的复合材料,可以改善制品的力学、耐磨、耐热、导电、导磁、耐老化等性能。常用的填料有石墨、炭黑、白炭黑(SiO_2 粉末)、MgO、碳酸钙、云母、高岭土、MoS_2、Fe_2O_3 等。在橡胶中加入炭黑可以明显提高橡胶的强度和硬度;在塑料中加入石墨、铜粉可以改善其导电性,Fe_2O_3 磁粉可以改善其导磁性,MoS_2 可以提高其自润滑性,空心玻璃微珠不仅可以减小密度还可以提高耐热性。

2. 纤维增强材料

1) 玻璃纤维

玻璃纤维由于制取方便、价格便宜,是纤维增强复合材料中应用最为广泛的增强体,是将熔化的玻璃以极快的速度拉成细丝而制得的,玻璃纤维是非结晶型无机纤维,主要成分是二氧化硅与金属氧化物,可作为有机高聚物基或无机非金属基复合材料的增强材料。玻璃纤维具有成本低、不燃烧、耐热、耐化学腐蚀性好、拉伸强度和冲击强度高、断裂伸长率小、绝热性及绝缘性好等特点。

按玻璃纤维中 Na_2O 和 K_2O 的含量不同,可将其分为无碱纤维(碱的质量分数<2%)、中碱纤维(碱的质量分数为 2%~12%)、高碱纤维(碱的质量分数>12%)。随含碱量的增加,玻璃纤维的强度、绝缘性、耐蚀性降低,因此高强度复合材料多用无碱玻璃纤维。

玻璃纤维的特点是,强度高,其抗拉强度可达 1000～3000 MPa,弹性模量比金属的低得多,密度小,与铝相近;比强度、比模量高;化学稳定性好;还具有不吸水、不燃烧、尺寸稳定、隔热、吸声、绝缘、能透过电磁波等特性;有良好的耐蚀性。缺点是,脆性大、耐磨性差。

2) 碳纤维

碳纤维是一种新型非金属材料,属于高聚物碳,是有机纤维(黏胶纤维、腈纶纤维等)在惰性气体中经固相反应后高温转变为纤维状的无机碳化合物,碳的质量分数不低于 90%。由于具有很高强度,也称为高强度碳纤维。

碳纤维最突出的特点是,强度高、密度小;弹性模量高(是玻璃纤维的 6 倍);此外,还耐高温,3000 ℃非氧化气氛中不熔不软;耐酸,能耐浓盐酸、硫酸、磷酸、苯、丙酮等介质的浸蚀;线胀系数小,约等于零,甚至为负值;热导率高,导电性好;摩擦因数小并具润滑性。缺点是,脆性大、易氧化、与基体结合力差,必须用硝酸对纤维进行氧化处理以增加结合力。

碳纤维按力学性能可分为四种:超高模量纤维、高模量纤维、超高强度纤维和高强度纤维。按照制造原料,又可以分为聚丙烯腈碳纤维、沥青碳纤维和人造丝碳纤维。目前大量使用的是聚丙烯腈碳纤维。但沥青碳纤维工艺性好,收率高,成本低。人造丝碳纤维原料少、质量较不稳定,工艺条件苛刻,收率低,用量逐渐下降。

3) 硼纤维

硼纤维是无机高强度、高模量纤维之一。它是用沉积法将非晶态的硼涂覆到钨丝或碳丝上而制得的。硼纤维发展先于碳纤维,但是由于价格昂贵及工艺性差而受限制。目前生产连续硼纤维的最好方法是化学气相沉积法,它是在移动的炽热钨丝上用氢气还原三氯化硼的过程。

硼纤维具有高熔点(2300 ℃)、高强度(2450～2750 MPa)、高弹性模量(3.8～4.9×10^5 MPa)。其弹性模量是无碱玻璃纤维的 5 倍,与碳纤维相当。在无氧条件下,1000 ℃时其弹性模量值也不变。此外,它还具有良好的抗氧化性、耐蚀性。其缺点是,密度大、直径较粗及生产工艺复杂、生产率低、成本高、价格高,所以它在复合材料中的应用程度远不及玻璃纤维和碳纤维广泛。

4) 芳纶纤维

芳纶纤维是发展较快的一种纤维。最常见的芳纶纤维是芳香族聚酰胺纤维。最早由杜邦公司研究制备,命名为 Kevlar 纤维。目前类似的产品中 Kevlar-49 性能最好,生产量最大,主要生产厂家仍然是杜邦公司,是由对苯二酰氯和对苯二胺缩聚而成的。将原料溶于浓硫酸中,制成各向异性液晶纺丝液,经干喷湿拉纺丝后,制成具有高定向结晶的纤维。

芳纶纤维的结构使之具有纵向强度高而横向强度低、刚度很高的特点。纤维拉伸强度高,约为铝合金的 5 倍;弹性模量高,是玻璃纤维的 1 倍;密度小,只有 $1.45\ \text{g/cm}^3$,是钢的 1/6,因而其比强度极高,超过玻璃纤维、碳纤维和硼纤维,比模量也超过玻璃纤维、钢、铝等,与碳纤维接近;韧度高,不像碳纤维、玻璃纤维那样脆,便于纺织,同时提高了耐冲击性能,还具有突出的抗蠕变性,冲击韧度高,疲劳寿命长,耐紫外光,并具有较好的振动阻尼性,而且价格便宜。

5) 碳化硅纤维

碳化硅纤维是用碳纤维作底丝,通过气相沉积法而制的陶瓷纤维。具有高熔点、高强度(平均抗拉强度达 3090 MPa)、高弹性模量(1.96×10^5 MPa)、低线胀系数、耐热、高温抗氧化性能好以及耐化学腐蚀等性能。用做高聚物、金属、陶瓷等结构复合材料的增强体,制作宇航器上的结构件、飞机门机翼、降落传动装置。亦可用于烧蚀与防热功能复合材料,如窑炉内衬、耐热帘布等以及过滤、耐磨等功能复合材料。

6）晶须

晶须是缺陷很少的单晶短纤维，直径由 0.1 μm 至几微米，长度一般是数十微米至数千微米，所以长径比很大。其强度很高，拉伸强度接近纯晶体理论强度。常用的有陶瓷、金属和碳化物晶须，但因为价格昂贵，所以使用受到限制。

陶瓷晶须具有高强度、高模量和耐高温等突出优点。陶瓷晶须可大致分为非氧化物类和氧化物两类，前者，普遍具有高熔点，故耐高温性好，多用于增强陶瓷基和金属基复合材料，但成本较高。氧化物陶瓷晶须具有较高的熔点和耐热性，可用做树脂基和铝基复合材料增强体。晶须作为增强体时，其体积分数多在 35% 以下。

以金、银、铁、镍、铜等金属制成的金属晶须也可作为复合材料增强体，在火箭、导弹、喷气发动机等方面有广泛的应用，特别是作导电复合材料和电磁波屏蔽材料用。金属晶须可由金属的固体、熔体或气体为原料，采用熔融盐电解法或气相沉积法制得。

碳晶须是非金属晶须品种之一，主要用做树脂基、碳基复合材料增强体。碳晶须是碳的质量分数为 99.84% 的针状单晶体，可以采用气相合成法制造。

13.2.2 基体材料

1. 树脂基体

根据加工方法的不同，树脂可以分为热固性树脂和热塑性树脂两大类。

热固性树脂，因加热或与固化剂反应，能发生交联，变成不溶的网状产物。但由于交联反应是不可逆的，这种树脂在固化前的某一阶段可能是液体，一旦固化，受热不能再软化，除非高温热解。热固性树脂是发展较早、应用最广的聚合物基体。常用的热固性不饱和树脂基体有如下几种。

（1）不饱和聚酯树脂，以其室温低压成形的突出优点成为玻璃纤维增强塑料用的主要树脂。

（2）环氧树脂广泛用做碳纤维复合材料及绝缘复合材料。

（3）酚醛树脂则大量用做摩擦复合材料。

热塑性树脂是线型或支链型的高分子化合物。这类树脂能反复加热变软，具有可塑性但冷却后又能变硬。热塑性树脂是由合成的或天然的线型高分子化合物组成的，其中很多品种可直接以石油化工产品为原料制成，来源广泛，价格便宜，复合后增强效果明显，无论是产量和品种的发展都很迅速。

热塑性树脂按其使用范围，通常可分为通用型和工程型两类。前者仅能作为非结构材料使用，产量大、价格低，但性能一般，主要品种有聚氯乙烯、聚乙烯、聚丙烯和聚苯乙烯等；后者则可作为结构材料，产量较小，价格较高，通常在特殊的环境中使用。一般具有优良的力学性能，耐磨性和尺寸稳定性、电性能、耐热性和耐蚀性等，主要品种有聚酰胺、聚甲醛、聚苯醚、聚酯和聚碳酸酯等。

两种或两种以上热塑性树脂经适当的共混改性可获得具有优良综合性能的高分子共混物，所以热塑性树脂可通过共混改性和增强填充改性的手段以提高其性能，这比开发新的品种费用省、效果显著，是目前主要的发展动向。

2. 金属基体

常用的金属基体可分为铝基、镁基、铜基、钛基、高温合金基（镍基、钴基、铁基等）、金属间化合物基以及难熔金属基等。

在考虑复合材料的性能时,通常要同时注意增强体和基体的性能。一般来说,金属基体的强度可以通过各种强化机制(如合金化和热处理强化等)来提高,但是,对于弹性模量,即使通过合金化,多数情况下也都难以奏效。因此,加入增强体制备复合材料在提高强度的同时,希望弹性模量也要相应得到提高。选用高温合金基体或难熔金属基体时,复合材料的使用温度可以大大提高,高温性能得到明显改善。选用低密度的轻金属(如镁、铝等)基体时,制备的复合材料具有很高的比强度和比模量。

3. 陶瓷基体

用于复合材料基体的陶瓷一般应具有优异的耐高温性质,与纤维或晶须之间有良好的界面兼容性以及较好的工艺性能等。常用的陶瓷基体材料主要包括:氧化物陶瓷和非氧化物陶瓷等。氧化物陶瓷主要有 Al_2O_3、ZrO_2、BeO、Y_2O_3、莫来石(即富铝红柱石,化学式为 $3Al_2O_3 \cdot 2SiO_2$)等,主要为单相多晶结构,它们的熔点在 2000 ℃ 以上。由于 Al_2O_3 和 ZrO_2 的抗热振性较差,SiO_2 在高温下容易发生蠕变和相变,氧化物陶瓷的强度随环境温度升高而降低,因此这类陶瓷基复合材料应避免在高应力和高温环境下使用。虽然莫来石具有较好的抗蠕变性能和较低的线胀系数,但使用温度也不宜超过 1200 ℃。

非氧化物陶瓷是指不含氧的氮化物、碳化物、硼化物和硅化物陶瓷。它们的特点是耐火性和耐磨性好,硬度高,但脆性大。碳化物和硼化物的抗热氧化温度为 900~1000 ℃,氮化物略低些。硅化物的表面能形成氧化硅膜,所以抗热氧化温度达 1300~1700 ℃。氮化硼具有类似石墨的六方结构,在高温(1360 ℃)和高压作用下可转变成立方结构的 β-氮化硼,耐热温度高达 2000 ℃,硬度极高,可作为金刚石的代用品。

13.3 材料复合的基本原则

13.3.1 增强相的选择原则

1. 颗粒增强相的选择

对于颗粒增强复合材料,基体承受载荷,颗粒的作用是阻碍分子链或位错的运动。增强的效果同样与颗粒的体积分数、分布、尺寸等密切相关。要获得高性能的颗粒增强复合材料,颗粒相应高度均匀地弥散分布在基体中,从而有效地阻碍导致塑性变形的分子链或位错的运动;颗粒大小应适当:颗粒过大本身易破裂,同时会引起应力集中,从而导致材料的强度降低;颗粒过小,位错容易将其绕过,起不到强化的作用。通常,颗粒直径为几微米到几十微米;颗粒的体积分数应在 20% 以上,否则达不到最佳强化效果;颗粒与基体之间应有一定的结合强度。

颗粒尺寸在 0.01~0.1 μm 之间,加入量在总体积 1%~15% 之间的颗粒增强体,其作用是高度弥散地分布在基体中,起到弥散强化作用。粒子尺寸较大,一般为 1~50 μm,体积分数为 20% 以上的颗粒增强相的作用是获得耐磨性。

2. 纤维增强相的选择

1) 短纤维及晶须增强复合材料

其强化机制与弥散强化复合材料的强化机制类似,但由于纤维具有明显方向性,因此在复合材料制作时,如果纤维或晶须在材料内的分布也具有一定方向性,则其强化效果必然是各向异性的。短纤维(或晶须)对陶瓷的强化和韧化作用比颗粒增强体的作用更有效,因为纤维增加了基体与增强体的界面面积,具有更为强烈的裂纹偏转和阻止裂纹扩展效果。

2) 长纤维增强复合材料

这类复合材料的增强效果主要取决于纤维的特性,基体只起到传递力的作用,材料的力学性能还与纤维和基体性能、纤维体积分数、纤维与基体的界面结合强度及纤维的排列分布方式和断裂形式有关。

纤维增强相置于基体内部,彼此分离并得到基体的保护,因而在受载时不易产生裂纹,使承载能力提高。在受载较大的情况下,有些纤维相由于有裂纹而可能产生断裂,但由于有韧度、塑性好的基体存在,从而阻止了裂纹的扩展。当纤维受力产生断裂时,其断口不可能在同一平面上出现。要想使材料整体断裂,必须从基体中拔出大量纤维相。由于基体与纤维相之间有一定的黏结力,因此,材料的断裂强度会很高。

根据以上分析,获得优良性能的纤维增强复合材料,纤维增强相与基体应满足的条件如下。

(1) 选用的纤维的强度和弹性模量要远远高于基体材料,以保证复合材料受力时主要由纤维承受外加载荷。

(2) 起黏结剂作用的基体与纤维应有一定的相容性和浸润性,能将纤维有效地结合起来,并具有足够的界面结合强度,以保证将基体所受的载荷能通过界面传递给纤维相;并应有一定的塑性和韧度,从而防止裂纹的扩展,保护纤维相表面,以阻止纤维损伤或断裂。

(3) 纤维排列方向与构件受力方向一致,其含量、尺寸和分布应合理才能发挥增强作用。

(4) 纤维与基体要有较好的物理相容性,其中较重要的是线胀系数不能相差过大,且保证制造和使用时二者界面上不发生使力学性能下降的化学反应。

(5) 纤维与基体要有适中的结合强度,结合力过小,受载时容易沿纤维和基体间产生裂纹;结合力过大,会使复合材料失去韧度而发生断裂。

(6) 一般情况,纤维所占体积分数越大,纤维越长、越细,增强效果越好。

13.3.2 基体相的选择原则

1. 金属基体

基体材料的正确选择,对能否充分组合和发挥基体和增强物性能优点,使复合材料具备预期的优异综合性能满足使用要求十分重要。在选择基体金属时通常应考虑以下几方面因素。

1) 保证复合材料制品的使用要求

金属基复合材料零构件的使用性能要求是选择基体金属材料最重要的依据。如在汽车发动机中要求其零件耐热、耐磨、导热、具有一定的高温强度等,同时又要求成本低廉,适合于批量生产,则可选用铝合金作基体材料与陶瓷颗粒、短纤维组成陶瓷颗粒(短纤维)/铝基复合材料。如碳化铝/铝复合材料、碳纤维/铝复合材料可制作发动机活塞、缸套等零件。

2) 保证增强材料的增强效果

对于连续纤维增强金属基复合材料,复合材料受力时,增强纤维是主要承载物体,本身具有很高的强度和模量,而基体的主要作用应是以充分发挥增强纤维的性能为主,基体本身应有良好的塑性和与纤维有良好的兼容性,并不要求基体本身有很高的强度。如碳纤维增强铝基复合材料中纯铝或含有少量合金元素的铝合金作基体比高强度铝合金作基体组成的复合材料的性能高得多,因为前者基体本身塑性好,脆性相少,基体与纤维的界面黏结强度高。

对于非连续体(颗粒、晶须、短纤维)增强金属基复合材料,复合材料受力时基体是主要承载体,基体的强度对复合材料的性能具有决定性的影响,因此,要获得高性能的金属基复合材料必须选用高强度的合金为基体。如颗粒增强铝基复合材料一般选用高强度的铝合金为基体。

3) 保证基体金属与增强材料的兼容性

由于金属基复合材料成形温度高,所以在金属基复合材料制备过程中,金属基体与增强体很容易发生化学反应,在界面形成反应层。材料受力时将会因界面层的断裂而产生裂纹,并向周围纤维扩展,引起纤维断裂,导致复合材料整体破坏。因此,在选用基体合金成分时,应尽可能选择既有利于金属与增强体浸润复合,又有利于形成合适稳定的界面的合金元素。

2. 树脂基体

在增强材料确定后,聚合物基复合材料的使用性能和工艺性能将随选用的基体材料不同而有很大差异。用做复合材料的合成树脂首先要具有较高的力学性能、介电性能、耐热性能和耐老化性能,并且要施工简便,有良好的工艺性能。

通常,复合材料选用树脂作为基体材料要考虑如下因素。

1) 应能满足产品的使用性能要求

使用性能即产品的各项设计性能指标。由于复合材料产品的使用条件不同,对聚合物的性能要求也不相同,因此,应根据产品的主要性能要求选择适当的聚合物。

2) 对纤维应有良好的浸润性和黏附力

纤维表面状态、基体配方和固化剂的类型与浸润性有密切关系。良好的浸润性和黏附力可提高复合材料的力学性能。

3) 具有良好的工艺性

在成形中要求胶液的使用寿命适当,黏度低而稳定,成形和固化温度较低,毒性的刺激性小,配方中不能含有难挥发的溶剂等。

4) 来源广泛,价格低廉

3. 陶瓷基体

陶瓷具有耐高温、抗氧化、耐磨、耐腐蚀、弹性模量高、抗压强度大等优点,但陶瓷脆性大,不能承受剧烈的机械冲击和热冲击,其增强的主要目的是使其强韧化,用增强纤维或增强粒子与陶瓷制备成复合材料,其韧度将明显提高,同时强度和模量还会有一定程度提高。用于复合材料基体的陶瓷,一般应具有优异的耐高温性质,与纤维或晶须之间有良好的界面兼容性,以及较好的工艺性能等。

常用的陶瓷基体材料主要包括:氧化物陶瓷和非氧化物陶瓷等。氧化物陶瓷主要有Al_2O_3、ZrO_2、BeO、Y_2O_3、莫来石等陶瓷。非氧化物陶瓷是指不含氧的氮化物、碳化物、硼化物和硅化物陶瓷。

普通氧化铝陶瓷是使用最广泛的一种陶瓷,具有力学强度高、硬度大、耐磨、耐高温,抗氧化、耐腐蚀、对气氛不敏感、高的电绝缘性、低的介电损耗、好的真空气密性等性能。氧化锆陶瓷耐火度高,比热容和导热系数小,韧度好,化学稳定性良好,高温时仍能抗酸性和碱性物质的腐蚀。

碳化硅陶瓷不仅具有优良的常温力学性能、优良的抗氧化性、耐蚀性好、高的抗磨性以及低的摩擦因数;而且高温力学性能是已知陶瓷材料中最好的。碳化硅陶瓷的缺点是,断裂韧度较差,即脆性较大。如以纤维(或晶须)补强制得纤维补强碳化硅复合材料,则可改善和提高碳化硅陶瓷的韧度和强度。

石英玻璃耐高温,由于线胀系数小,耐热振性好,化学稳定性和电绝缘性能也很好,并能透过紫外线、红外线,广泛用于半导体、电光源、光纤通信、激光技术、光学仪器、化工、电工、冶金、建材等工业以及国防科学技术方面。

13.4 复合材料的种类及应用

13.4.1 树脂基复合材料

作为机械工程材料,树脂基复合材料具有轻质高强度、耐腐蚀、耐热、电绝缘性,因而可满足机械设备的特殊要求,广泛用于各种护罩、各种部件及各种机械零件。其产量远远超过其他基体的复合物。

在汽车制造方面,采用树脂基复合材料制成的汽车质量轻、油耗低,而且在受到撞击时复合材料能大幅度吸收冲击能量,有效保护人员的安全。现在已用于制造各种车辆的车身、油箱、座椅、挡泥板、发动机罩等。另外,石棉短纤维增强酚醛树脂复合材料或聚芳酰胺纤维增强聚合物基复合材料,由于具有较好的耐热性、耐油性、耐磨性,而且在比较高的温度、速度下,其摩擦性能变化较小,也不会产生刺耳的噪声,故已作为摩擦材料广泛地用于汽车刹车片和离合器片的制造。

在电气和机械方面,由于树脂基复合材料具有优异的介电性能,又耐蚀、耐磨、隔音、隔热,在电工器材制造方面得到了广泛应用,例如用于制造发电机和重型发电机护环、端盖、定子槽楔、各种绝缘板、集电环、整流子滑环、大型变压器上的线圈绝缘筒、继电器绝缘垫、各种开关装置、绝缘操作杆、印制电路板、插座、接线盒、电器输送管道、计算机部件等。

下面介绍几种常用的聚合物基复合材料及其应用。

1. 玻璃纤维增强塑料(玻璃钢)

它是以玻璃纤维为增强体,热塑性塑料或热固性塑料为黏结剂(基体)制成的复合材料。玻璃纤维的比强度和比模量高,耐高温,化学稳定性好,电绝缘性能也较好。

热塑性玻璃钢是由体积分数为20%～40%的玻璃纤维与热塑性塑料组成的,常以尼龙、聚烯烃类、聚苯乙烯类、聚酯和聚碳酸酯等五种树脂作基体。其与同基体的热塑性塑料相比,强度和疲劳性能提高2～3倍以上,冲击韧度提高2～4倍,蠕变抗力提高2～5倍,可达到或超过铝合金的强度。并具有良好的低线胀系数和低温性能。

热固性玻璃钢是由体积分数为60%～70%玻璃纤维和热固性塑料组成的。常用酚醛树脂、环氧树脂、有机硅树脂等作基体。其中又以酚醛树脂出现最早,环氧树脂性能较好、应用较广。其主要性能优点是,密度小、强度高,其比强度超过一般高强度钢,耐蚀性、绝缘性、绝热性好;吸水性低、防磁、微波穿透性好,易于加工成形。缺点是,弹性模量低、热稳定性不高。其强度要高于热塑性玻璃钢的。

玻璃钢是应用最广泛的复合材料,主要用于制作要求自重轻的受力构件和耐蚀、无磁、绝缘零件。从各种机器的护罩到形状复杂的构件,从车辆的壳体到各种配件,从电机电器的绝缘器件到石油化工的容器、管道都有越来越多的应用,大量节约了金属材料,大大提高了使用性能。例如,玻璃纤维增强聚丙烯材料应用于通风和供暖系统、空气过滤器外壳、变速箱盖、座椅架、挡泥板垫片、传动皮带保护罩等。但玻璃钢的弹性模量小,刚度低,容易变形老化、蠕变、设计时必须注意。另外还常用于:直升飞机机身、螺旋桨、发动机叶轮;火箭导弹发动机壳体、液体燃料箱；轻型舰船等。

2. 碳纤维增强塑料

碳纤维的比强度和比模量是所有耐热纤维中最高的，因此是比较理想的增强材料。由于碳纤维性能优异，碳纤维增强塑料的性能优于玻璃钢。它具有低密度、高强度、高弹性模量、高比强度和高比模量，而且还具有优良的抗疲劳性能和耐冲击、自润滑、减摩耐磨、耐蚀、耐热等性能。作为基体的树脂，目前应用最多的是环氧树脂、酚醛树脂和聚四氟乙烯。这类材料密度比铝小，强度比钢的高，疲劳强度、冲击韧度和化学稳定性都高、摩擦因数小、导热性好。不足之处是碳纤维与塑料基体结合力差、易氧化，成本高。

碳纤维增强塑料主要用于航天航空工业中制造飞机机身、机翼、螺旋桨、发动机风扇叶片、卫星壳体等；在汽车工业中用于制造汽车外壳、发动机壳体等；在机械制造工业中用于制造轴承、齿轮等；在化学工业中用于制造管道、容器等；还可以用于制造 X 射线设备、雷达、复印机、计算机零件、网球拍等。

3. 硼纤维树脂复合材料

硼纤维树脂复合材料是一种新型材料，它的发展历史较短，应用也没有玻璃钢和碳纤维增强塑料普遍。

硼纤维增强塑料主要以环氧树脂和聚酰亚胺等树脂为基体的材料。硼纤维的熔点为 2050 ℃，抗拉强度与玻璃纤维相近，但弹性模量为玻璃纤维的 5 倍。

这种复合材料各向异性非常明显，其纵向和横向的抗拉强度和弹性模量的差值达几十倍，因此多采用多向叠层复合材料。为了提高层间抗剪强度，也常采用添加短纤维或瓷晶须的复合方式。

硼纤维的加工制造比较困难，成本昂贵。目前，硼纤维增强塑料的应用远不如玻璃纤维和碳纤维增强塑料普遍，只在航空工业上有少量应用，如飞机机身、机翼等。

4. 橡胶基复合材料

橡胶具有弹性高、减振性好、热导率低、绝缘等优点，但强度和弹性模量低，耐磨性差。为了改善橡胶制品的性能，可用增强粒子或纤维与其复合，制备成粒子增强橡胶和纤维增强橡胶制品。粒子增强橡胶，增强效果最好的是补强剂，如炭黑、氧化锌、活性碳酸钙等。纤维增强橡胶常用的增强纤维有天然纤维、人造纤维、合成纤维、玻璃纤维、金属丝等，制品主要有轮胎、皮带、橡胶管、橡胶布等。

随着近年来人们对环保问题的日益重视，聚合物基复合材料取代木材方面的应用也得到了进一步推广。例如，用植物纤维与废塑料加工而成的复合材料，在北美已大量用做托盘和包装箱，用于替代木制产品；而可降解复合材料也成为国内外开发研究的重点。此外，纳米技术逐渐引起人们的关注，纳米复合材料的研究开发也成为新的热点。以纳米技术改性的塑料，其聚集态及结晶形态发生了改变，从而使之具有新的性能，在克服传统材料刚度与韧度难以兼容的矛盾同时，大大提高了材料的综合性能。未来高性能聚合物基复合材料技术是赋予复合材料自修复性、自分解性、自诊断性、自制功能等为一体的智能化材料。以开发高刚度、高强度、高湿热环境下使用的复合材料为重点，构筑材料、成形加工、设计、检查一体化的材料系统。

13.4.2 金属基复合材料

金属基复合材料是 20 世纪 60 年代末发展起来的。它的出现弥补了聚合物基复合材料的不足，如耐热性差，一般不能超过 300 ℃；在高真空条件下容易释放小分子污染周围器件；不能满足材料导电和导热需要等。金属基复合材料就是以金属及其合金为基体,由一种或几种金属或非金属增强的复合材料。迄今为止,金属基复合材料由于加工工艺尚不够完善,成本较高,还没有形成大规模批量生产,但是仍有很大的发展潜力和应用前景。金属基复合材料通常按照增强体的形式分类,如颗粒增强、短纤维与晶须增强以及连续纤维增强等,所选用的基体主要有铝、镁、钴及其合金、镍基高温合金及金属间化合物等。

金属基复合材料的种类很多,也有不同的分类方法,按用途,可分为结构用金属基复合材料和功能用金属基复合材料;按增强材料的种类,可分为连续纤维增强金属基复合材料,非连续纤维增强复合材料和不同材料板的叠层复合金属基复合材料。

非连续纤维增强复合材料是由金属或合金与短纤维、晶须、颗粒复合而成的复合材料。此类复合材料的力学性能虽然不及连续纤维增强金属基复合材料的力学性能,但价格便宜、制备工艺简单。氧化铝或硅酸铝纤维/铝复合材料、碳化硅晶须或颗粒/铝复合材料是较常见的几种。碳化硅颗粒增强铝复合材料除了用做航天结构材料,还用于汽车驱动轴、刹车盘、发动机缸体和衬套、连杆和活塞。

金属陶瓷也是一种颗粒增强金属基复合材料,它是以颗粒尺寸大于 $0.1~\mu m$ 的碳化物(如 WC、TiC 等)为硬化相,以 Ni 和 Co 为黏结剂基体的硬质合金,或以合金钢(如高速钢、铬钼钢)粉末为黏结剂的钢基硬质合金,通常用做切削刀具,耐磨工模具等。

连续纤维增强金属基复合材料是由高强度、高模量的长纤维为增强体与具有较高韧度和低屈服强度的金属组成的。纤维是承受载荷的主要组元,纤维的加入不仅大大改善力学性能,也大大提高耐热性能。常用的增强纤维有硼纤维、碳(石墨)纤维、碳化硅纤维和金属纤维等;常用的基体材料有铝及铝合金、镁合金、钛合金、镍合金等。纤维增强金属除了具有上述金属基复合材料的显著特点外,还具有横向力学性能好,层间抗剪强度高,冲击韧度好等优点。例如,硼纤维、钼纤维增强钛合金,钨纤维增强镍合金,由于其低密度,高强度,高耐热性等优点,是航天航空、导弹和发动机的高性能结构材料。硼纤维、石墨纤维增强铝合金可明显提高抗拉强度和弹性模量,而且其优越性在高温时更加突出,可用于航天器蒙皮、壁板、加强筋、发动机叶片等;氧化铝纤维、不锈钢纤维增强铝基复合材料现已用于汽车发动机的活塞和连杆等。

叠层复合材料是由两层或多层不同的层板组成的材料。根据需要选择不同的层板(金属、非金属),使叠层复合材料具有多种优异性能,从而在要求耐磨损、抗冲击、耐腐蚀、高导热和电磁性能、高强度和高韧度等方面得到广泛应用,例如耐冲击的装甲钢板、耐腐蚀的复合板、装饰钢板等。叠层复合材料种类繁多,可由金属与金属、金属与非金属、非金属与非金属复合而成,其中的主要类型为金属叠层复合材料。例如 SF 型三层复合材料,它是以钢板为基体,烧结铜网或铜粒为中间层,塑料为表层的一种自润滑材料,其整体性能取决于基体,而摩擦磨损性能取决于塑料,中间层的作用是使三层之间有较强的结合力。它适于制作高应力,高低温和无油润滑条件下的各种滑动轴承,已在汽车、矿山机械、化工机械中应用。为了降低发动机噪声,增加轿车的舒适性,正着力开发的两层冷轧板间黏附热塑性树脂的减振钢板也是一种叠层复合材料。

13.4.3 陶瓷基复合材料

陶瓷基复合材料的基体包括陶瓷、玻璃和玻璃陶瓷。虽然各种增强体均可应用,但由于受工艺条件的限制,主要使用的增强体是短纤维、晶须和颗粒。由于陶瓷材料具有优良的综合力学性能、耐高温性能、耐磨性能和耐蚀性能等优点，所以在许多领域得到了广泛应用。但是，陶瓷的最大缺点是脆性大，对裂纹气孔等缺陷很敏感。

纤维增强陶瓷的主要目的是提高陶瓷材料的韧度，使它们不仅保持原陶瓷材料的优点，而且韧度和强度也明显得到提高。陶瓷基复合材料常用的增强纤维主要是碳纤维、Al_2O_3纤维、碳化硅纤维或晶须以及金属纤维等；主要基体材料有玻璃陶器、氧化铝、氮化硅等。它具有高温强度高，耐磨性、耐蚀性高，膨胀系数低，隔热性好及密度低等特性，而且资源比较丰富，有着广泛的应用前景。

用碳纤维增强石英玻璃制成复合材料，比石英玻璃的抗弯强度提高12倍，冲击韧度提高约40倍，热稳定性也非常高；碳化硅纤维，石英纤维增强二氧化硅，碳化硼增强石墨，碳化硅纤维或碳纤维增强碳化硅基体等复合材料都有应用于军事和空间技术上的报道，可用于制造装甲、发动机零部件、热换器、气轮机零部件、轴承和喷嘴等。

碳化硅晶须增强氮化硅复合材料，氮化硅是一种性能很好的高温陶瓷。以其为基体制成碳化硅晶须增强复合材料可提高它的韧度。其原子扩散系数小，所以致密化很困难，需要在热等静压条件下进行烧结，使其相对密度大于99%。这种材料在1300℃下的强度可达600～700 MPa；模量为310～330GPa；特别是断裂韧度，达到9.0～12.0 MPa·$m^{1/2}$。该材料可用于制作工作温度在1350℃左右的喷气涡轮发动机转子和定子叶片，以及其他陶瓷发动机部件、刀具、拉丝模具和轴承等。

碳化硅纤维增强碳化硅复合材料。碳化硅陶瓷具有优异的高温力学性能、热稳定性和化学稳定性，但是由于韧度差而影响其应用。如果用碳化硅纤维进行增韧，则可明显提高它的韧度。目前已经采用化学气相浸渗工艺成功制成碳化硅纤维增强碳化硅基复合材料，并取得实际应用。用 Nicalon 碳化硅纤维单向增强碳化硅基体的复合材料，强度为1000 MPa，断裂韧度高达10～30 MPa·$m^{1/2}$且在1500℃时尚有一定的强度，可作为高温热交换器、燃气轮机和燃烧室材料以及航天器的隔热材料等。

陶瓷基复合材料在内燃机上有着广泛的应用。如活塞部分采用陶瓷基复合材料，可使燃烧室中实现部分隔热，从而减少冷却系统的容量，在高强化柴油机中可有效降低活塞环槽区的温度，有时可取消对活塞的专门冷却。由于陶瓷材料的质量较轻，配气机构中的气门、挺柱、摇臂及弹簧座改用陶瓷后，允许发动机以提高转速来提高功率，或者在转速不变的情况下降低气门弹簧的弹力而降低功率损耗；配气机构中的易磨损部件如气门座、摇臂头等，采用陶瓷基复合材料后，都可以减少磨损，延长使用寿命。在柴油机的涡流室安装陶瓷基镶块后，改善了发动机低载荷时的燃烧，也改善了低温启动性能，降低了燃烧噪声和碳氢化合物的排放量；同时由于实现了燃烧室的部分隔热，减少了冷却水带走的热量，有利于提高发动机的效率。陶瓷基复合材料应用于发动机的主要障碍来自价格和可靠性两个方面。世界各国都在大力发展、努力改善陶器基复合材料的基本性能和工艺技术，以求降低成本，提高可靠性。

13.4.4 碳基复合材料

碳基复合材料是以碳为基体、碳或其他物质为增强体组合而成的复合材料。由于这种复合材料是以碳为基体，因而具有许多碳和石墨的特点，如体积质量小、导热性好、线胀系数小以及对热冲击不敏感等。这类复合材料还具有优良的力学性能，如强度和冲击韧度比石墨的高5～10倍，并且比强度非常高。此类复合材料中应用最广的碳/碳复合材料。

碳/碳复合材料是指用碳纤维或石墨纤维或是它们的织物作为碳基体骨架，埋入碳基质中增强基质所制成的复合材料。碳基质是用热固性树脂或沥青烧成的裂解碳,或是由烃类化合物气体在高温下分解出的沉积碳,即所谓化学气相沉积碳制成的。碳/碳复合材料按所用增强的碳基体骨架和碳基体材料的不同,一般可分为下列三类:碳纤维增强碳,石墨纤维增强碳以及石墨纤维增强石墨。

碳/碳复合材料完全是由碳元素构成的。碳是化学性能较稳定的元素,碳原子相互间的强亲和力和碳的高升华温度(3649 ℃),使这种材料在极高温度下仍保持固态。碳基质通过高强碳纤维或高模量石墨纤维的定向增强,可制成硬度高、刚度高的复合材料。在1300 ℃以上,许多高温合金和无机耐高温材料都失去强度,唯独碳/碳复合材料的强度还稍有升高。

碳/碳复合材料的性能随所用碳基体骨架用碳纤维性质、骨架的类型和结构、碳基质所用原料及制造工艺、碳的质量和结构、碳/碳复合材料制成工艺中各种物理和化学变化、界面变化等因素的影响而有很大差别。另外,由于使用目的和对材料的加工处理等不尽相同,测出的性能数据常常不一致。通常具有以下性质。

(1) 化学成分。其化学成分全部是碳元素,碳的质量分数常为90%以上,有的可达99%。

(2) 化学稳定性。在很宽的温度范围内对常遇到的化学腐蚀物具有化学稳定性。但碳元素在较高温度下能与氧、硫、卤素起反应,其中与空气中氧反应的温度并不是很高,碳在600 ℃以上即能燃烧,故碳/碳复合材料在有空气氧化条件下的高温使用容易氧化,必须在其表面覆盖一层抗氧化膜。通常将碳/碳复合材料埋入极微细粒碳化硅流化床,在氩气氛中经1650 ℃高温处理,碳化硅在复合材料表面形成薄层抗氧化膜,也可用化学气相渗入法在复合材料表面形成一层碳化硅膜。

(3) 多孔性。在制造过程中有气体渗入或致密化过程不够,常具有多孔性,孔隙率为10%~35%,如在制造过程中反复致密化,孔隙率可降至4%~8%。

(4) 吸水性。由于其多孔性,故常在表面或孔隙间吸附水或其他液体,吸水率为5%~15%。

(5) 力学性能。其力学性能取决于所用碳基体骨架的纤维及结构和所形成碳基质的质量及结构,例如,用高模量碳纤维制成的碳/碳复合材料的力学性能比用高强度碳纤维制成的要高。碳/碳复合材料的高温力学性能是其特有的优点,其在1 300 ℃以上时力学强度不仅没有下降反而升高,据测在1 600 ℃时其强度增高40%,其力学强度可保持到2 000 ℃以上不降低。

(6) 热物理性能。其具有优异的耐热性能,热熔和比热容随温度升高而增加。

(7) 烧蚀性能。其烧蚀性能好即烧蚀热量高,它成功地用在航空工业作为返回大气层的运载器的头锥和热屏上。它比早期用酚醛树脂制成的复合材料的烧蚀性能要高。经石墨化的碳/碳复合材料比未经石墨化的碳/碳复合材料的烧蚀性能要高些。

碳/碳复合材料最初用于航天工业,作为战略导弹和航天飞机的防热部件,如导弹头锥和航天飞机机翼前缘,能承受返回大气层时高达数千度的温度和严重的空气动力载荷。它还适用于制造火箭和喷气飞机发动机燃烧室的喷管。碳/碳复合材料可用来制造高速飞机刹车盘耐磨材料,使用中抗磨损性高、线胀系数小、飞机的维修期长,而且每架飞机较金属耐磨材料。轻碳/碳复合材料还可用于制造超塑性成形工艺中的热锻压模具,粉末冶金中的热压模具等。另外,由于其具有极好的生物相容性,即与血液、软组织和骨骼能相容且有很高比强度和可挠曲性,可供制成许多生物体整形植入材料(如人工齿、人工骨及关节等)。

第14章 材料选择的一般方法

【引例】 1938年的一个冬夜,比利时阿尔伯特运河钢桥发生断裂并坠入河中(见图14.1)。事故分析发现,其主要原因是建设钢桥的结构钢磷超标产生冷脆性造成的。类似断裂事故在其他工程结构和机械零部件也常有发生,还有零部件失效更是随处可见。那么,常见的结构和零部件失效形式有哪些?遇到事故和失效事件如何着手分析并找出原因?如何针对失效原因和失效形式提出对策,为零部件选择合适的材料和加工工艺?

图14.1 发生断裂的比利时阿尔伯特运河钢桥

在机械零件的设计与制造过程中,若要正确合理地选择和使用材料,必须了解零件的工作条件及其失效形式,才能准确地提出对零件材料的主要性能指标要求,从而选择出合适的材料并制订合理的加工工艺路线。

14.1 机械零件的失效分析

所谓失效是指零件在使用过程中,由于尺寸、形状或材料的组织与性能等变化而失去预定功能的现象。一个机械零件的失效,一般包括以下几种情况:

① 零件完全破坏,不能继续工作;
② 虽能安全工作,但达不到设计要求的功能;
③ 零件严重损伤,继续工作不安全。

机械零件的失效会使机床失去加工精度、输气管道发生泄漏、飞机出现故障等。因此,研究机械零件失效是很重要的。

14.1.1 失效形式

零件失效形式多种多样,根据零件承受载荷的类型和外界条件及失效的特点,可将失效归纳为三大类,即过量变形失效、断裂失效和表面损伤失效,如图14.2所示。

1. 过量变形失效

这是指零件在工作过程中受力变形超过了允许量,导致整个机器无法正常工作或虽然能正常工作,但被加工零件精度却严重下降的现象。过量变形分为过量弹性变形和过量塑性变

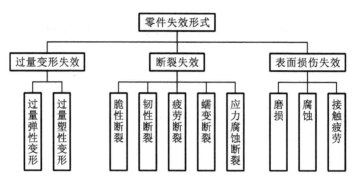

图 14.2 零件的主要失效形式

形等两种。

1) 过量弹性变形

任何零件受到外力作用都会产生弹性变形。有些零件在一定载荷下只允许一定的弹性变形,若发生过量弹性变形就会造成失效,如机床主轴、大型立式车床横梁、镗床镗杆,机床导轨等。为了保证加工精度,要求立式车床横梁因刀架重力产生的弹性变形要小。若横梁刚度不够,则会造成车削的工件端面中间凸的平面度误差,外圆有锥度。

2) 过量塑性变形

绝大多数机械零件在使用过程中都处于弹性变形状态,不允许产生塑性变形。但是,由于偶然的过载或材料本身抵抗塑性变形的能力不够,零件就会产生塑性变形。过量的塑性变形会使零件失去其应有的功能。如精密机床丝杠,为了保证其精度,不允许产生塑性变形,若丝杠材料的屈服强度低,使用一段时间后,丝杠会产生明显的塑性变形而使机床精度下降。

2. 断裂失效

零件在工作过程中完全断裂,致使整个机器或设备无法工作的现象称断裂失效。

断裂的方式有韧性断裂、脆性断裂、疲劳断裂等。韧性断裂是指断裂前发生明显塑性变形,断口为杯形;脆性断裂是指断裂前不发生塑性变形,断口平齐;疲劳断裂是指断裂前没有明显的塑性变形,断裂却突然发生,而且引起疲劳断裂的应力很低,断口能清楚显示出裂纹的形成、扩展和最后断裂三个阶段。脆性断裂和韧性断裂的断口如图 14.3 所示。

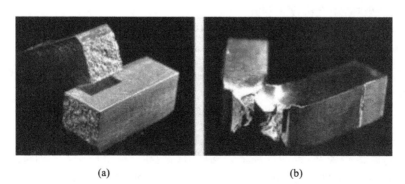

图 14.3 材料断裂断口
(a)脆性断裂;(b)韧性断裂

断裂是金属材料最严重的失效形式,特别是在没有明显塑性变形的情况下突然发生的脆性断裂,往往造成灾难性的事故。

3. 表面损伤失效

由于磨损、疲劳、腐蚀等原因,使零部件表面失去正常工作所必需的形状、尺寸和表面粗糙度造成的失效,称为表面损伤失效,包括过量磨损、腐蚀破坏、疲劳等。据资料介绍,70%的机器是由过量磨损而失效的。磨损不仅消耗材料,损坏机器,而且耗费大量能源。表 14.1 所示的是几种零件的工作条件、失效形式及主要相关力学性能指标。

表 14.1 几种零件的工作条件、失效形式及主要相关力学性能指标

零件名称	工 作 条 件	失 效 形 式	主要性能指标
钢丝绳	静拉应力,偶有冲击	脆性断裂,磨损	抗拉强度、硬度
连杆螺栓	交变拉应力	塑性变形,疲劳断裂	屈服强度、抗疲劳强度
传动轴	交变弯曲应力、扭转应力,轴颈摩擦	疲劳断裂、磨损	抗疲劳强度、硬度
齿轮	交变弯曲应力、交变接触应力、冲击载荷、齿面摩擦	轮齿折断、接触疲劳、齿面磨损、塑性变形	抗弯强度、抗疲劳强度和硬度
弹簧	交变应力、振动	塑性变形、疲劳断裂	弹性模量、抗疲劳强度和屈强比
滚动轴承	交变压应力、滚动摩擦	磨损、接触疲劳	抗压强度、抗疲劳强度和硬度
机座	压应力、复杂应力、振动	过量弹性变形、疲劳断裂	弹性模量、抗疲劳强度

14.1.2 零件的失效分析及步骤

1. 零件的失效原因

造成零部件失效的原因很多,主要有设计、选材、加工、装配、使用等因素。

1) 设计不合理

零部件设计不合理主要表现在零部件尺寸和结构设计上。例如,过渡圆角太小、尖锐的切口、尖角等会造成较大的应力集中而导致失效。另外,对零部件的工作条件及过载情况估计不足,而使所设计的零部件承载能力不够,或对环境的恶劣程度估计不足,而忽略和低估了温度、介质等因素的影响等,都会造成零部件过早失效。

2) 选材错误

选材所依据的性能指标不能反映材料对实际失效形式的抗力,不能满足工作条件的要求。另外,材料的冶金质量太差,如存在夹杂物、偏析等缺陷,而这些缺陷通常是零部件失效的发源地。

3) 加工工艺不当

零部件在加工或成形过程中,采用的工艺不当将产生各种质量缺陷。例如,较深的切削刀痕、磨削裂纹等,都可能成为引发零部件失效的危险源。零部件热处理时,冷却速度不够、表面脱碳、淬火变形和开裂等,都是产生失效的重要原因。

4）装配使用不当

在将零部件装配成机器或装置的过程中,由于装配不当、对中不好、过紧或过松都会使零部件产生附加应力或振动,使零部件不能正常工作,造成零部件的失效。使用维护不良,不按工艺规程操作,也可使零部件在不正常的条件下运转,造成零部件过早失效。

2. 失效分析的基本步骤

失效分析的目的就是找出产生失效的主导因素,为确定零件主要使用性能提供可靠依据,失效分析的基本步骤如下。

（1）收集失效零部件的残骸,进行宏观外形与尺寸的观察和测量,拍照留据,确定重点分析的部位。

（2）调查零部件的服役条件和失效过程。

（3）查阅失效零部件的有关资料,包括零部件的设计、加工、安装、使用维护等方面的资料。

（4）试验研究。

①材料成分分析及宏观与微观组织分析。检查材料成分是否符合标准,组织是否正常(包括晶粒度,缺陷,非金属夹杂物,相的形态、大小、数量、分布,裂纹及腐蚀情况等)。

②宏观和微观的断口分析。确定裂纹源及断裂形式(脆性断裂还是韧性断裂,穿晶断裂还是沿晶断裂,疲劳断裂还是非疲劳断裂等)。

③力学性能分析。测定与失效形式有关的各项力学性能指标。

④零部件受力及环境条件分析。分析零部件在装配和使用中所承受的正常应力与非正常应力,是否超温运行,是否与腐蚀性介质接触等。

⑤模拟试验。对一些重大失效事故,在可能和必要的情况下,应做模拟试验,以验证经上述分析后得出的结论。

（5）综合各方面的分析资料,最终确定失效原因,提出改进措施,写出分析报告。

14.2　材料选择的基本原则

选材合理与否直接影响到产品的质量、寿命和生产成本,选材的依据是零件的使用性能和失效分析结果。选材一般原则是首先保证使用性能,同时兼顾工艺性和经济性。优异的使用性能、良好的加工工艺性能和便宜的价格是机械零件选材的最基本原则。

14.2.1　使用性能满足原则

所谓使用性能是指零件在工作时应具备的力学性能、物理性能和化学性能。

材料的使用性能应满足使用要求。零件不同,所要求的使用性能也不同,对大量机器零件和工程构件,则要求的主要是力学性能。对一些特殊条件下工作的零件,则必须根据要求考虑到材料的物理、化学性能。因此,选材的首要任务是准确判断零件所要求的使用性能,然后再确定所选材料应具备的主要性能指标及具体数值并进行选材。具体方法如下。

1. 分析零件的工作条件,确定使用性能

使用性能的要求,是在分析零件工作条件和失效形式的基础上提出来的。工作条件主要包括以下几个方面。

（1）零件的受力情况,包括受力形式,如载荷形式(拉、压、弯曲或扭转等),载荷性质(如静载、动载、交变载荷)及承受摩擦的状况。

(2) 环境状况,如工作温度(低温、常温、高温或变温等)以及介质情况(有无腐蚀或摩擦作用等)。

(3) 特殊要求,如导热性、导电性、导磁性等。

在工作条件分析基础上确定使用性能。例如,重要传动齿轮,受交变弯曲应力,交变接触应力,冲击载荷及摩擦等,应把疲劳强度、抗弯强度、接触疲劳抗力、硬度作为主要使用性能。

2. 进行失效分析,确定使用性能

失效分析的目的是找出产生失效的主导因素,为较准确地确定零件主要使用性能提供可靠依据。例如,长期以来,人们认为发动机曲轴的主要使用性能要求是高的冲击抗力和耐磨性,因此选用 45 钢制造。而失效分析结果表明,曲轴的失效形式主要是疲劳断裂,其主要使用性能应是较高的疲劳抗力。所以改用疲劳强度为主要指标来设计、制造曲轴,结果曲轴的质量和寿命显著提高,并且可以选用价格便宜的球墨铸铁制造。

3. 从零件使用性能要求提出对材料的性能的要求

在对零件工作条件和失效形式分析的基础上,确定零件的主要使用性能要求,然后把使用性能要求通过分析、计算转化成可测量的实验室性能指标和具体数值,再按这些数据查找手册进行选材。零件除满足强度或硬度指标外,大多还要求有一定的塑性和韧度指标。这些常规力学性能指标可在一般材料手册中查找,并选取适当的安全系数。常规的力学性能指标有硬度 HRC 或 HBS,强度 σ_{el} 和 σ_m,塑性 σ 和 ψ,韧度 a_k 等。

对于非常规力学性能,如断裂韧度及腐蚀介质中的力学性能等,则要进行模拟试验取得数据,或从有关专门资料上查到相应数据进行选材。除了依据力学性能外,对高温和腐蚀介质中工作的零件,还要求有良好的抗氧化性和耐蚀性,对特殊性能要求的零件,如电性能、磁性能、热性能等,则要依据材料的物理性能和化学性能选材。

此外,手册中材料的性能数据是在一定试样尺寸、一定成分范围和一定加工、处理条件下得到的,选材时必须注意这些因素对材料性能的影响,对大量生产的重要零件,可用零件实物进行强度和寿命的模拟试验,为选材提供可靠的数据。

14.2.2 工艺性能可行原则

材料的工艺性能表示材料加工的难易程度。任何零部件都要通过一定的加工工艺才能制造出来。在满足材料使用性能的同时,必须兼顾材料的工艺性能。工艺性能的好坏,直接影响零部件的质量、生产效率和成本。

1. 金属材料的工艺性能

金属材料的加工工艺路线复杂,要求的工艺性能较多,通常包括铸造性能、压力加工性能、焊接性能、热处理性能和机械加工性能等。

1) 铸造性能

金属材料的铸造性能包括流动性、收缩性、偏析和吸气性等。表 14.2 所示的是常用金属材料的铸造性能。相比较而言,铸造铝合金和铜合金的铸造性能优于铸铁和铸钢;铸铁又优于铸钢,而其中以灰铸铁为最好。钢铁材料中,碳钢的铸造性能又比合金钢的好。

表 14.2 常用金属材料的铸造性能比较

合金	流动性	收缩性		偏析倾向	熔点	对壁厚的敏感性	其他
		体收缩	线收缩				
灰铸铁	很好	小	小	小	较低	较大	—
球墨铸铁	比灰铸铁稍差	大	小	小	较低	较灰铸铁小	易形成缩孔、缩松，白口倾向大
可锻铸铁	比灰铸铁差，比铸钢好	很大	小	小	较灰铸铁高	较大	
铸钢	差	大	大	大	高	小	导热性差，高碳钢易冷裂
铸造青铜	较黄铜差	最小	较小	大	比铸铁低	—	易产生缩松
铸造黄铜	好	小	小	较小	比铸铁低	—	易形成集中缩孔
铸造铝合金	尚好	小	小	大	低	大	易吸气和氧化

2）压力加工性能

压力加工性能包括冷压力加工（如冷冲压、冷轧、冷挤压等）和热压力加工（如锻造、热轧、热挤压等）时材料的塑性和变形抗力及可热加工的温度范围、抗氧化性和加热、冷却要求等。形变铝合金、铜合金、低碳钢和低碳合金钢的塑性较好，变形抗力较小，有较好的冷压力加工性能；高碳高合金钢由于其塑性较差，变形抗力大，导热性差，不能进行冷压力加工，其热压力加工的性能也较差；铸铁和铸造铝合金不能进行冷、热压力加工。

3）焊接性能

金属的焊接性是指金属材料在一定的焊接工艺条件下焊成符合设计要求、满足使用要求的构件的难易程度。通常把金属材料在焊接时产生裂纹的敏感性及焊接接头区力学性能的变化作为评价材料焊接性能的主要指标。若焊接性优良，除了焊接时不易产生裂纹和其他各种缺陷外，焊接工艺还应简单，焊接处应有足够的强度和韧度。

影响钢的焊接性能主要是含碳量和合金元素的含量。含碳量和合金元素含量越高，焊接性能越差。常用金属材料中，低碳钢的焊接性能最好，高碳钢的焊接性能差，铸铁的焊接性能更差。铝、铜合金因为焊接时易氧化、吸气和变形，其焊接性能比低碳钢与低合金钢的差。

4）热处理工艺性能

材料的热处理工艺性能包括淬透性、淬硬性、氧化脱碳倾向、变形开裂倾向及回火稳定性等。大多数钢和铝合金、钛合金以及球墨铸铁都可进行热处理强化，只有少数铜合金可热处理强化。由于合金元素提高淬透性，淬火时可用油冷，从而减少变形开裂倾向，而且合金元素有细化晶粒的作用，过热敏感性低，故合金钢的热处理工艺性比碳钢的好。对碳钢而言，随着碳含量增加，变形与开裂倾向增大。因此，当零件结构形状及冷却条件一定时，高碳钢的淬火变形与开裂倾向比低碳钢的大，非合金钢比合金钢大，选材时应充分考虑这一因素。

例如某些滑阀，选用 45 钢可满足强度要求，但由于零件形状复杂，为避免淬火开裂，从热处理工艺性能考虑，应选用 40Cr 油淬。另外，在选择弹簧钢时，应特别注意热处理时材料的氧化和脱碳倾向。选择渗碳钢时，应注意材料的过热敏感性。选择调质钢作调质处理时，应注意材料的高温回火脆性。而确定对淬透性要求的零件，还应根据其具体工作条件和失效分析进行选择。

5）切削加工性能

主要指切削加工性、磨削加工性等，一般用允许的切削速度、切削抗力的大小、零件加工后的表面粗糙度、断屑能力及刀具的耐用度等来衡量。材料的切削加工性能的好坏与其化学成分、金相组织和力学性能（硬度）密切相关。

一般来说，硬度在160～230 HBS范围内切削加工性能好。为降低表面粗糙度，硬度可提高到250HBS。但过高的硬度不仅难加工，且刀具磨损快。当硬度大于300 HBS时，切削加工性能显著下降。为此，生产上低碳钢大多在热轧或正火状态（或冷变形状态）进行切削加工，而高碳钢一般需经球化退火，使硬度适当降低之后再加工。中碳钢为获得较低的表面粗糙度，常采用正火处理，使硬度适当提高以利于切削加工。对 $w(C) > 0.5\%$ 的中碳钢，宜采用退火或调质处理，以获得比正火略低的硬度来改善切削加工性。由此可知，热处理也是改变材料切削加工性能的一个重要途径。

虽然金属材料的工艺性能是多方面的，但不同的加工方法对材料的工艺性能要求是不同的。一般形状复杂、特别是内腔形状复杂的铸件，如各种机械底座、床身、工作台、箱体、泵体、阀体、轴承座等，应选用铸造性能好的灰铸铁、铸造铝合金等制造；而锻件、冲压件应选用压力加工性能好的低、中碳钢制造；焊件最好选用焊接性好的低碳钢或低合金钢材料制造。

2. 高分子材料的工艺性能

高分子材料制造零件的加工工艺路线比较简单，主要工序是成形加工，其加工的方法也比较多。高分子材料的切削加工性能好，与金属基本相同。切削金属材料的各种方法都可用于高分子材料的加工。但高分子材料导热性差，在切削加工过程中热量不易传出，工件温度易升高，容易导致热塑性塑料变软，使热固性塑料烧焦。此外，高分子材料易老化，使其在工程上的应用受到一定限制。

3. 陶瓷材料

陶瓷材料的加工工艺路线为

备料→成形加工（配料、压制、烧结）→磨削加工→装配

陶瓷材料加工工艺也比较简单，主要工艺是成形。按零部件的形状、尺寸精度和性能要求选用不同的成形方法（如注浆、热压、挤压、可塑成形）。陶瓷材料的切削加工性能差，除了采用碳化硅或金刚石砂轮进行磨削加工外，几乎不能进行任何切削加工，而且机加工效率较低，成本高。陶瓷材料还具有较大的脆性，承载能力较差。

14.2.3　经济性合理的原则

经济性是指在满足零件性能要求和保证产品质量的前提下，采用便宜的材料，所选材料必须保证零部件的总成本最低，以获得最大的经济效益，使产品具有最强的市场竞争力。零件总成本包括材料的价格、加工费、试验研究费、管理费等制造成本，以及因零件失效而需更换或维修的费用等附加成本。因此，选材的经济性不只要考虑材料的价格问题，或生产成本最低，而且要综合运用价值分析、成本分析等方法，综合考虑材料对产品功能和成本的影响，从而获得最优化的技术效果和经济效益。

首先，在满足性能要求的条件下，应尽量选用价格低廉的材料。因为材料的价格在产品的总成本中占有较大的比重，这是选材必须认真考虑的问题，但材料的相对价格是波动的，且各地区之间也存在差异，选材时要按当时当地的情况加以比较。表14.3列出了常用材料的相对市场价格，可供参考。

表 14.3 常用材料的相对价格

材　料	价格/(元/千克)	材　料	价格/(元/千克)
低碳钢(型材)	1	黄铜(型材)	4~6
低合金钢	1~1.6	锌锭	1.8
高速钢	8~10	锌(型材)	2.5~4.5
不锈钢	6~10	钛合金	25~32
钢锭	0.7	环氧树脂	4.5
铸铁	0.6	有机玻璃	13
铝锭	1.9	尼龙 66	8
铝合金锭	4~5	聚氯乙烯	2~3
铝合金(型材)	5~6	聚碳酸酯	6.5
铜锭	6	刚玉(Al_2O_3)	6~8
黄铜锭	5.5	碳化硅	5~6
铜(型材)	5.5~8	碳纤维复合材料	400~500

零件的加工费用是与生产工艺过程直接有关的费用。因采用材料的不同，其加工方法与热处理方法也不同，所以加工费用也不一样。可通过不同方案，估算和比较加工费用的投入，如工资、工装费、材料利用率、能源消耗等，结合材料价格，以确定最低的生产成本。除生产成本外，还要考虑材料的经济性问题。有时选用优质的价格较贵的材料，虽材料费用增加，但由于零件使用寿命延长，整机使用效率提高，维修费用和停机损失减少，反而是经济的。

综上所述，合理选材是进行力学性能、工艺性能和经济性综合平衡的结果。出现矛盾时，应在保证力学性能的前提下，兼顾其他因素。

14.3 材料选择的方法与步骤

14.3.1 材料选择的方法

在实际工程中，零件选材可根据需要采用不同步骤进行。在设计、制造新产品或重要零件时，要严格进行设计计算、实验分析、小量试制、台架试验等步骤。根据试验结果，优化选择材料。每种零件都有多种材料可供选择，要根据选材的原则全面衡量，从中选择最佳材料。综合起来主要有以下几种选材方法。

1. 经验法

经验法也可称为套用法，即根据以往生产相同零件时选材的成功经验，或者有关设计手册对此类零件的推荐用材进行选材。此外，在国内外已有同类产品的情况下，可通过技术引进或进行材料成分与性能测试，套用其中同类零件所用的材料。

2. 类比法

参考其他种类产品中功能或使用条件类似，且实际使用良好的零件的用材情况，经过合理分析、对比后，选择与之相同或相近的材料。

3. 替代法

在生产零件或维修机械更新零件时，如果原来所选用的材料因某种原因无法得到或使用，则可参照原用材料的主要性能判据,另选一种性能与之近似的材料,为了确保零件的使用安全性,替代材料的品质和性能一般不低于原用材料的品质和性能。

4. 试差法

如果所选材料未能达到设计的性能要求,应找出差距,分析原因,并对所选材料牌号或热处理方法加以改进后再进行试验,直至其结果满足要求为止,再根据此结果确定所选材料及热处理方法。

所选择的材料是否能够很好地满足零件的使用和加工要求,还有待于在实践中作出检验。因此,选材的工作不仅贯穿于产品的开发、设计、制造等各个阶段,而且还要在使用过程中及时发现问题(如通过零件的失效分析),不断加以改进。

14.3.2 材料选择的一般步骤

1. 选材的一般步骤

合理地选材不仅需要材料科学和工程技术知识,还须有经济观点和实践经验。选择的材料要适应加工要求,而加工过程又会改变材料的性质,从而使选材过程变得更加复杂。选材的任务贯穿于产品开发、设计、制造等各个阶段,在使用过程中还要及时采用新材料、新工艺,对产品不断改进。所以选材是一个不断反复、完善的连续过程,选材的一般步骤可归纳如下。

(1) 分析零件的工作条件及失效形式,提出关键的性能要求,同时考虑其他性能。

(2) 与成熟产品中相同类型的零件、通用或简单零件,可采用经验类比法选材,初步确定候选材料的类型范围。

(3) 通过计算或计算加实验的方法分析应力的分布及大小,确定零件应具有的主要性能指标或其他的理化性能指标。

(4) 初步选定材料牌号并决定热处理和其他强化方法。

(5) 对关键零件批量生产前要进行实验,初步确定材料选择、热处理方法是否合理、冷热加工性能好坏,实验满意后可逐步批量生产。

2. 选材应注意的问题

1) 实际性能与实验数据

常用手册中的性能数据都是小尺寸标准试样的试验结果,注意材料的尺寸效应。截面越大,实际力学性能越低。

2) 材料的加工工艺与热处理工艺

同种材料,不同的加工工艺,其性能数据也不同,应注意发挥材料的潜力。

3) 注意材料化学成分与热处理工艺参数有一定的波动范围

由于各种原因,实际使用材料的化学成分与试样的化学成分有一定的偏差,应注意由于化学成分的波动引起性能和相变点的变化。

第 15 章 工程材料的选择及应用举例

机械零件设计和制造包括结构设计、材料选择和工艺设计三个方面。正确、合理地选择和使用工程材料是从事工程构件和机械零件设计与制造的工程技术人员的一项重要任务。下面通过对机械制造中典型零部件的分析,讨论它们的选材和用材问题。

15.1 典型零件选材及工艺分析

15.1.1 齿轮类零件的选材

齿轮是机械中主要的传动零件,主要用于传递动力、改变运动速度和方向。

1. 齿轮的工作条件及失效形式

1) 齿轮的工作条件

(1) 齿根部分承受很大的交变弯曲载荷。

(2) 换挡、启动或啮合不均匀时,轮齿承受冲击载荷。

(3) 齿面承受很大的接触应力和摩擦力。

在上述工作条件下,齿轮的主要失效形式有齿面接触疲劳断裂、齿面磨损和轮齿折断。

2) 齿轮的性能要求

(1) 高的接触疲劳强度和弯曲疲劳强度。

(2) 齿面有较高的硬度和耐磨性。

(3) 齿轮心部应有足够的强度和韧度。

2. 常用的齿轮材料及热处理

常用的齿轮材料有如下几类。

(1) 锻钢 重要用途的齿轮大多采用锻钢制造。低、中速和受力不大的中、小型传动齿轮,常采用 Q275、40、45、40Cr、40MnB 等钢制造,制成后,经调质或正火后再精加工,然后表面淬火、低温回火。高速、耐强烈冲击的重载齿轮,常采用 20、20Cr、20CrMnTi、20MnVB、18Cr2Ni4WA 等钢制造,并经渗碳和淬火、低温回火。

(2) 铸钢 形状复杂的大尺寸齿轮毛坯,采用锻造方法难以成形,可用铸钢制造。常用的铸钢有 ZG270-500、ZG310-570 等。

(3) 铸铁 对于一些轻载、低速、不受冲击、精度和结构紧凑要求不高的不重要齿轮,常采用铸铁制造。灰铸铁如 HT200、HT250、HT300 等多用于制造开式传动齿轮。在闭式传动中,近年来常用球墨铸铁 QT600-3、QT500-7 代替铸钢制造齿轮。

(4) 非铁金属 用于仪器、仪表或某些工作时接触腐蚀介质的轻载齿轮,常采用耐蚀、耐磨的非铁合金,如黄铜、铝青铜、锡青铜和硅青铜等制造。

(5) 非金属材料 受力不大,以及在无润滑条件下工作的小型齿轮,可用尼龙、ABS、聚甲醛等工程塑料制造。

齿轮的选材主要是由齿轮的具体工作条件(如工作时的圆周速度、载荷性质与大小以及精度要求等)来确定的。常用齿轮材料及热处理工艺方法如表 15.1 所示。

表 15.1 常用齿轮材料及热处理

齿轮工作条件	选用材料	硬度要求	热处理工艺
轻载、无冲击、小尺寸机床齿轮	Q255	150～180 HBS	正火
低速、轻载、不重要的机床齿轮	45 钢	170～200 HBS	正火
中速、重载或中载的机床齿轮	45 钢	45～50 HRC	调质+表面淬火
高速、中载、要求齿面硬度高的机床齿轮	45 钢	54～60 HRC	调质+表面淬火
中速、中载高速机床变速箱齿轮	40Cr,40MnB,40MnVB 42Si2Mn	50～55 HRC	调质+表面淬火
高速、高载、齿部要求高硬度的机床齿轮	40Cr,40MnB,40MnVB 42Si2Mn	54～60 HRC	调质+表面淬火
高速、中载、承受冲击的机床齿轮	20Cr、20Mn2B	54～60 HRC	渗碳
高速、中载、承受冲击的机床齿轮、汽车变速齿轮及圆锥齿轮	20CrMnTi、20CrMnMo、20SiMnVB	58～64 HRC	渗碳
汽车发动机凸轮轴齿轮	HT200	170～230 HBS	
航空发动机大尺寸、高载、高速齿轮	18Cr2Ni4WA、40CrNiMoA	>850 HV	调质+渗氮

3. 齿轮零件选材

1) 汽车、拖拉机齿轮

汽车、拖拉机齿轮主要用在变速箱和差速器中。在变速箱中,齿轮用来改变发动机、曲轴和主轴的转速;在差速器中,齿轮用来增加力矩,且调节左右两车轮的转速,并将发动机动力传给主动轮,推动汽车、拖拉机运行,所以传递功率、冲击力及摩擦压力都很大,工作条件比机床齿轮的复杂得多。因此,耐磨性、疲劳强度、心部强度和冲击韧度等方面都有更高的要求。常选用渗碳钢如 20CrMnTi、20MnVB、20CrMnMo 制造,经正火处理,再经渗碳、淬火处理后使用较为合适。

下面以 JN-150 型载重汽车(载重量为 8 t)变速箱中第二轴的二、三挡齿轮为例进行分析,如图 15.1 所示。

由于汽车、拖拉机齿轮生产批量大,因此选材时除要求较好的力学性能外,还应有较好的工艺性能。20CrMnTi 经渗碳淬火、低温回火后,具有较高的力学性能,表面硬度为 58～62 HRC,心部硬度为 30～45 HRC。为改善其切削加工性,锻造后一般要经过正火处理。

其加工工艺路线为:

下料→锻造→正火→机械加工→渗碳→淬火+低温回火→喷丸→磨削加工→成品

正火的目的是均匀和细化组织,消除锻造应力,改善切削加工性;渗碳的作用是提高齿面碳的质量分数(0.8%～1.05%);淬火可提高齿面硬度并获得一定淬硬层深度(0.8～1.3 mm),提高齿面耐磨性和接触疲劳强度,低温回火的作用是消除淬火应力,防止磨削裂纹,提高冲击抗力;喷丸处理可使齿轮表层产生压应力,有利于提高疲劳强度,延长使用寿命。

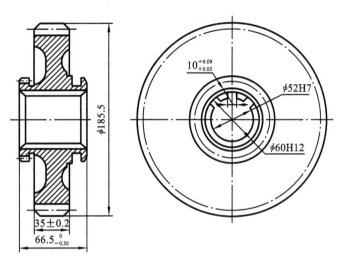

图 15.1　JN-150 型载重汽车二、三挡齿轮简图

2) 机床齿轮

机床齿轮转速中等,载荷不大,工作平稳无强烈冲击,对齿轮心部强度和韧度要求不高,一般选用中碳钢(40 钢、45 钢)或合金调质钢(40Cr、40MnB)制造,并经正火或调质处理后,再经高频感应加热淬火处理,所得到的硬度、耐磨性、强度和韧度即能满足其性能要求。如 C6132 车床的传动齿轮,可选用 45 钢制造,其加工工艺路线为:

下料→锻造→正火→粗加工→调质→精加工→高频表面淬火、低温回火→精磨

正火的目的是使组织均匀,消除锻造应力,调整硬度以改善切削加工性能;调质处理的作用是使齿轮获得良好的综合力学性能,提高齿轮心部强度和韧度,使齿轮能承受较大的弯曲应力和冲击载荷,并减小淬火变形;高频表面淬火可提高齿面硬度和耐磨性,提高齿面接触疲劳强度;低温回火的作用是在不降低表面硬度的情况下消除淬火应力,防止产生磨削裂纹和提高齿轮抗冲击能力。

15.1.2　轴类零件的选材

轴类零件是各种机器中关键性的基础零件,用于支承旋转零件(如齿轮、带轮、凸轮等)或通过旋转运动来传递动力或运动。轴的质量直接影响机械的运转精度和工作寿命。

1. 轴类零件的工作条件及失效形式

1) 轴的工作条件

(1) 传递扭矩,承受交变扭转载荷作用以及拉、压载荷的作用。

(2) 轴颈处承受较强的摩擦作用。

(3) 承受一定的过载或冲击载荷。

2) 轴的主要失效形式

(1) **疲劳断裂**　受交变的扭转载荷和弯曲疲劳载荷的长期作用造成轴的疲劳断裂,是最主要的失效形式。

(2) **断裂失效**　由于受过载或冲击载荷的作用,造成轴折断或扭断。

(3) **磨损失效**　轴颈或花键处的过度磨损使形状、尺寸发生变化。

3) 轴类零件对材料的性能要求

根据轴的工作条件和失效形式,轴用材料必须满足如下性能要求。

(1) 高的疲劳强度,以防止疲劳断裂。

(2) 良好的综合力学性能,以防止冲击或过载断裂。

(3) 良好的耐磨性,以防止轴颈磨损。

此外,必须有足够的淬透性、较小的淬火变形、良好的切削加工性和低廉的价格。对特殊环境下工作的轴,还应具有特殊的性能,如抗蠕变、耐蚀性能等。

2. 常用的轴类零件材料及热处理

为了兼顾强度和韧度,同时考虑疲劳抗力,轴类零件一般选用经锻造或轧制的中碳钢或合金调质钢制造。常用的牌号是 35、40、45、50 等钢种,其中 45 钢应用最普遍。这类钢一般应进行正火、调质或表面淬火以改善其力学性能。对于受力小的轴,可采用 Q235 或 Q275 钢制造。当轴的受力较大且要求限制其尺寸、重量时,可采用合金调质钢如 40Cr、40MnB 等制造,并辅以适当的热处理。另外,对于曲轴,近年来越来越多地采用球墨铸铁来制造。

3. 轴类零件选材举例

1) 机床主轴

图 15.2 所示的为 C6132 车床主轴简图。该机床主轴工作时主要受到交变的扭转和弯曲载荷作用,但载荷和转速不高,冲击载荷也不大。大端轴颈、锥孔与卡盘、顶尖之间存在滑动摩擦,要求有较高的硬度和耐磨性。

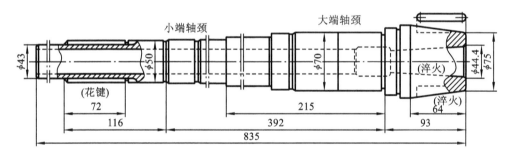

图 15.2 C6132 车床主轴简图

根据以上分析,该机床主轴可选用 45 钢,经调质处理后,硬度为 220~250 HB,轴颈和锥孔需进行表面淬火,硬度为 46~54 HRC。其加工工艺路线为:

锻造→正火→粗加工→调质→半精加工→局部表面淬火及低温回火→粗磨→铣花键→花键处高频感应淬火、回火→精磨

正火处理可消除锻造应力,得到合适的硬度(170~230 HBS),以利于机械加工,同时可改善锻造组织,为调质做组织准备。调质处理可得到回火索氏体组织,使主轴获得良好的综合力学性能,提高疲劳强度和抗冲击能力。对轴颈、内锥孔进行局部表面淬火和低温回火处理是为了提高这些部位的硬度,增加耐磨性,延长主轴的使用寿命。其他机床主轴的工作条件、选材及热处理可参考表 15.2。

表 15.2 机床主轴的工作条件、选材及热处理

序号	工作条件	选用材料	硬度要求	热处理工艺	应用举例
1	与滚动轴承配合;承受中、小载荷;低速、精度要求不高;冲击小	45钢	220~250HBS	调质	一般简易机床主轴
2	与滚动轴承配合;承受中、小载荷;转速稍高、精度要求不太高;冲击很小	45钢	40~45HRC	整体淬火	龙门铣床、立式铣床、摇臂钻床的主轴
			220~250HBS 46~51HRC(局部)	正火或调质+局部淬火	
3	与滑动轴承配合;承受中、小载荷;转速稍高、精度要求不太高;有一定冲击、交变载荷	45钢	220~250HBS 46~57HRC(表面)	正火或调质+局部表面淬火	CA6140、CA6120等车床主轴
4	与滚动轴承配合;承受中等载荷;转速稍高、精度要求较高;冲击、交变载荷较小	40Cr 40MnB 40MnVB	40~45HRC	整体淬火	滚齿及组合机床的主轴
			220~250HBS(调质) 46~51HRC(局部)	调质+局部淬火	
5	与滑动轴承配合;承受中、高载荷;转速稍高、精度很高;交变载荷较大、冲击较小	40Cr 40MnB 40MnVB	220~280HBS 46~55HRC(表面)	调质+轴颈表面淬火	铣床、磨床的砂轮主轴
6	与滑动轴承配合;承受重载荷;转速很高、精度要求极高;冲击、交变载荷很大	38CrMoAl	≤260HBS(调质) ≥850HV(渗氮表面)	调质+渗氮	高精度磨床和精密镗床的主轴
7	与滑动轴承配合;承受重载;转速很高;冲击载荷、交变载荷很大	20CrMnTi	≥59HRC(表面)	渗碳	载荷较大的组合机床主轴

2) 内燃机曲轴

曲轴是内燃机中形状复杂而又重要的零件,其作用是将活塞连杆的往复运动变为旋转运动,它在工作时,受气缸周期性变化的气体压力,曲轴连杆机构的惯性力,扭转和弯曲应力及冲击力。曲轴的主要失效形式是疲劳断裂和轴颈磨损,因此要求曲轴具有高的强度,一定的冲击韧度和弯曲、扭转疲劳强度,在轴颈处要有高的硬度和抗疲劳强度。

曲轴分锻钢曲轴和铸造曲轴两种。锻钢曲轴材料主要为中碳钢和中碳合金钢,如35、40、45、35Mn2、40Cr、35CrMo等。铸造曲轴材料主要为铸钢(如ZG230-450)、球墨铸铁(如QT600-3、QT700-2)、珠光体可锻铸铁(如KTZ450-06、KTZ550-04)以及合金铸铁等。

内燃机曲轴材料的选择主要根据内燃机的类型、功率大小、转速高低以及轴瓦材料等进行。

低速内燃机曲轴采用正火状态的碳素钢或球墨铸铁制造;中速内燃机曲轴采用调质状态的碳素钢或合金钢如45、40Cr、50Mn2等及球墨铸铁制造;高速内燃机曲轴采用高强度合金钢如35CrMo、42CrMo等制造。

锻钢制造的中、高速内燃机曲轴的工艺路线为:

下料→锻造→正火→粗加工→调质→半精加工→轴颈表面淬火、低温回火→精磨→成品

各热处理工序的作用与上述机床主轴相同。

球墨铸铁制造的中、低速内燃机曲轴的工艺路线为：

原材料→铸造→高温正火＋高温回火→机加工→气体软氮化→喷丸处理→成品

高温正火的目的是增加基体组织中的珠光体含量、细化组织，提高强度、硬度和耐磨性；高温回火的目的是消除正火所造成的内应力；气体软氮化的目的是提高轴颈的表面硬度和耐磨性。

15.1.3 机架、箱体类零件的选材

机座和箱体类零件是整台机器或部件装配的基础，机器的全部重量和载荷通过它们传至构件上，一般受力比较复杂（拉压、弯曲、扭转可能同时存在）。强度和刚度是评定机座和箱体零件工作能力的基本指标。锻压机床等一类机器的机座尺寸，主要由强度条件决定，其损坏形式一般为断裂；对于金属切削机床及其他要求精度高的机器，其尺寸主要由刚度决定，零件的损坏形式一般是变形或磨损。

机座和箱体类零件的力学性能要求：①足够的抗压强度和刚度；②良好的减振性能。

由于机座和箱体类零件一般具有形状复杂、体积较大、壁薄的特点，一般选用铸造毛坯制造。对工作平稳和中等载荷的箱体，一般选用灰铸铁 HT150、HT200、HT300 等材料制造。要求质量轻、散热良好的箱体，例如飞机发动机气缸体，多采用铝合金铸造。如果在强度方面有特别的要求，载荷较大、承受冲击的箱体，如轧钢机机架、汽轮机机座等，可采用铸钢材料制造，常用牌号为 ZG230-450、ZG270-500 等。对于要求减振性好的机座如机床床身，只能选用灰铸铁制造，不能采用铸钢制造，因为铸钢材料的减振性能不及灰铸铁的十分之一。对于单件生产的机座或箱体，为了制造简便，缩短制造周期和降低成本，可采用焊接结构，如用 Q235、Q345 等制造。对于有些机器，如挖掘机底座、支架及船用万匹柴油机底座等，为了减轻重量，也都采用焊接结构。汽车底盘虽然大量生产，也采用焊接结构。

15.2 机床典型零件的选材及应用

机床是车床、铣床、刨床、磨床、镗床、钻床等的总称。据统计，机床所用材料中钢铁材料约占 95%，非铁金属材料约占 4.5%，塑料占 0.5%。

机床主要结构由下列四部分组成。

（1）运动源　运动源包括电动机等。

（2）传动系统　包括主传动系统、进给传动系统和辅助传动系统，链轮、带轮、齿轮变速箱或直流电动机或液压传动装置、主轴和轴承、丝杠和螺母、蜗轮和蜗杆、凸轮、弹簧、刀具等。

（3）支承件和导轨　支承件包括床身、立柱、横梁、摇臂、底座、工作台、箱体等。

（4）操纵机构　包括手轮、手柄、液压阀、电气开关和按钮等。

机床零部件在工作时将受拉伸、压缩、弯曲、剪切、扭转、冲击、摩擦、振动等载荷的作用，或几种载荷的同时作用，在机床零部件的截面上产生拉、压、切等应力，这些应力或是恒定值，或是变化值；在方向上，或是单向的，或是反复的；在加载方式上，或是逐渐加载，或是突然加载。这些零部件的工作温度多在 −50～150 ℃ 之间，同时受到大气、水分、润滑油或其他介质的腐蚀作用。

机床零部件在制造过程中往往要经过锻压、铸造、焊接、弯曲、拉拔和车、铣、刨、镗、磨等冷、热加工工序，所以机床用材应具有良好的热加工性能及切削加工性能。

下面简要介绍机床典型零(构)件的选材及应用。

1. 主轴

主轴是机床在工作时直接带动刀具或工件进行切削和表面成形运动的旋转轴,承受弯曲、扭转复合应力和摩擦力的作用。为了防止主轴变形和磨损,主轴材料应具有优良的综合力学性能,即较高的强度、塑性和韧度。

机床主轴常用材料分别为:一般机床主轴选用 45 钢制造并经调质处理,在主轴端部锥孔定心轴颈或定心圆锥面等部位进行表面淬火;载荷较大的重要机床主轴选用 40Cr、45Mn2、45MnB 钢制造并经调质处理后进行局部表面淬火;受冲击载荷较大的机床主轴选用 20Cr 钢制造经渗碳、淬火、低温回火处理;精密机床主轴如高精度磨床的砂轮主轴、镗床和坐标镗床的主轴等选用 38CrMoAlA 钢制造并经调质处理后再进行渗氮处理。

2. 齿轮

齿轮在机床中的作用是传递动力、改变运动速度和方向。与汽车齿轮相比,机床齿轮工作平稳,无强烈的冲击,载荷不大,转速中等,对齿轮心部强度要求不高。不同工作条件的齿轮选用不同材料制造。对于防护和润滑条件差的低速齿轮,常选用灰铸铁 HT250、HT300、HT400 制造,也可选用普通碳素结构钢 Q235、Q255、Q275 制造,但只能制作小齿轮。对于大多数闭式齿轮,常选用中碳 40、45 钢制造,经正火或调质处理后再进行高频感应加热表面淬火。对于高速重载或尺寸较大、传动精度高的闭式齿轮,常选用合金调质钢 35CrMo,40C45MnB 制造,经调质处理后再经高频感应加热表面淬火。对于高速、重载、受冲击的闭式齿轮,常选用合金渗碳钢 20Cr、20Mn2、20CrMnTi、20SiMnVB 制造,并经渗碳、淬火、低温回火处理。

机床主轴、变速箱齿轮都是机床上的典型零件,它们的工作条件、性能要求及选材分析详见 15.1 节。

3. 花键轴

花键轴也是车床上重要的传动部件,要求承载能力高,对中性及导向性好,其齿根较浅,应力集中小。承受扭矩较小或一般精度的花键轴可采用 45 钢制造经调质处理(或正火),也可采用易切削非调质钢 YF40MnV 或 YF45MnV 制造。滑移齿轮移动频繁或精度较高,则应采用结构钢如 40Cr、35CrMo、42CrMo 制造并经感应淬火;承受扭矩大、精度高的花键轴宜采用合金渗碳钢如 20Cr、20CrMo、20CrMnTi 制造并经渗碳、淬火及低温回火后使用。

4. 丝杠副

丝杠和螺母是机床进给机构中的一对螺旋传动件,分为滑动丝杠和滚珠丝杠两大类。它们可以把回转运动变为直线运动,也可以把直线运动变为回转运动。为了保持机床的加工精度,丝杠材料应具有高的刚度和强度及高硬度和耐磨性。

滑动丝杠通常选用 9Mn2V、T10A 制造,再经淬火和低温回火。耐磨性要求高的,宜选用 38CrMoAl 制造经渗氮处理。与滑动丝杠配合的螺母常用铸造锡青铜 ZCuSn6Zn6Pb3 或 ZCuSn10P1 制造,也可采用铸造锌合金 ZZnAl10-5 或灰铸铁制造,再进行氮碳共渗处理,重载低速螺母可采用 ZCuAl10Fe3 制造,低速轻载螺母亦可选用灰铸铁或耐磨铸铁制造。精密滚珠丝杠宜用轴承钢如 GCr15 制造,低精度滚珠丝杠可选用 60 钢制造,热处理易变形的滚珠丝杠应采用渗氮钢如 38CrMoAl 制造。

5. 蜗杆副

蜗杆蜗轮是机床进给系统中的一对传动件,其啮合情况与齿轮和齿条啮合相似。对于低速运转的开式蜗杆传动,其失效形式为齿根断裂和齿面磨损;对于一般闭式蜗杆传动,其失效形式为齿根断裂或齿面接触疲劳剥落；对于长期高速运转的闭式蜗杆传动，往往会因齿侧面的滑动导致齿面发热而胶合破坏。由于蜗轮和蜗杆的转速相差大，蜗杆受磨损的机会比蜗轮的大得多，因此蜗轮和蜗杆应选用不同材料。

机床上蜗杆副分为分度蜗杆副和动力蜗杆副。分度蜗杆应选择耐磨性和抗胶合能力好的材料制造并进行热处理，如渗氮(38CrMoAl)、渗碳以及合金工具钢淬火。分度蜗轮一般采用锡青铜 ZCuSn10P1 或 ZCuSn6Zn6Pb3 制造，润滑条件良好的低速蜗轮亦可采用耐磨铸铁制造。动力蜗杆螺旋面一般须经硬化处理。承受冲击的重载蜗杆宜采用渗碳淬火处理，要求抗胶合能力和耐磨性高的蜗杆可采用渗氮处理，一般蜗杆可采用淬火(或表面淬火)处理。调质处理只宜用于低精度、低速、中小载荷蜗杆。动力蜗轮一般采用锡青铜或铸铁制造，ZCuSn10P1 适用于制造高速蜗轮，ZCuSn6Zn6Pb3 适用于制造中速蜗轮，ZCuAl10Fe3 适用于制造低速、重载蜗轮，速度更低的可以采用铸铁蜗轮。

6. 导轨副

导轨在机床中的作用是导向和承载，分为滑动导轨、滚动导轨和液体静压导轨三大类。为了防止导轨变形和磨损，导轨材料应具有足够刚度和强度及高的耐磨性和良好的工艺性。

滑动导轨通常选用灰铸铁如 HT250、HT300 制造，可通过表面淬火如感应加热表面淬火、电接触加热表面淬火，以提高铸铁导轨的耐磨性。对于精密机床导轨常选用耐磨合金铸铁如高磷铸铁、磷铜钛铸铁及钒钛铸铁制造。对于耐磨性要求较高的导轨如数控机床的动导轨，常采用镶钢导轨，即将 45 钢或 40Cr 钢导轨经淬火和低温回火后或将 20Cr、20CrMnTi 钢导轨经渗碳、淬火和低温回火后镶装在灰铸铁床身上，其耐磨性比灰铸铁导轨提高 5～10 倍。对于重型机床的动导轨常选用非铁金属镶装导轨，与铸铁支承导轨搭配，常用铸造锡青铜 ZCuSn5Pb5Zn5(ZQSn5-5-5)、铸造铝青铜 ZCuAl9Mn2(ZQAl9-2)和铸造锌合金 ZZnAl10Cu5Mg(ZZnAl10-5)制造。中、小型精密机床和数控机床的动导轨，常选用塑料-金属多层复合材料制造，塑料为表面层，起自润滑作用，常用的塑料为聚酰胺(尼龙)、酚醛、氧、聚四氟乙烯。

7. 凸轮和滚子

凸轮和滚子是机床进给系统或操纵系统的一对传动件，在专用机床和自动化机床上常采用凸轮机构来实现进给和快速运动。进给系统中的凸轮和滚子材料应具有足够的强度和较高的耐磨性，常选用 45 钢、40Cr 制造，钢经调质处理后进行感应加热表面淬火；尺寸较大的凸轮(直径大于 300 mm 或厚度大于 30 mm)，常选用灰铸铁 HT200、HT250、HT300 或耐磨铸铁如高磷铸铁、铬钼铜铸铁制造。操纵系统中的凸轮和滚子，由于载荷较小，可用工程塑料或塑料基复合材料制造。

8. 支承件

支承件用于支承机床各部件，受拉伸、压缩、弯曲、扭转、振动等力的作用，易产生变形和振动，而支承件的微小变形和振动都会影响被加工零(构)件的精度。因此，支承件材料应具有足够的刚度和强度及良好的抗振性和加工性能。支承件如床身、立柱、横梁、摇臂、底座、工作台、箱体等常选用灰铸铁如 HT200、HT250 铸造；对于大型机床的支承件则选用低碳钢焊接而成。例如卧式铣床的床身和立柱、龙门式镗铣床的床身和横梁、重型立式车床的横梁等常选用普通碳素结构钢 Q215、Q235、Q255 等钢板焊接而成，并用扁钢或角钢作加强肋。

9. 其他工程材料在机床典型零(构)件上的应用

机床上常用的其他工程材料主要是塑料和塑料基复合材料、橡胶和橡胶基复合材料及陶瓷材料。

1) 塑料和塑料基复合材料

与金属材料相比,塑料具有重量轻、比强度高、化学稳定性好、电绝缘性好、耐磨、减摩以及自润滑性好等优点,其复合材料的力学性能好,在机床上已得到应用。塑料及其复合材料主要用于制作滑动轴承、凸轮和滚子、手柄、电气开关、箱体和面板等,常用塑料有聚乙烯、聚丙烯、聚酰胺、ABS、聚甲醛、聚四氟乙烯。例如聚乙烯、聚丙烯绝缘性好,用于制作电气开关、导线包皮、套管等;ABS 塑料易电镀,用于制作控制箱的壳体和面板;聚甲醛硬度较高、韧度高,用于制作容器、管道等;玻璃纤维增强聚乙烯复合材料强度高、耐水性好,用于制作转矩变换器和干燥器的壳体;聚四氟乙烯为基的塑料-金属多层复合材料强度高、摩擦因数小,用于制作润滑条件差或无油润滑条件下的机床主轴的滑动轴承、凸轮和滚子,还可用于制作数控机床和集成电路制版机的导轨,这种导轨可以保证较高的重复定位精度和满足微量爬行的要求。

2) 橡胶和橡胶基复合材料

橡胶和橡胶基复合材料弹性好,用于制作机床的胶带和密封垫圈,例如 V 带就是由橡胶基复合材料制成的。

3) 陶瓷材料

Si_3N_4 和 BN 陶瓷可用来制作形状简单的不需在机床上进行半精加工和精加工的零件;Al_2O_3 陶瓷用于制作电源开关熔丝的插头和插座。

15.3 汽车典型零件的选材及应用

一辆汽车由上万个零部件组装而成,而上万个零部件又是由不同的材料制成的。从目前整个汽车用材情况来看,钢的用量最大,占 70% 左右,铸铁约占 15%,橡胶约占 4%,其余的为非铁金属、塑料、玻璃等。目前,高聚物、陶瓷、复合材料等材料在汽车上的应用也逐渐增多,如用塑料制成的齿轮、轴承、滑套、方向盘、油箱、油管以及装饰、保温、隔音、吸振产品等,陶瓷发动机和复合材料制成的车身、车架也已问世。可见,汽车用材虽以金属材料为主,但塑料、橡胶、陶瓷等非金属材料也占一定的比例。

汽主主要结构可分为以下四部分。

(1) 发动机 由缸体、缸盖、活塞、连杆、曲轴及配气、燃料供给、润滑、冷却等系统组成。

(2) 底盘 包括传动系(离合器、变速箱、后桥等)、行驶系(车架、车轮等)、转向系(方向盘、转向蜗杆等)和制动系(泵或气泵、刹车片等)。

(3) 车身 包括驾驶室、货箱等。

(4) 电气设备 包括电源、启动、点火、照明、信号、控制等等装置。

汽车的工作条件恶劣,要在 −45∼45 ℃温度,以及尘土飞扬、雨雪、风沙等环境下工作,同时经常受到较大的冲击与过载,在交变载荷和振动的条件下工作。有些零件要在高温、腐蚀以及摩擦条件下使用。因此汽车零件要求有高的强度、韧度、耐磨性及疲劳强度;此外,还要求自重轻,具有高的比强度。

下面对汽车典型零件的用材作简要说明。

1. 缸体、缸盖和缸套

缸体是发动机的骨架和外壳,在缸体内部安装着发动机的主要零部件,如活塞、连杆、曲轴等,为了保证这些零件的安全可靠性,缸体不允许产生过量变形,缸体材料应具有足够的刚度和强度及良好的铸造性能和耐磨性能,且价格低廉。缸体常用材料有灰铸铁和铝合金两种,一般选用灰铸铁(如 HT200)作为缸体材料。一些轿车发动机,为减轻自重,缸体选用铸造铝合金如 ZAlSi9Mg(ZL104)制造。

缸盖主要用来封闭气缸构成燃烧室,缸盖承受燃气的高温、高压作用,以及机械载荷和热载荷的作用,由于温度高、形状复杂、受热不均匀,缸盖上的热应力很大,严重时可造成缸盖变形甚至出现裂纹。因此,缸盖应用导热性好、高温力学强度高、能承受反复热应力、铸造性能良好的材料来制造。目前使用的缸盖材料主要有铸造铝合金如 ZAlSi9Mg(ZL104)、灰铸铁 HT200 和合金铸铁(如高磷铸铁或硼铸铁)。

缸套是镶在气缸内壁的圆筒形零件,它与活塞相接触,其内壁受到强烈的摩擦,为了减小缸套的磨损,缸套材料应具有高的耐磨性。常用的缸套材料为耐磨合金铸铁如高磷铸铁、硼铸铁等。为进一步提高缸套的耐磨性,可以对其内壁进行表面淬火如感应加热淬火、激光淬火、镀铬或喷涂耐磨合金等。

2. 活塞、活塞销和活塞环

活塞、活塞销和活塞环构成活塞组,与气缸或气缸套、缸盖配合形成一个容积可变化的密闭空间,以完成内燃机的工作过程。活塞组在高温、高压燃气中以高速在气缸和气缸套内作往复运动,对工作条件要求十分苛刻。为了防止活塞组磨损、变形或断裂,活塞材料应具有高的高温强度和导热性,良好的耐磨性、耐蚀性,低线胀系数和低密度及良好的铸造性和切削加工性。常用的活塞材料为铸造铝硅合金,如 ZAlSi12Cu1(ZL109)和 ZAlSi9Cu2Mg(ZL111)并经固溶处理和人工时效处理以提高硬度。

活塞销材料应具有足够的刚度和强度,较高的疲劳强度和冲击韧度及表面耐磨性,还要求外硬内韧。常用的活塞销材料为 20 钢及合金渗碳钢 20Cr、20CrMnTi 等,经渗碳或氮碳共渗后进行淬火、低温回火处理,以满足外表面硬而耐磨、内部韧而耐冲击的要求。

活塞环材料应具有高的耐磨性、易磨合、韧度高,良好的耐热性、导热性及良好的铸造性和切削加工性。常用的活塞环材料为灰铸铁如 HT 200、HT250 及合金铸铁如高磷铸铁、磷铜钛铸铁、铬钼铜铸铁。为了提高活塞环表面耐磨性,应进行表面处理,如镀多孔性铬、磷化、热喷涂耐磨合金、激光淬火等。

3. 连杆、曲轴和半轴

连杆是发动机中的重要零件,它连接着活塞和曲轴,将活塞的往复运动变为曲轴的旋转运动并把作用在活塞上的力传给曲轴以输出功率,因此连杆在交变拉压应力和弯曲应力的作用下工作。连杆材料应具有较高的屈服强度、抗拉强度和疲劳强度及足够的刚度和韧度,以防止连杆过度变形和疲劳断裂。常用的连杆材料为 45 钢和合金调质钢 40Cr、40MnB 等并经调质处理。

曲轴的作用是输出发动机的功率并驱动底盘的传动系统运动,受弯曲、扭转、拉压等交变应力和冲击力、摩擦力的作用。因此,曲轴材料应具有较高的抗拉强度和疲劳强度及足够的刚度和韧度,以防止曲轴疲劳断裂和减小轴颈磨损。常用曲轴材料为 45 钢或球墨铸铁 QT600-3 及合金调质钢 40Cr、35CrMo、45Mn2 等经调质处理。为了减小轴颈磨损,轴颈部位应进行表面淬火,并选用铅锑轴承合金如 ZPbSb16Sn16Cu2、ZPbSb15Sn5 制作轴瓦或轴衬。

半轴是汽车后桥中的重要受力部件,它直接驱动车轮转动,工作时承受交变扭转力矩和交变弯曲载荷以及一定的冲击载荷。因此,半轴材料应具有较高的抗拉强度、抗弯强度、疲劳强度及较高的韧度,以防止半轴疲劳断裂和花键齿磨损。中小型汽车的半轴材料一般是 45 钢、

40Cr,而载重汽车的半轴用 40MnB、40CrNi 或 40CrMnMo 等制造经调质处理后进行喷丸强化或滚压强化处理。为减小花键齿磨损,应对花键部位进行表面淬火。

4. 气门和气门弹簧

气门的主要作用是开启、关闭进气道和排气道,对气门的要求是保证燃烧室的气密性。气门工作时承受较大的机械载荷和热载荷,因此气门材料应具有较高的高温强度和耐蚀性、耐磨性,以防止气门座翘曲、气门头部变形、气门座面烧蚀。由于进、排气门的工作条件不同,排气门工作温度高达 650～850 ℃,因此进、排气门应选用不同材料。通常进气门材料选用合金调质钢 40Cr、35CrMo、38CrSi 等并经调质处理;而排气门材料选用高铬耐热钢 4Cr9Si2、4Cr10Si2Mo 和 4Cr14Ni14W2Mo 经正火处理,前者工作温度可达 550～650 ℃,后者工作温度可达 650～900 ℃。

气门弹簧的作用是使气门开启和关闭,工作时承受交变应力,因此气门弹簧材料应具有较高的屈服强度和屈强比及疲劳强度、良好的抗氧化性和耐蚀性,以防止其疲劳断裂。常用的气门弹簧材料为 50CrV,经淬火和中温回火,并进行表面喷丸强化。

5. 板簧

板簧的作用是缓冲和吸振,减小汽车行驶过程中的冲击和振动。汽车板簧工作时承受较大交变应力和冲击载荷,因此板簧材料应具有较高的弹性极限、屈服强度和屈强比及高的疲劳强度,以防止板簧过量弹性变形和塑性变形及疲劳断裂。板簧常用材料为合金弹簧钢 60Si2Mn、50CrMnA、70Si3MnA,经淬火、中温回火并进行表面喷丸强化。

6. 齿轮

齿轮的作用是将发动机的动力传递给半轴,推动汽车行驶。汽车齿轮工作时承受较大的交变弯曲应力、冲击力、接触压应力和摩擦力,因此齿轮材料应具有较高的屈服强度、弯曲疲劳强度、接触疲劳强度和足够的韧度,以防止齿面磨损和接触疲劳剥落及齿根部疲劳断裂。常用的齿轮材料为合金渗碳钢 20Cr、20CrMnTi、20CrMo、20CrMnMo 等。对于受力不大的齿轮也可选用 20、35、40、45、40Cr 等钢种或灰铸铁 HT150、HT200 制造。为了提高齿轮的接触疲劳强度和耐磨性,受力大的重要齿轮必须进行渗碳或氮碳共渗、淬火、低温回火及喷丸处理。

7. 车身、纵梁、挡板等冷冲压零件

这些零件要求材料应具有足够的强度和塑性、韧度及良好的冲压性能。常用的材料为低碳结构钢 08F 和 20、25 钢及低合金高强度钢 Q295、Q345、Q390 的热轧钢板和冷轧钢板。热轧钢板用于制造纵梁、保险杠、刹车盘等;冷轧钢板用于制造轿车车身、驾驶室、发动机罩。近年开发的加工性能较好、强度(屈服强度和抗拉强度)高的一些铝合金板,由于可降低汽车自重、提高燃油经济性而作为蒙皮材料在汽车上获得应用。

8. 螺栓、铆钉等冷镦零件

汽车结构中的螺栓和铆钉等冷镦零件主要起连接、紧固、定位及密封汽车各零部件的作用。在汽车行驶过程中,由于螺栓连接的零部件不同,这些零部件所受的载荷各不相同,因此不同螺栓的应力状态也不相同,有的承受弯曲或切应力,有的承受反复交变的拉应力和压应力,也有的承受冲击载荷,或同时承受上述几种载荷。此外,由于螺栓的结构及其所传递载荷的特性,螺栓具有很高的应力集中。因此,应根据螺栓的受力状态进行合理选材。

通常重要螺栓如连杆螺栓和缸盖螺栓选用 40Cr 钢制造并经调质处理,或选用 15MnVB 钢制造并经淬火、低温回火;普通螺栓选用 35 钢制造并经调质处理或冷镦后经再结晶退火;木螺栓选用 10、15 低碳钢制造,前者冷镦后直接使用,后者冷镦后进行再结晶退火。

汽车齿轮、发动机曲轴都是汽车上的典型零件,它们的工作条件、性能要求及选材分析详见 15.1 节。

9. 汽车用塑料

1) 汽车内饰用塑料

内饰塑料制品主要有座垫、仪表板、扶手、头枕、门内衬板、顶棚衬里、地毯、控制箱、转向盘等。用于汽车内饰的材料要求具备吸振性、手感好、耐用性好的特点,以满足安全、舒适、美观的目的。常用内饰用塑料品种主要有聚氨酯(PU)、聚氯乙烯(PVC)、聚丙烯(PP)和 ABS 等。

2) 汽车用工程塑料

工程塑料具有优良的力学性能、电性能、耐化学性、耐热性、耐磨性、尺寸稳定性等特点,且比要取代的金属材料轻、成形时能耗少。通常用于制造车身覆盖件、车门门槛、车身内外装饰件和水箱面罩、保险杠及车轮护罩等。汽车上常用的工程塑料有聚丙烯、聚乙烯、聚苯乙烯、ABS、聚酰胺、聚甲醛、聚碳酸酯和酚醛树脂等。

10. 汽车用橡胶

橡胶是汽车上用的一种重要材料,主要用于制作轮胎、软管、密封件、减振垫等。这些零(构)件要求材料具有高弹性、高减振性、高气密性、高耐磨性和良好的抗撕裂性、抗湿滑性。汽车常用橡胶为天然橡胶和合成橡胶,如丁苯橡胶、顺丁橡胶、丁基橡胶。

轮胎是汽车的主要橡胶件,轮胎材料的主要成分为生胶(包括天然橡胶、合成橡胶、再生胶)、骨架材料(即纤维材料,包括棉纤维、人造丝、尼龙、聚酯、玻璃纤维、钢丝等)以及炭黑等。其中生胶约占轮胎材料总质量的 50%,通常轿车轮胎的生胶以合成橡胶为主,载货汽车轮胎的生胶以天然橡胶为主。

11. 汽车用陶瓷材料

陶瓷材料具有耐高温、耐磨损、耐腐蚀以及在导电与介电方面的特殊性能。利用陶瓷材料制造发动机的某些零(构)件,可以提高发动机的功率、降低燃料消耗,因而得到了一定程度的应用。我国已成功研制出钛酸铝陶瓷-铝合金复合排气管、氮化硅陶瓷柴油机涡轮增压转子和球轴承等汽车部件。此外,利用陶瓷的绝缘性、介电性、压电性等特性制作汽车陶瓷传感器,已成为汽车电子化的重要方面。

12. 汽车用复合材料

高强度纤维复合材料,特别是碳纤维复合材料(CFRP),因其质量轻,而且具有高强度、高刚度,有良好的耐蠕变与耐蚀性,因而是很有前途的汽车用轻量化材料。复合材料主要应用于制造车身外覆件,如发动机罩、翼子板、车门、车顶板、导流罩、车厢后挡板等。复合材料用于制造汽车车身的外覆件,无论从设计还是生产制造及应用都已成熟,并已从车身外覆件的使用向汽车的内饰件和结构件方向发展。

参 考 文 献

[1] 林建榕.工程材料及成形技术[M].北京:高等教育出版社,2007.
[2] 王运炎.机械工程材料[M].3版.北京:机械工业出版社,2009.
[3] 潘金生,仝健民,田民波.材料科学基础[M].北京:清华大学出版社,2011.
[4] 胡赓祥,蔡珣主.材料科学基础[M].3版.上海:上海交通大学出版社,2011.
[5] 王晓敏.工程材料学[M].3版.哈尔滨:哈尔滨工业大学出版社,2005.
[6] 李德玉.机械工程材料学[M].北京:农业出版社,1997.
[7] 卢志文.工程材料及成形工艺[M].北京:机械工业出版社,2005.
[8] 崔忠圻.金属学及热处理[M].2版.北京:机械工业出版社,2008.
[9] 顾宜.材料科学与工程基础[M].北京:化学工业出版社,2002.
[10] 艾星辉,等.金属学[M].北京:冶金工业出版社,2009.
[11] 郑明新.工程材料[M].北京:清华大学出版社,1992.
[12] 杨瑞成,刘昌明,张方.机械工程材料[M].重庆:重庆大学出版社,2000.
[13] 耿洪滨,吴宜勇.新编工程材料[M].哈尔滨:哈尔滨工业大学出版社,2007.
[14] 唐仁正.物理冶金基础[M].北京:冶金工业出版社,1989.
[15] (美)JAMES P SCHAFFER.工程材料科学与设计[M].余永宁,强文江,等译.北京:机械工业出版社,2002.
[16] 冯端,师昌绪,刘治国.材料科学导论[M].北京:化学工业出版社,2004.
[17] 王俊勃,屈银虎,贺辛亥.工程材料及应用[M].北京:电子工业出版社,2009.
[18] 戈晓岚.译著.工程材料与应用[M].西安:西安电子科技大学出版社,2007.
[19] 徐自立.工程材料及应用[M].武汉:华中科技大学出版社,2007.
[20] 陈文哲.机械工程材料[M].长沙:中南大学出版社,2009.
[21] DONALD R ASKELAND,PRADEEP P PHULE.Essential of Materials Science and Engineering[M].北京:清华大学出版社,2004.
[22] 文九巴.机械工程材料[M].北京:机械工业出版社,2006.
[23] 王爱珍.工程材料与改性处理[M].北京:北京航空航天大学出版社,2006.
[24] 戴枝荣,张远明.工程材料版[M].2版.北京:高等教育出版社,2006.
[25] 张铁军.机械工程材料[M].北京:北京大学出版社,2011.
[26] 申荣华.机械工程材料及其成形技术基础[M].武汉:华中科技大学出版社,2011.
[27] 刘静安,等.镁及镁合金材料的应用及其加工技术的发展[J].四川有色金属,2007(2):5-9.
[28] 顾春雷,等.锌及锌铝合金研究及应用现状[J].有色金属,2003(4):44-47.
[29] 关长斌.陶瓷材料导论[M].哈尔滨:哈尔滨工程大学出版社,2005.
[30] 金志浩.工程陶瓷材料[M].西安:西安交通大学出版社,2000.
[31] 佳占全.工程材料[M].2版.北京:机械工业出版社,2007.
[32] 刘万辉.复合材料[M].哈尔滨:哈尔滨工业大学出版社,2011.

[33] 王荣国. 复合材料概论[M]. 2版. 哈尔滨:哈尔滨工业大学出版社,2000.
[34] 王堃. 工程材料[M]. 武汉:华中科技大学出版社,2012.
[35] 朱张校. 工程材料[M]. 3版. 北京:清华大学出版社,2001.
[36] 相瑜才,孙维连. 工程材料及机械制造基础[M]. 北京:机械工业出版社,2003.
[37] 沈莲. 机械工程材料[M]. 2版. 北京:机械工业出版社,2005.
[38] 梁耀能. 机械工程材料[M]. 广州:华南理工大学出版社,2002.
[39] 崔占全,孙振国. 工程材料[M]. 2版. 北京:机械工业出版社,2012.
[40] 齐宝森,李莉,房强汉. 机械工程材料[M]. 3版. 哈尔滨:哈尔滨工业大学出版社,2009.
[41] 王章忠. 机械工程材料[M]. 2版. 北京:机械工业出版社,2013.
[42] 张彦华. 工程材料学[M]. 北京:科学出版社,2010.
[43] WILLIAM F SMITH,JAVAD HASHEMI. 材料科学与工程基础[M]. 北京:机械工业出版社,2011.
[44] 王忠. 机械工程材料[M]. 2版. 北京:清华大学出版社,2009.
[45] 于永泗,齐民. 机械工程材料[M]. 8版. 大连:大连理工大学出版社,2009.
[46] ASHHY M F,JONES D R H. Enigineering Material[M]. Oxford:Pergamon Press,1980.